新世纪高级应用型人才培养系列教材

主　编　汪　丽
副主编　李华志
　　　　吕晓军
　　　　段跟定

工程力学

GONGCHENGLIXUE

同济大学 出版社
TONGJI UNIVERSITY PRESS

内 容 提 要

本书主要阐述工程力学的基础理论及其应用。全书共两篇：第一篇是静力学，主要介绍物体在力系作用下的平衡规律及其工程应用，由静力学基础、平面力系的平衡、空间力系、摩擦共 4 章构成；第二篇是材料力学，主要介绍构件在外力作用下发生变形时的承载能力问题，对实际工程中的构件进行强度、刚度和稳定性等方面的计算，由材料力学基础、轴向拉伸与压缩变形、剪切变形、扭转变形、弯曲变形、应力状态及强度理论、组合变形、压杆稳定共 8 章内容构成。

本书可作为高等院校应用型本科土建类、机械类、机电类、近机械类专业的"工程力学"课程教材，也可作为相关专业的教师及工程技术人员的参考书。

图书在版编目(CIP)数据

工程力学 / 汪丽主编. —上海：同济大学出版社，
2018.8
ISBN 978-7-5608-7844-7

Ⅰ.①工… Ⅱ.①汪… Ⅲ.①工程力学–高等学
校–教材 Ⅳ.①TB12

中国版本图书馆 CIP 数据核字(2018)第 077435 号

新世纪高级应用型人才培养系列教材
工程力学

主 编 汪 丽　　副主编 李华志　吕晓军　段跟定
责任编辑 马继兰　　责任校对 徐逢乔　　封面设计 陈益平

出版发行　同济大学出版社　　www.tongjipress.com.cn
　　　　　(上海市四平路 1239 号 邮编：200092 电话：021-65985622)
经　销　全国各地新华书店
排　版　南京新翰博图文制作有限公司
印　刷　常熟市大宏印刷有限公司
开　本　787 mm×1092 mm　1/16
印　张　17.25
字　数　430 000
版　次　2018 年 8 月第 1 版　　2021 年 7 月第 2 次印刷
书　号　ISBN 978-7-5608-7844-7

定　价　49.00 元

前言

工程力学是高等院校土建类、机械类、机电类、近机械类专业必修的一门重要技术基础课，在基础课和专业课之间起着桥梁和纽带的作用。通过工程力学课程的学习，为后续专业课的应用和拓展奠定了理论基础，也为大学生和工程技术类人员在实际工作中正确分析和解决生产中相关的力学问题提供了知识上的保证。

目前市场上《工程力学》教材很多，主要分为本科和专科两种类型，本科教材内容详细、系统、全面，理论知识讲解比较深入；专科教材内容精炼简单，易于理解和学习。随着高等教育大众化、普及化的进程，应用型本科院校越来越多，对于应用型本科院校的学生来讲，专科教材太简单，传统本科教材又有些偏难，所以编者根据新形势下应用型本科院校教学的实际情况，结合当前应用型本科专业规划建设需要，并考虑近年来教师进行授课时选择教材难的情况，编写了本教材。

本教材编写的主要目的在于贴合培养应用型人才的培养要求，借鉴国内外同类教材的优点，在保持基本理论、基本概念的同时突出应用性，通过工程力学的系统学习，培养读者养成理性的思维方法，并使之具有较好的实际应用能力，着眼点不在于繁杂的推导及论证，而是在有限的学时内，尽量增大教材的信息量、实用性及适用范围。

本教材共有12章，第1章至第4章由李华志编写并完成电子教案，第5章至第9章由汪丽编写并完成电子教案，第10章至第12章由吕晓军编写并完成电子教案，汪丽和段跟定负责统稿和审阅。

在编写教材的过程中，编者翻阅了大量的工程力学、理论力学、材料力学课程的教材和资料，在此，对这些教材和资料的编者表示衷心的感谢。由于编者水平有限，书中难免有不妥之处，敬请广大读者和同行专家批评指正，以期今后改进提高。

目录

静 力 学 篇

材料力学篇

绪 论

　　工程力学是研究物体机械运动规律的学科。机械运动，是指物体在空间的位置随时间的变化，固体的运动和变形、气体和液体的流动等都属于机械运动。机械运动是最简单的运动形式之一，此外，还有发热、发光、电磁现象、化学过程，以及更高级的人类思维活动等各种不同的运动形式。力学不具有某些工程学科的经验基础，即不依赖于经验和独立观测；力学严谨，强调演绎，看上去更像是数学，但是力学不是抽象的纯理论学科。力学研究物理现象，其目的是解释和预测物理现象，并以此作为工程应用的基础。

　　力学可以追溯到古希腊亚里士多德和阿基米德时代，我国古代也有关于力学研究的文献记载。17世纪，牛顿提出三大定律和万有引力定律，后来达朗贝尔、拉格朗日和哈密顿给出了这些原理的其他形式。讨论固体材料的力学也起源于17世纪，当时的研究对象主要是木材和石料，伽利略研究了梁横截面上的正应力分布规律。19世纪中叶，研究对象转变为以钢材为主体的金属材料。钢材的特点，使连续均匀、各向同性等基本假设以及线弹性问题的胡克定律成为当今变形体材料力学的基础。

　　工业革命以来，由于科学发展和工程技术的需要，逐步形成了现代的力学学科，计算机技术的日益普及，更是推动了工程力学数值计算的发展，这对于工程力学的发展起到了巨大的推动作用。在力学理论分析中，人们可以借助计算机推导复杂公式，从而求得复杂的解析解；在实验研究中，计算机不仅可以采集和整理数据，绘制实验曲线，显示图形，还可以帮助人们选用最优参数。许多工程实例，如建筑工程、桥梁工程、水电工程、海洋工程、航空航天工程、机械工程等，研究和设计过程中都离不开工程力学的知识。

一、工程力学的研究内容

　　工程力学学科涉及众多的力学分支及广泛的工程技术内容，本课程只是其中最基础的部分，即静力学和材料力学的基础部分。

　　静力学是研究物体在力作用下的平衡规律及其在工程中的应用。

　　材料力学是研究构件在外力作用后发生变形时的承载能力问题，对实际工程中的构件做强度、刚度和稳定性等方面的计算。

二、工程力学的研究对象

　　工程中涉及机械运动的物体有时十分复杂，在研究物体的机械运动时，必须忽略一些次要因素的影响，对其进行合理的简化，从而抽象出力学模型。

　　工程力学的研究对象是由固体材料制成的构件，例如，机械中的转动轴、连杆(图0-1)，供暖系统中管道及管道支架(图0-2),建筑结构中的梁、柱、楼板(图0-3),桥梁工程中的桁架(图0-4)等。这些构件在正常工作情况下,都要承受各种各样的力,如重力、风力、摩擦力等。受力后,构件的几何形状和尺寸都要发生改变,这种改变称为变形,而发生变形的这些构件称为变形体。

图0-1 机械传动、连杆

图0-2 管道及支架

图0-3 梁、柱、楼板

图0-4 桥梁

当研究构件的受力时,在大多数情形下构件的变形都比较小,故可忽略这种变形对构件的受力分析产生的影响,即认为构件是不发生变形的,静力学中将此类变形体简化为不变形的刚体,即研究对象为刚体模型。

当研究作用在构件上的力与变形规律时,即使变形很小,也不能忽略,材料力学的研究对象即为变形体,且仅限于杆、轴、梁等物体,其几何特征是纵向尺寸远大于横向尺寸,大多数工程结构的构件或机器的零部件都可以简化为杆件。

三、工程力学的任务

先确定构件的受力大小、方向,再分析这些构件能否承受这些力,能否在外力作用下安全可靠地工作。为确保正常工作,必须满足以下三个方面的基本要求:

(1)构件应具有足够的抵抗破坏的能力,即具有足够的强度。例如,支撑管道的支架不允许折断,吊起重物的钢索不能被拉断,飞机的机翼不能断裂等。

(2)构件应具有足够的抵抗变形的能力,即具有足够的刚度。例如,厂房的吊车梁,如果出现过大的弯曲变形,将会影响吊车的平稳运行,使其不能正常工作。

(3)构件应具有足够的抵抗失稳的能力,即具有足够的稳定性。例如,千斤顶的螺杆、内燃机的挺杆等,工作时应始终保持原有的直线平衡状态。

为保证上述的承载能力,就需要构件具有较大的截面尺寸和较好的材料。但是,构件又必须符合经济的要求,即所用的材料尽可能得少,造价尽可能得低。显然,安全性和经济性是矛盾的。

　　工程力学的任务就是：①为构件提供受力分析和静力计算的方法；②研究构件的强度、刚度、稳定性和材料的力学性质；③提供计算方法和实验方法，在保证构件安全可靠及经济合理的前提下，选择合适的材料、确定合理的截面形状和尺寸。

　　工程力学的研究方法有理论方法、实验方法和计算机数值分析方法，在解决实际工程中的力学问题时，首先从实践出发，经过抽象化、综合、归纳，运用数学推演得到定理和结论，对于复杂的工程问题往往借助计算机进行数值分析和公式推导，最后通过实验验证理论和计算结果的正确性。

　　工程力学是一门实用性很强的专业基础课，通过本课程的学习，可为后继专业课程（如流体力学、结构力学、建筑结构、机械基础、管道材料、锅炉管道安装及施工等）的学习打下必要的基础，同时，通过学习，能初步运用力学理论和方法解决工程实践中的技术问题，培养我们正确分析问题和解决问题的能力。

静 力 学 篇

静力学是研究物体在力系的作用下处于平衡的规律,即研究物体平衡时作用在物体上的力应该满足的条件。静力学主要研究三方面的问题:①物体的受力分析;②力系的简化与等效;③力系的平衡条件及应用。

力系是指作用于物体上的一群力。平衡是指物体相对于地球保持静止或作匀速直线运动的状态。例如,房屋、桥梁、在直线轨道上匀速行驶的火车、沿直线匀速起吊的构件等,都是平衡的实例。

静力学的理论和方法在工程中有着广泛的应用,土木工程中房屋、桥梁、水坝、闸门中的许多机器零件和结构件,如机器机架、传动轴、起重机的起重臂、车间天车的横梁等(右图),正常工作时处于平衡状态或可以近似地看作平衡状态。为了合理设计这些零件或构件的形状、尺寸,选用合理的材料,往往需要首先进行静力学分析计算,然后对它们进行强度、刚度和稳定性计算。例如,塔吊起吊重物(右图),需根据平衡条件确定塔吊的起重量。进行力学计算时,首先要进行受力分析,即分析研究对象受到哪些力的作用,以及每个力的作用位置和方向,然后根据平衡条件求出未知力。

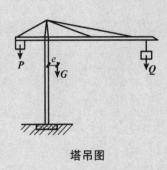

塔吊图

静力学的理论和计算方法是土木工程、机械零件和结构件静力设计的基础,同时,静力学是动力学的特例,是研究动力学的基础。

1 静力学基础

❖ 了解力、质点和刚体、平衡的概念。

❖ 理解静力学的 5 个公理和 2 个推论。

❖ 了解约束的概念，掌握工程中常见的约束类型及其相应约束反力的画法。

❖ 熟练掌握受力分析的方法，准确地画出研究对象的受力图。

1.1 静力学基本概念

1.1.1 力的概念

力是物体之间相互的机械作用，这种机械作用可使物体的运动状态或形状发生改变。力使物体的运动状态发生改变，称为力的外效应或运动效应；力使物体的形状发生改变，称为力的内效应。前者是静力学研究的内容，而后者是材料力学研究的内容。

实践表明，力对物体的作用效应取决于力的三要素：力的大小、方向和作用点，如这三个要素任何一个发生改变，力的作用效果就会改变。

力的大小表示物体间相互作用的强弱程度，国际单位制中，以"N 或 kN"作为力的单位；力的方向通常包含力的方位和力的指向两个含义；力的作用点表示力作用在物体上的位置。

根据力的三要素可知，力是定位矢量，我们可用图示法表示力的矢量，即用一带箭头的有向线段表示力的三要素。有向线段的长度按选定比例尺表示力的大小，线段的方位（与某定直线的夹角）和箭头的指向表示力的方向，线段的起点或终点表示力的作用点（图 1-1）。本书用黑体字母如 F，P 等表示力的矢量，而用对应的细体字母如 F，P 等表示力矢量的大小，手写时，用上方加一横线的细体字母如 $\bar{F}$，$\bar{P}$ 等表示力的矢量。第二篇"材料力学"部分中涉及力，一般只研究力的大小，故用细体字母如 F，P等表示。

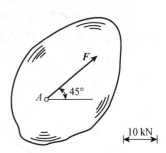

图 1-1 力的矢量表示法

力系是指作用在物体上的一群力；如果作用在物体上的一个力系可以用另外一个力系代替，而不改变原力系对物体所产生的运动效应，那么这两个力系互为等效力系；如果一个力与一个力系等效，则这个力称为该力系的合力。

1.1.2 质点和刚体的概念

当所研究物体的运动范围远远超过其本身的几何尺度时,物体的形状和大小对运动的影响很小,这时可将其抽象为只有质量而没有体积的质点。由若干质点组成的系统,称为质点系。

任何物体在外力的作用下都要发生几何形状的改变,均为变形体。但是,在一般情况下所发生的变形与物体的几何尺寸相比较都很微小,我们在研究物体的平衡或运动时,就可忽略微小变形,认为物体是不发生变形的,即刚体。静力学中所研究的物体均视为刚体。

同一个物体在不同的问题中,有时可看作质点,有时可看作刚体,有时则必须看作变形体。例如,当讨论地球绕太阳运动时,视地球为质点;当讨论地球自转时,视地球为刚体;当讨论地震时,必须将地球看作变形体。同样,当研究车辆离出发点距离时,车辆可看作质点;当研究车辆转弯时,车辆可看作刚体;当研究车辆振动时,车辆的一些部件则要看作变形体。

1.1.3 平衡的概念

物体相对于地面保持静止或匀速直线运动的状态称为平衡。例如,桥梁、机床的床身、高速公路上匀速直线行驶的汽车等,都处于平衡状态。物体的平衡是物体机械运动的特殊形式,平衡规律远比一般的运动规律简单。

如果物体在某一力系作用下处于平衡状态,则此力系称为平衡力系。力系使物体平衡时所满足的条件称为平衡条件。力系的平衡条件,在工程中有着十分重要的意义。

1.2 静 力 学 公 理

人们在长期的生活和生产活动中,经过实践、认识、再实践、再认识的过程,不仅建立了力的概念,而且总结出力所遵循的许多规律,它们是静力学的基础,是分析问题和解决问题的重要依据。

公理1:二力平衡条件

作用在同一刚体上的两个力(图1-2),使刚体处于平衡的必要和充分条件是:这两个力的大小相等,方向相反,作用在同一条直线上。

只在两个力作用下平衡的刚体称为二力体,若刚体是构件或杆件,也称为二力构件(图1-3)或二力杆。

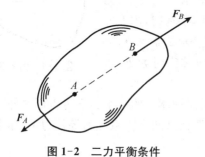

图1-2 二力平衡条件

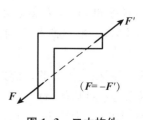

图1-3 二力构件

公理2：加减平衡力系公理

在作用于刚体上的原有力系中，加上或减去任意一个平衡力系，并不改变原力系对刚体的作用效应。因为平衡力系不会改变物体的运动状态，如图1-4所示。这个公理是研究力系的简化问题的重要依据。

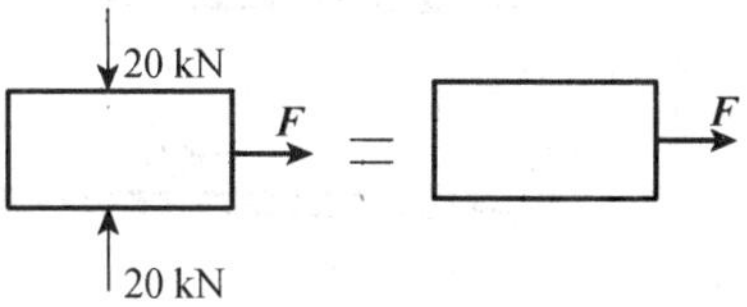

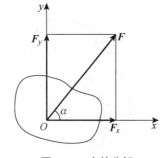

图1-4　加减平衡力系

公理3：力的平行四边形法则

作用于刚体上同一点的两个力，可以合成为一个合力。合力的作用点也在该点，合力的大小和方向可由以这两个分力为邻边所构成的平行四边形的对角线确定，如图1-5所示。即合力的矢量等于两个分力的矢量和：

$$F_R = F_1 + F_2$$

这个公理是复杂力系简化的基础。在力学计算中，经常将一个已知力分解为两个互相垂直的分力，如图1-6所示，两个分力的大小为

$$F_x = F\cos\alpha$$

$$F_y = F\sin\alpha$$

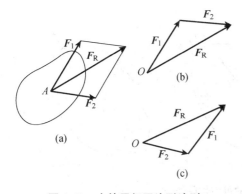

图1-5　力的平行四边形法则

图1-6　力的分解

公理4：作用与反作用定律

两个物体间的作用力和反作用力，总是大小相等，方向相反，沿同一直线，并分别作用在这两个物体上。若用 F 表示作用力，又用 F' 表示反作用力，则 $F = -F'$。

物体间的作用力与反作用力总是同时出现，同时消失。这个公理概括了任何两物体间的相互作用的关系，不论对刚体或变形体，不管物体是静止的还是运动的都适用。应该注意，作用力与反作用力分别作用在两个物体上，因此，不能将作用与反作用定律与二力平衡条件混淆起来。

公理5：刚化原理

变形体在某一力系作用下处于平衡，如将此变形体刚化为刚体，其平衡状态保持不变。

这个公理提供了把变形体看作为刚体模型的条件。如图1-7所示，绳索在等值、反向、共线的两个拉力作用下处于平衡，如将绳索刚化为刚体，其平衡状态保持不变。而绳索在两个等值、反向、共线的压力作用下并不能平衡，这时绳索就不能刚化为刚体。但刚体在上述两种力系的作用下都是平衡的。

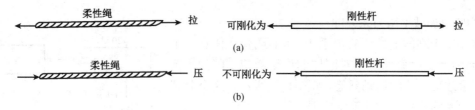

图 1-7　刚化原理

由此可见,刚体的平衡条件是变形体平衡的必要条件,而非充分条件。在刚体静力学的基础上,考虑变形体的特性,可进一步研究变形体的平衡问题。

推理 1：力的可传性原理

作用于刚体上某点的力,可沿其作用线移动到同一刚体内任意一点,而不改变原力对刚体的作用效应。

证明:设在刚体上 A 点作用力 F,如图 1-8(a) 所示。根据加减平衡力系公理,在力 F 的作用线上任一点 B 加上一对平衡力 F_1 与 F_2,且使 $F_1 = F = F_2$,如图 1-8(b) 所示。由于 F 和 F_2 是一个平衡力系,可以去掉,所以只剩下作用在 B 点的力 F_1,如图 1-8(c) 所示。显然力 F_1 和原力 F 是等效的,这就相当于把作用于 A 点的力 F 沿其作用线移到 B 点。值得注意的是,该推理只适用于同一刚体,不适用于变形体。

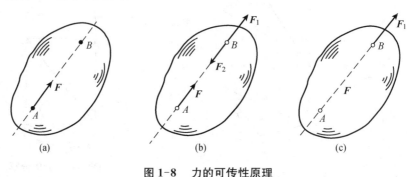

图 1-8　力的可传性原理

推理 2：三力平衡汇交定理

一刚体受共面不平行的三个力作用而处于平衡状态时,此三个力的作用线必定汇交于一点,如图 1-9 所示。证明过程:先用推理 1 的力的可传性原理把其中两个力交于一点,然后用公理 3 的力的平行四边形法则将这两个力合成为一个合力,把刚体由受三力作用转化为二力作用情况,最后利用公理 1 的二力平衡条件,即可得出此推理 2 的三力平衡汇交定理。通常用三力平衡汇交定理来确定未知力的方向。

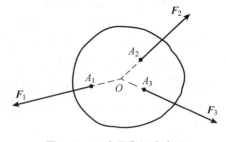

图 1-9　三力平衡汇交定理

1.3　约束与约束反力

当进行力学计算时,首先要进行受力分析,而力学模型的建立是分析的基础。在研究力学问题时,通常将限制研究对象运动的各种约束按照一定的假设条件简化成理想模型。例如,搭设双排钢管外脚手架(图 1-10),需要对大横杆、小横杆等进行力学计算,其中小横杆计算时的受力简图如图 1-11 所示,杆件两端为固定铰支座,杆件上受均布恒荷载和均布活荷载作用;阳台悬挑梁受力简图如图 1-12 所示,挑梁端部为固定端支座。

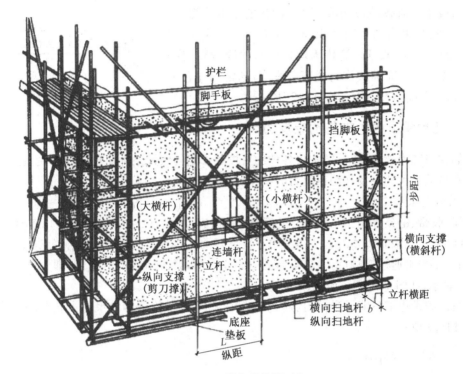

图 1-10　双排钢管外脚手架

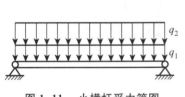

图 1-11　小横杆受力简图

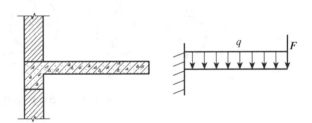

图 1-12　阳台悬挑梁

1.3.1　约束与约束反力、主动力

工程上所遇到的物体通常分两种:如果物体在空间的运动没有受到任何方向的限制,称此物体为自由体,如空中飞行的飞机、炮弹和火箭等;如果物体在空间某些方向的运动受到限制,称此物体为非自由体,如房屋、桥梁、火车等。

当研究对象为非自由体时,我们把限制其运动的周围物体称为约束。例如,火车只能沿轨道运动,轨道对于火车就是约束。约束作用在被约束物体上且阻碍物体运动的力称为约束反力,简称反力。约束反力的方向总是与物体的运动或运动趋势方向相反,约束反力的作用点总是作用在接触点上,约束反力的大小由平衡条件确定。约束反力为未知力。

凡能主动使物体产生运动或运动趋势的力,称为主动力。主动力一般是已知的,在工程上也称为荷载,如重力、风压力、水压力等都是主动力。荷载按其作用范围可分为集中荷载和分布荷载。当力的作用面积相对于物体而言很小,可近似地看作一个点,我们将作用于一点的力称为集中力或集中荷载,如火车的轮压、设备的自重等都可看作是集中力。如果力的作用面积较大称为分布力或分布荷载,例如梁的自重,就可以简化为均匀分布的线荷载。我们将单位长度上的分布荷载称为线荷载集度,通常用 q 表示,单位为"N/m"或"kN/m",如图 1-13 所示。

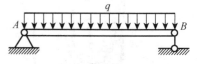

图 1-13　均匀分布线荷载

1.3.2　几种常见的约束与约束反力

我们在研究力学问题时,通常将各种约束按照一定的假设条件简化成理想模型。下面介绍工程中常见的几种约束及其约束反力的特点。

1. 柔性约束

柔绳、胶带、链条等用于阻碍物体运动时,就构成柔性约束。柔绳吊住重物,如图 1-14(a) 所示,其约束只能限制物体沿着柔体的中心线离开柔体的方向运动,而不能限制其他方向的运动。其约束反力是通过接触点,沿着柔体的中心线方向,背离所约束的物体,即为拉力。通常用字母 F_T 表示,如图 1-14(b) 所示。

链条或胶带也都只能承受拉力。当它们绕在轮子上,对轮子的约束力沿轮缘的切线方向,如图 1-14(c) 所示。

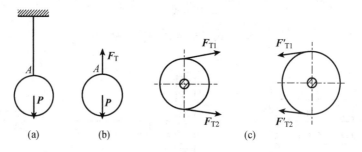

图 1-14　柔性约束及其反力

2. 光滑接触面约束

当两物体相互接触处的摩擦力很小,可以忽略不计时,就构成光滑接触面约束。这时两个物体可以脱离开,也可以沿光滑面相对滑动,但沿接触面法线且指向接触面的位移受到限制。所以,光滑接触面约束的约束反力是,通过接触点,沿着接触面的公法线方向指向被约束的物体,即为压力。通常用字母 F_N 或 N 表示,如图 1-15 所示。

3. 圆柱铰链约束

圆柱铰链简称为铰链。理想的圆柱铰链约束是由一个圆柱形销钉插入两个物体的圆孔中所构成,如图 1-16(a)、(b) 所示,且认为圆孔与销钉的表面都是光滑的,工程上常用销钉连接构件或零件。圆柱铰链约束的力学简图如图 1-16(c) 所示。其约束不能限制物体绕销钉的相对转动和沿其轴线的移动,而只能限制物体在垂直于销钉轴线平面内沿任意方向的相对移动。圆

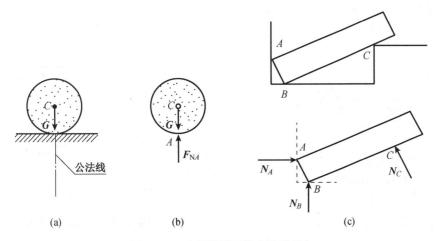

图 1-15　光滑接触面约束及其反力

柱铰链约束的约束反力是,在垂直于销钉轴线的平面内,通过接触点和销钉中心,但方向不定,如图 1-16(d) 所示。通常约束反力可用一个方向不定的力 F_C 表示,也可用两个互相垂直的分力 F_{Cx},F_{Cy} 表示,如图 1-16(e),(f) 所示。刚架厂房中 AC 和 BC 通过圆柱铰链 C 连接而成(图 1-17)。

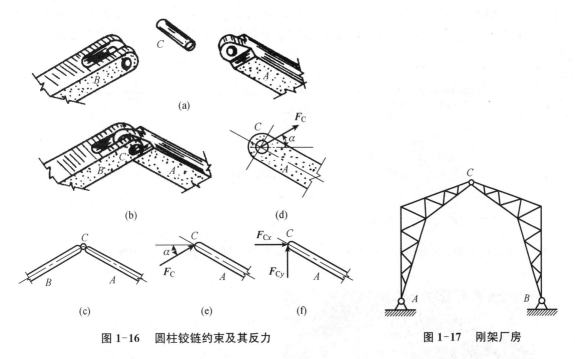

图 1-16　圆柱铰链约束及其反力　　　　图 1-17　刚架厂房

4. 固定铰支座

在工程上将构件连接到墙、柱、基础、机器的机身等支承物上的装置称为支座。用光滑圆柱铰链将构件与支承底板连接,并将底板固定在支承物上而构成的支座,称为固定铰支座。固定铰支座的构造简图如图 1-18 所示,其力学计算简图如图 1-19(a),(b) 所示。固定铰支座的约束功能及约束反力与圆柱铰链完全相同,通常约束反力可用一个方向不定的力 F_A 表示,也可用两个互相垂直的分力 F_{Ax}，F_{Ay} 表示，如图 1-19(c)，(d) 所示。图 1-17 刚架厂房中支座 A 和支座 B 属于固定铰支座。

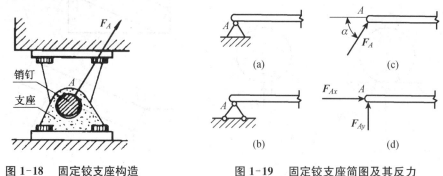

图 1-18　固定铰支座构造　　　　图 1-19　固定铰支座简图及其反力

5. 可动铰支座

在固定铰支座的底座与光滑支承面之间安装几个辊轴，就构成可动铰支座。在桥梁、屋架等结构中经常使用可动铰支座。可动铰支座的构造简图如图 1-20 所示，其力学计算简图如图 1-21(a)，(b) 所示。其约束只能限制物体在垂直于支承面方向的运动，而不能限制物体绕销轴的转动和沿支承面方向的移动。所以，可动铰支座的约束反力垂直于支承面，并通过销钉中心，而指向不定，常用 F_A 表示，如图 1-21(c) 所示。图 1-22 的桥梁结构，A 点为固定铰支座，B 点为可动铰支座，它可以沿支承面移动，允许由于温度等因素变化而引起结构跨度的自由伸长或缩短。

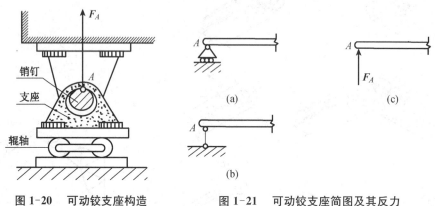

图 1-20　可动铰支座构造　　　　图 1-21　可动铰支座简图及其反力

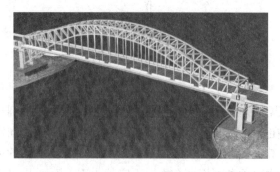
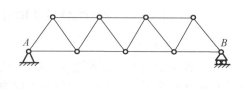

图 1-22　固定铰支座和可动铰支座实例

6. 链杆约束

两端以铰链与其他物体连接,中间不受力且不计自重的刚性直杆称链杆,如图 1-23(a) 所示。这种约束只能限制物体沿着链杆轴线方向的运动,而不能限制其他方向的运动,所以链杆的约束反力是沿着链杆的轴线方向,但指向不定,或为拉力,或为压力,如图 1-23(b) 所示。在悬臂吊车中(图 1-24),BC 杆则属于链杆约束。

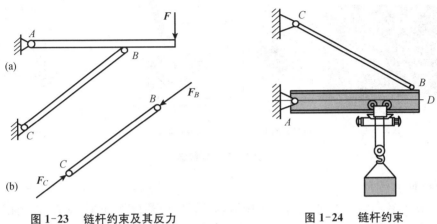

图 1-23　链杆约束及其反力　　　　　图 1-24　链杆约束

7. 固定端支座

在工程上,将构件的一端牢固地插入一固定物体(如墙体)内所构成的约束,称为固定端约束,其构造如图 1-25(a) 所示,例如,阳台悬挑梁(图 1-11)、雨篷(图 1-26)、钢筋混凝土柱等。被约束的物体在该处被完全固定,既不允许相对移动也不可转动。其力学简图如图 1-25(b) 所示。其约束反力通常用两个互相垂直的分力 F_{Ax},F_{Ay} 和一个反力偶矩 M_A 表示,如图 1-25(c) 所示。

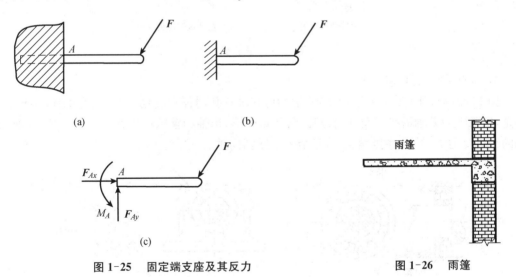

图 1-25　固定端支座及其反力　　　　　图 1-26　雨篷

8. 其他约束

1) 球铰链

如图 1-27(a) 所示的球形体与杆件组成的约束关系称为球铰链约束,简称球铰约束。其结构如图 1-27(b) 所示,受约束的构件末端为球形,用固定于基础的球壳将圆球包裹,使得两个构件连接在一起,该约束使构件的球心 A 不能有任何径向位移(图 1-27(c)),但构件可绕球心任意转动。若忽略摩擦,其约束反力是通过接触点与球心,但方向不能预先确定的一个空间力,可用三个正交分力 F_{Ax},F_{Ay},F_{Az} 表示,其简图及约束反力如图 1-27(d) 所示。

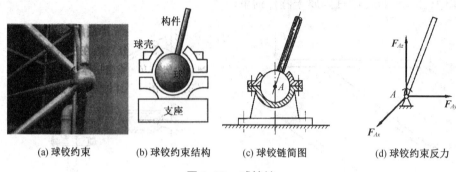

(a) 球铰约束　　(b) 球铰约束结构　　(c) 球铰链简图　　(d) 球铰约束反力

图 1-27　球铰链

2）止推轴承

止推轴承与径向轴承不同,它除了能限制轴的径向位移以外,还能限制轴沿轴向的位移。因此,它比径向轴承多一个沿轴向的约束力,即其约束反力有三个正交分量 F_{Ax},F_{Ay},F_{Az}。止推轴承的简图及其约束反力如图 1-28 所示。

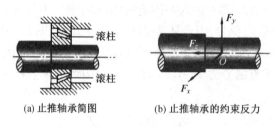

(a) 止推轴承简图　　　　(b) 止推轴承的约束反力

图 1-28　止推轴承

3）向心轴承(径向轴承)

如 1-29(a),(b) 所示的轴承装置,轴颈可在轴承孔内任意转动,也可沿孔的中心线移动;但是,轴承阻碍着轴沿径向向外的位移。若忽略摩擦,当轴和轴承在某点 A 光滑接触时,轴承对轴的约束反力 F_A 作用在接触点 A,且沿公法线指向轴心。

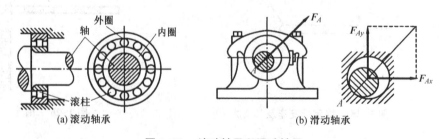

(a) 滚动轴承　　　　　　(b) 滑动轴承

图 1-29　滚动轴承和滑动轴承

但是,随着轴所受的主动力不同,轴和孔的接触点的位置也随之不同。所以,当主动力尚未确定时,约束反力的方向预先不能确定。然而,无论约束反力朝向何方,它的作用线必垂直于轴线并通过轴心。这样一个方向不能预先确定的约束反力,通常可用通过轴心的两个大小未知的正交分力 F_{Ax},F_{Ay} 来表示,如图 1-29(b) 所示,F_{Ax},F_{Ay} 的指向暂可任意假定。

以上只介绍了几种简单约束,在工程中,约束的类型远不止这些,有的约束比较复杂,分析时需要加以简化或抽象。

1.4 物体的受力图

在工程实际中,为了求出未知的约束反力,需要根据已知力,应用平衡条件求解。为此,首先要分析物体受到哪些力的作用,每个力的作用位置和作用方向,其中哪些是已知的,哪些是未知的,这一过程称为物体的受力分析。

物体的受力分析包含两个步骤:一是假想把该物体从与它相连的周围物体中分离出来,解除全部约束,单独画出该物体的图形,这一步骤称为取研究对象,被分离出来的研究对象称为分离体或脱离体;二是在研究对象上画出它所受到的全部作用力(包括主动力和约束反力),这种表明物体全部受力情况的图形称为该物体的受力图。画物体受力图是解决静力学问题的一个重要步骤。

1.4.1 单个物体的受力分析

画单个物体的受力图,首先要解除研究对象的全部约束,画出分离体图;然后在研究对象上先画出主动力,再根据约束类型画上相应的约束反力。

例 1-1 水平梁 AB 两端由固定铰支座和可动铰支座支承,在 C 处作用一力 F,如图 1-30(a) 所示。若梁重不计,试画出梁 AB 的受力图。

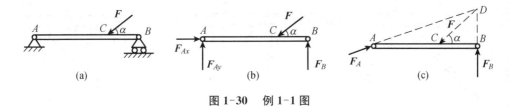

图 1-30 例 1-1 图

解:(1) 取梁 AB 为研究对象。

解除固定铰支座 A、可动铰支座 B 处的约束,画出分离体图如图 1-30(b) 所示。

(2) 受力分析,画出受力图。

主动力:集中荷载 F,方向如图 1-30(a) 所示。

约束反力:梁的 A 端是固定铰支座,其约束反力用两个互相垂直的分力 F_{Ax},F_{Ay} 表示,B 端是可动铰支座,其约束反力用一个垂直于支承面的竖向反力 F_B 表示,约束反力指向均为假设。梁 AB 的受力图如图 1-30(b) 所示。

进一步分析,梁 AB 在 F,F_B 和 F_A 三力作用下平衡,根据三力平衡汇交定理,可确定出铰链 A 处约束反力 F_A 的方向,如图 1-30(c) 所示。

例 1-2 用力 F 拉动碾子以轧平路面,重为 P 的碾子受到一石块的阻碍,如图 1-31(a) 所示,试画出碾子的受力图。

解:(1) 取碾子为研究对象。解除约束,画出分离体图如图 1-31(b) 所示。

（2）受力分析,画出受力图。

主动力:碾子的重力 **P**,方向铅垂向下;拉力 **F**。

约束反力:A,B 点均为光滑接触面约束。在碾子的 A 点画出石块对碾子的约束反力 **F**$_{NA}$,它沿着 AC 的连线指向形心 C;在 B 点画出光滑面对碾子的约束反力 **F**$_{NB}$,它沿着公法线并指向形心。

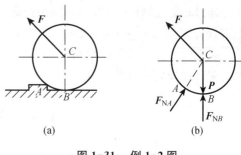

图 1-31　例 1-2 图

碾子的受力图如图 1-31(b) 所示。

1.4.2　物体系统的受力分析

工程中将由两个或两个以上的物体通过一些约束联系到一起的结构,称为物体系统。对物体系统进行受力分析的方法,与单个物体的分析方法基本相同。只是研究对象可能是整个物体系统或系统中的某一部分物体。在画整体的受力图时,只需将整体看成单个物体一样对待,要注意此时在物体间的相互连接处不能画约束反力,因为它们是内力(系统内部之间的相互作用力,称为内力),互相抵消掉;在画系统中的某一部分物体的受力图时,要注意被拆开的相互联系处的内力暴露出来,转化成了外力,且约束反力是相互间的作用力,一定遵循作用与反作用定律。

例 1-3　水平梁 AB 用斜杆 CD 支撑,A, C, D 三处均为光滑铰链连接,如图 1-32(a) 所示。梁上放置一重为 **G**$_1$ 的电动机,已知梁重为 **G**$_2$,不计杆 CD 自重。试分别画出杆 CD、梁 AB 及整体受力图。

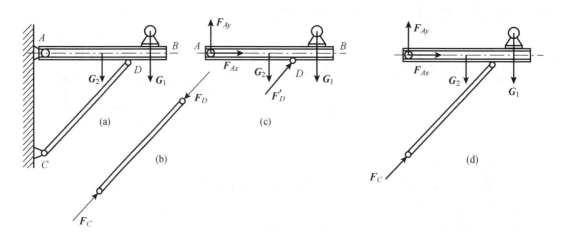

图 1-32　例 1-3 题

解:（1）取 CD 为研究对象。

由于斜杆 CD 自重不计,只在杆的两端分别受有铰链的约束反力 **F**$_C$ 和 **F**$_D$ 的作用,此二力必然等值、反向、共线,CD 杆为二力杆,其受力方向必然沿着 CD 的连线方向,且指向相反。斜杆 CD 的受力图如图 1-32(b) 所示。

（2）取梁 AB 为研究对象。

梁 AB 受 **G**$_1$, **G**$_2$ 两个主动力的作用;梁在铰链 D 处受二力杆 CD 给它的约束反力 **F**$'_D$ 的作用,根据作用力与反作用力定律,$F'_D = -F_D$;梁在 A 处受固定铰支座的约束反力,可用两个正交分力 F_{Ax} 和 F_{Ay} 表示。梁 AB 的受力图如图 1-32(c) 所示。

(3) 取整体为研究对象。

受主动力 G_1,G_2 和约束反力 F_{Ax},F_{Ay},F_C 的作用。整体的受力图如图 1-32(d) 所示。注意约束反力 F_{Ax},F_{Ay},F_C 的指向要与图 1-32(b),(c) 中约束反力假设的指向一致。

例1-4 三铰拱桥由左右两拱铰接而成,如图 1-33(a) 所示。设各拱自重不计,在拱 AC 上作用荷载 F。试分别画出拱 AC 和 CB 的受力图。

解:(1) 取拱 CB 为研究对象。

由于拱自重不计,且只在 B 处、C 处受到铰约束,因此 CB 为二力构件。在铰链中心 B,C 分别受到 F_B 和 F_C 的作用,且 $F_B = -F_C$。拱 CB 的受力图如图 1-33(b) 所示。

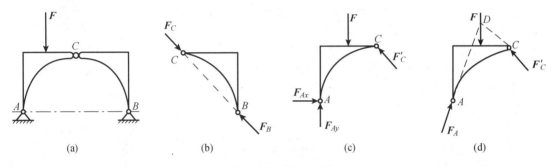

图 1-33　例 1-4 图

(2) 取拱 AC 连同销钉 C 为研究对象。

拱自重不计,主动力只有荷载 F;点 C 受拱 CB 施加的约束力 F'_C,且 $F'_C = -F_C$;点 A 处的约束反力可分解为 F_{Ax} 和 F_{Ay}。拱 AC 的受力图如图 1-33(c) 所示。

进一步分析,拱 AC 受力图也可用图 1-33(d) 表示,拱 AC 在 F、F'_C 和 F_A 三力作用下平衡,根据三力平衡汇交定理,可确定出铰链 A 处约束反力 F_A 的方向。点 D 为力 F 与 F'_C 的交点,当拱 AC 平衡时,F_A 的作用线必通过点 D,F_A 的指向,可先作假设,以后由平衡条件确定。

1.4.3　画受力图需要注意的几个问题

通过以上各例题的分析,现将画受力图应注意的几个问题归纳如下:

(1) 必须明确研究对象。明确研究对象后,要解除全部约束,画出其脱离体图。

(2) 正确确定研究对象受主动力的数目。根据已知条件画出作用在该脱离体上的所有主动力。

(3) 正确画出约束反力。根据解除约束的类型,画出相应的约束反力,并使用规定的字母和符号标记各个力。凡是研究对象与周围物体相接触的地方,都一定有约束反力,不可随意增加或减少。

(4) 二力杆要优先分析。注意应用二力杆、三力平衡汇交定理确定约束反力的方向。

(5) 在分析两个相互作用的力时,应遵循作用和反作用关系,作用力方向一经确定,则反作用力必与之相反,不可再假设指向。

(6) 同一约束反力,在各受力图中假设的指向必须一致。

（7）对物体系统的整体受力分析时，系统内各物体间的相互作用力不要画。

思考题与习题

1-1　什么是刚体?

1-2　二力平衡条件和作用与反作用定律中的两个力都是等值、反向、共线，试问二者有何区别，并举例说明。

1-3　力的可传性原理的适用条件是什么?如图1-34所示，能否根据力的可传性原理，将作用于杆 AC 上的力 F 沿其作用线移至杆 BC 上而成力 F'?

1-4　图1-35中力 P 作用在销钉 C 上，试问销钉 C 对 AC 的力与销钉 C 对 BC 的力是否等值、反向、共线?为什么?

1-5　一刚体在汇交于一点但不共面的三个力作用下能平衡吗?为什么?如果三个汇交力共面，刚体一定能平衡吗?为什么?

1-6　什么是二力杆?分析二力杆受力时与构件的形状有无关系。

1-7　试分别画出图1-36所示各物体的受力图。未标明重力的物体自重不计，所有接触面均为光滑接触。

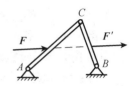

图1-34　题1-3图

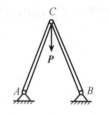

图1-35　题1-4图

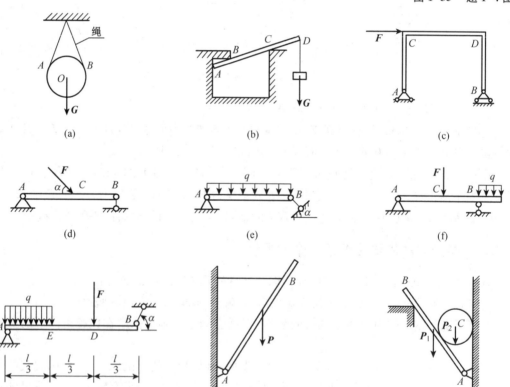

图1-36　题1-7图

1-8　试分别画出图1-37所示物体系统中各杆件的受力图。未标明重力的物体自重不计，所有接触面均为光滑接触。

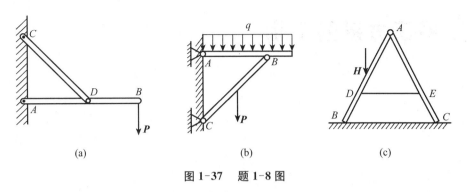

(a)　　　　　　　　(b)　　　　　　　　(c)

图 1-37　题 1-8 图

1-9　试分别画出图 1-38 所示各物体系统中的各部分及整体的受力图。未标明重力的物体自重不计,所有接触面均为光滑接触。

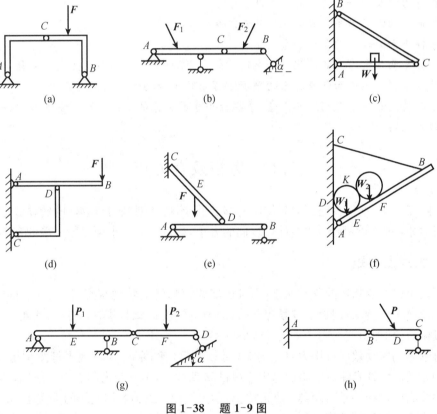

(a)　　　　　　　　(b)　　　　　　　　(c)

(d)　　　　　　　　(e)　　　　　　　　(f)

(g)　　　　　　　　(h)

图 1-38　题 1-9 图

2 平面力系的平衡

学习目标与要求

❖ 理解力矩及合力矩的基本概念及其性质。
❖ 理解力偶及力偶矩的基本概念及其性质。
❖ 掌握平面汇交力系合成的几何法和解析法。
❖ 掌握平面力偶系的合成和平衡条件。
❖ 掌握平面任意力系的简化方法和简化结果,能计算平面力系的主矢和主矩。
❖ 熟练掌握应用平面任意力系的平衡方程求解单个物体平衡问题的方法。
❖ 了解静定和静不定问题的概念,掌握应用平面力系的平衡方程求解物体系统的平衡问题的方法。

2.1 力矩及合力矩

在实际工程中,不仅会遇到力对物体的移动效应,还会遇到力对物体的转动效应,因此,还需要掌握力矩和力偶的概念,并会计算它们的大小,这也是研究平面一般力系的基础。

2.1.1 力对点之矩

力不仅可以改变物体的移动状态,而且还能改变物体的转动状态。例如用手推门时,使门绕门轴的铰链中心转动;用扳手拧紧螺母时,加力可使扳手绕螺母中心转动。其他如杠杆、滑轮等简单机械,也是加力使它们产生转动效应的实例。

力对刚体的转动效应可用力对点的矩(简称力矩)来度量。现以扳手拧紧螺母为例说明。如图 2-1(a) 所示,力 $\boldsymbol{F}$ 使扳手绕螺母中心 O 的转动效应,不仅与力的大小成正比,而且还与螺母中心到该力作用线的垂直距离 d 成正比。力学上用 O 点到力 $\boldsymbol{F}$ 作用线的垂直距离 d 与力 $\boldsymbol{F}$ 的乘积来度量力 $\boldsymbol{F}$ 使物体绕点 O 转动的效应(图 2-1(b)),称为力 $\boldsymbol{F}$ 对 O 点之矩,简称力矩,并用 $M_O(\boldsymbol{F})$ 或 M_O 表示,其计算公式为

$$M_O(\boldsymbol{F}) = \pm F \times d \tag{2-1}$$

式中,转动中心 O 称为矩心,矩心到力作用线的垂直距离 d 称为力臂。

一般规定,使物体产生逆时针方向转动的力矩为正;反之,为负。

力矩的单位为牛・米(N・m)或千牛・米(kN・m)。

由力矩定义和式(2-1)可看出:

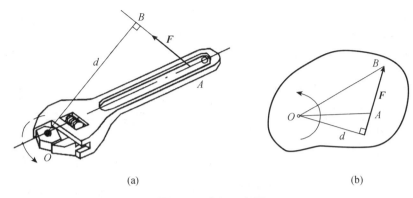

(a)　　　　　　　　　　　　(b)

图 2-1　力矩示意图

（1）力对点之矩，不仅取决于力的大小，还与矩心的位置有关。

（2）力对点之矩，不会因该力的作用点沿其作用线移动而改变。

（3）力的大小等于零或其作用线通过矩心时，力矩等于零。

力矩在工程实际中进行力学计算时应用非常广泛。例如，重力式挡土墙进行倾覆稳定验算时（图 2-2），需计算重力和土压力对点 O 的力矩；塔吊起吊重物（图 2-3），需要计算各力对 O 点的矩，根据平衡条件确定塔吊的起重量是多少才能保证其不致翻倒。

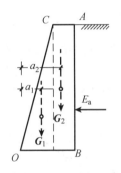

图 2-2　重力式挡土墙

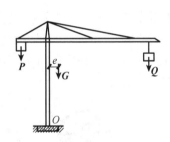

图 2-3　塔吊起吊重物

一般情况下，力使物体同时产生移动和转动两种效应，其中转动可以相对于物体上的任意点；而力矩是力使物体绕某点转动效应的度量。因此，矩心不一定要取在物体可以绕之转动的固定点，根据分析和计算的需要，物体上任意点都可以取为矩心。

2.1.2　合力矩定理

平面汇交力系对物体的作用效应可以用它的合力来代替，在下文 2.3 节中，在平面汇交力系的平衡会详细讲述。这里的作用效应也包括物体绕某点转动的效应；而力使物体绕某点转动的效应由力对该点的矩来度量，由此可得，平面汇交力系的合力对平面内任一点之矩，等于各分力对同一点之矩的代数和。这称为合力矩定理，可以用公式表示为

$$M_O(\boldsymbol{F}_R) = M_O(\boldsymbol{F}_1) + M_O(\boldsymbol{F}_2) + \cdots + M_O(\boldsymbol{F}_n) = \sum M_O(\boldsymbol{F}_i) \tag{2-2}$$

例 2-1　试计算图 2-4 中 $\boldsymbol{F}$ 力对 A 点之矩。

解：本题有两种解法。

（1）由力矩的定义计算力 F 对 A 点之矩。

先求力臂 d，由图中几何关系有：

$$d = AD\sin\alpha = (AB - DB)\sin\alpha$$
$$= (AB - BC\cot x)\sin\alpha$$
$$= (a - b\cot\alpha)\sin\alpha = a\sin\alpha - b\cos\alpha$$

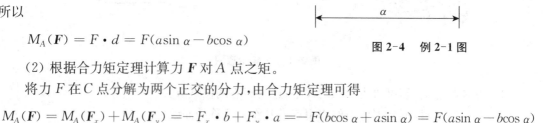

所以

$$M_A(\boldsymbol{F}) = F \cdot d = F(a\sin\alpha - b\cos\alpha)$$

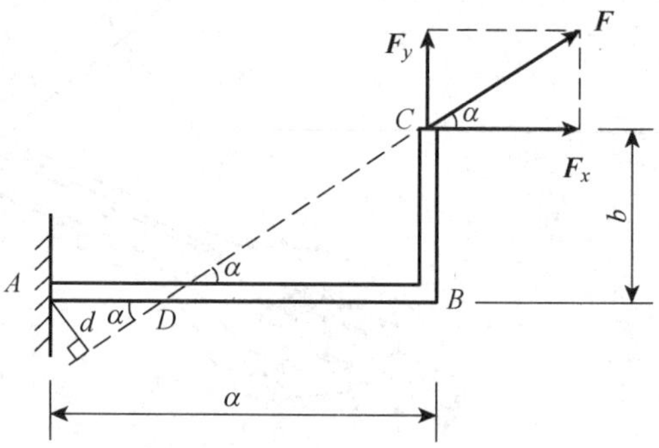

图 2-4　例 2-1 图

（2）根据合力矩定理计算力 F 对 A 点之矩。

将力 F 在 C 点分解为两个正交的分力，由合力矩定理可得

$$M_A(\boldsymbol{F}) = M_A(\boldsymbol{F}_x) + M_A(\boldsymbol{F}_y) = -F_x \cdot b + F_y \cdot a = -F(b\cos\alpha + a\sin\alpha) = F(a\sin\alpha - b\cos\alpha)$$

本例两种解法的计算结果是相同的，当力臂不易确定时，用后一种方法较为简便。

2.2　力偶及力偶矩

2.2.1　力偶及力偶矩概念

在日常生活和工程实际中经常见到物体受两个大小相等、方向相反，但不在同一直线上的两个平行力作用的情况。例如：司机转动驾驶汽车时两手作用在方向盘上的力（图 2-5(a)）；工人用丝锥攻螺纹时两手加在扳手上的力（图 2-5(b)）；拧动水龙头所加的力（图 2-5(c)），这样的两个力能使物体产生转动效应。

 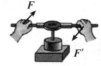

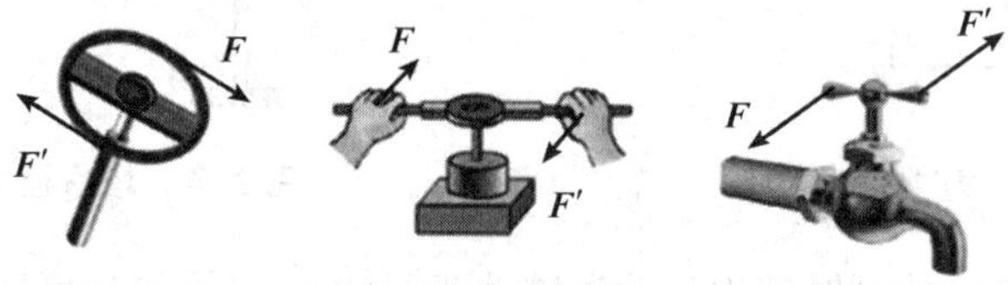

(a) 转动方向盘　　(b) 工人用丝锥改螺纹　　(c) 拧水龙头

图 2-5　力偶的工程实例

这种由大小相等、方向相反、作用线平行但不共线的两个力组成的力系，称为力偶。如图 2-6 所示，用符号 ($\boldsymbol{F}$, $\boldsymbol{F}'$) 表示。力偶的两力之间的垂直距离 d 称为力偶臂，力偶所在的平面称为力偶作用面。

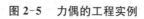

力偶不能合成一个力，它的作用只改变物体的转动状态。力偶对物体的转动效应，可用力偶矩来度量，力偶矩是一个代数量，其绝对值等于力与力偶臂的乘积，与矩心位置无关，其计算式如下：

$$m = \pm Fd \qquad (2\text{-}3)$$

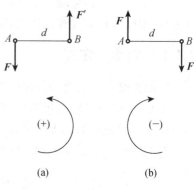

图 2-6　力偶示意图

式中,正负号表示力偶的转向,通常规定:若力偶使物体作逆时针方向转动,则力偶矩为正;反之,为负,如图 2-6 所示。

力偶对物体的转动效应,取决于三要素,即力偶矩的大小、力偶的转向及力偶作用面。

2.2.2　力偶的性质

力和力偶是静力学中的两个基本要素,力偶与力具有不同的性质:

(1) 力偶不能简化为一个合力,即力偶不能用一个力等效替代。因此力偶不能与一个力平衡,力偶只能与力偶平衡。

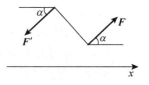

力偶中的两个力大小相等、方向相反、作用线平行,如果求它们在任一轴上的投影,如图 2-7 所示,设力与 x 轴的夹角是 α,由图可得

$$\sum F_x = F\cos\alpha - F'\cos\alpha$$

图 2-7　力偶投影示意图

由此可得:力偶在任一轴上的投影等于零。

既然力偶在轴上的投影为零,可见力偶对于物体不会产生移动效应,只产生转动效应。而一个力可以使物体产生移动和转动两种效应,力偶和力对物体作用的效应不同,说明力偶不能用一个力来代替,即力偶不能简化为一个力,因而力偶也不能和一个力平衡,力偶只能与力偶平衡。

(2) 力偶对其作用面内任一点的矩都等于力偶矩,而与矩心位置无关。

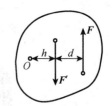

设有力偶 $(\boldsymbol{F}, \boldsymbol{F}')$,其力偶臂为 d,如图 2-8 所示。在力偶作用面内任取一点 O 为矩心,以 $m_O(\boldsymbol{F}, \boldsymbol{F}')$ 表示力偶对点 O 的矩,则

$$m_O(\boldsymbol{F}, \boldsymbol{F}') = M_O(\boldsymbol{F}) + M_O(\boldsymbol{F}') = F(d+h) - Fh = Fd$$

由此可知,力偶的作用效应决定于力的大小和力偶臂的长短,而与矩心的位置无关。

图 2-8　力偶对平面内任意点的矩

(3) 在同一平面内的两个力偶,如果它们的力偶矩大小相等、力偶的转向相同,则这两个力偶是等效的,如图 2-9 所示。

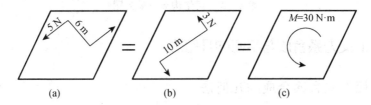

图 2-9　力偶的等效示意图

根据力偶的等效性,可得出下面两个推论:

推论 1　力偶可在其作用面内任意移动和转动,而不会改变它对物体的效应。

推论 2　只要保持力偶矩不变,可同时改变力偶中力的大小和力偶臂的长度,而不会改变它对物体的作用效应。

2.3　平面汇交力系的平衡

作用在物体上的力系,根据力系中各力的作用线在空间的位置不同,可分为平面力系和空间力系两类。各力的作用线都在同一平面内的力系称为平面力系,各力的作用线不在同一平面内的力系称为空间力系。在这两类力系中,又有下列情况:

(1) 作用线交于一点的力系称为汇交力系;

(2) 作用线相互平行的力系称为平行力系;

(3) 作用线任意分布(即不完全汇交于一点,又不全都互相平行)的力系称为一般力系。

平面汇交力系是指各力的作用线都在同一平面内且汇交于一点的力系,它是研究复杂力系的基础,在工程中应用比较广泛。例如,采用两点起吊预制桩的起重机吊钩上作用的力(图 2-10、图 2-11),钢屋架节点所受的力(图 2-12)都属于平面汇交力系。

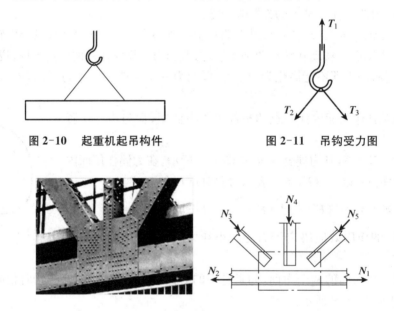

图 2-10　起重机起吊构件　　　　　　图 2-11　吊钩受力图

图 2-12　钢结构节点受力图

2.3.1　平面汇交力系合成与平衡的几何法

2.3.1.1　平面汇交力系合成的几何法

作用在刚体上的力,如各力作用线汇交于点 O,根据刚体内部力的可传性,可将各力沿其作用线移至汇交点 O。

1. 两个汇交力的合成

设一刚体受到汇交于 O 点的两个力 F_1 和 F_2 的作用(图 2-13(a)),为合成此力系,可根据平行四边形法则,从交点 O 出发,按适当的比例和正确的方向画出 F_1,F_2,便可得出相应的平行四边形,其对角线即代表合力 F。对角线 F 的长度和 F 与 F_1 所夹角度 α,便是合力 F 的大小和方向。

为简便起见,在求合力时,不必画出整个平行四边形,而只需画出其中任一个三角形便可解决问题。将两分力首尾相连,再连接起点和终点,所得线段即代表合力 $\boldsymbol{F}$,这一合成方法称为力的三角形法则(图 2-13(b))。可用以下公式表示:

$$\boldsymbol{F} = \boldsymbol{F}_1 + \boldsymbol{F}_2$$

上式为矢量式,不是两力代数相加。

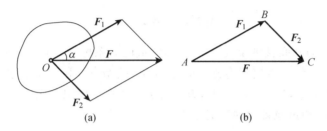

图 2-13　两个汇交力合成的几何法

2. 平面汇交力系的合成

设一刚体受到平面汇交力 $\boldsymbol{F}_1$,$\boldsymbol{F}_2$,$\boldsymbol{F}_3$,$\boldsymbol{F}_4$ 的作用,各力作用线汇交于 O 点,如图 2-14(a) 所示,若求此力系的合力,可连续应用力的三角形法则,将这些力两两依次合成,如图 2-14(b) 所示,最后求得一个通过汇交点 O 的合力 $\boldsymbol{F}_R$。

在实际作图时,中间矢量 $\boldsymbol{F}_{R1}$,$\boldsymbol{F}_{R2}$ 不必画出,如图 2-14(c) 所示,可从点 A 开始,将各分力的矢量依次首尾相连,由此组成一个不封闭的力多边形 $ABCDE$,连接 $\boldsymbol{F}_1$ 的起点 A 和 $\boldsymbol{F}_4$ 的终点 E,就可得到力系的合力 $\boldsymbol{F}_R$,这就是力的多边形法则。

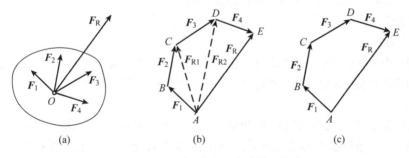

图 2-14　平面汇交力系合成的几何法

根据矢量相加的交换律,任意变换各分力的先后作图次序,可得到形状不同的力多边形,但所得合力 $\boldsymbol{F}_R$ 的大小和方向均不改变,合力作用线仍应通过原汇交点 O。

由上可得出以下结论:平面汇交力系可简化为一合力,其合力的大小和方向由力多边形的封闭边确定,合力的作用线通过各力的汇交点。设平面汇交力系包含 n 个力,合力 $\boldsymbol{F}_R$ 的矢量等于各分力的矢量和,即

$$\boldsymbol{F}_R = \boldsymbol{F}_1 + \boldsymbol{F}_2 + \cdots + \boldsymbol{F}_n = \sum \boldsymbol{F}_i \tag{2-4}$$

例 2-2　同一平面的三根钢索连结在一固定环上,如图 2-15 所示,已知三钢索的拉力分别为:$F_1 = 500 \text{ N}$,$F_2 = 1\,000 \text{ N}$,$F_3 = 2\,000 \text{ N}$。试用几何作图法求三根钢索在环上作用的合力。

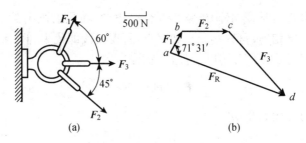

图 2-15　例 2-2 图

解： 三钢索的拉力共面且延长线交于一点，组成的力系称为平面汇交力系。

选定比例尺，取一点 a，首尾相连各矢量，连接 F_1 的始点 a 和 F_3 的终点 d，则封闭边 ad 的长度就是合力 F_R 的大小，$F_R = 2\ 700$ N；方向可由力的多边形图直接量出，F_R 与 F_1 的夹角为 $71°31'$，合力的作用线通过原各力的汇交点。

2.3.1.2　平面汇交力系平衡的几何条件

由于平面汇交力系可用其合力代替，因此，平面汇交力系平衡的必要与充分条件是：该力系的合力为零。即

$$F_R = \sum F_i = 0 \tag{2-5}$$

根据力多边形法则，合力等于零，表明力多边形封闭边的长度为零，即表明力多边形中第一个分力的起点和最后一个分力的终点重合。所以，平面汇交力系平衡的必要与充分的几何条件是：该力系的力多边形自行封闭。

用几何法求解平面汇交力系平衡问题的步骤如下：

（1）选取研究对象。

（2）画受力图。

（3）作封闭的力多边形。选择适当的比例尺，各分力的矢量首尾相连，作出封闭的力多边形。注意：作图时先从已知力开始，根据矢序（首尾相连的顺序）规则和封闭特点，就可以确定未知力的指向。

（4）求未知力。求解未知力时可用图解法，即用直尺和量角器在图上量得所要求的未知量；也可用几何法，即根据图形的几何关系，利用三角公式计算出所要求的未知量。

例 2-3　如图 2-16(a) 所示，$P = 10$ kN，两杆自重不计，求两杆的受力。

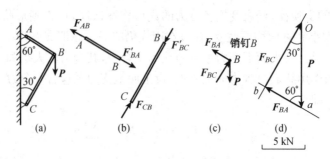

图 2-16　例 2-3 图

解：销钉 B 在三个平面汇交力作用下平衡，根据平衡的几何条件可知，这三个力所构成的力的三角形应自行封闭。

(1) 研究对象：销钉 B。

(2) 画受力图：由于 AB 杆和 BC 杆为二力杆，因此力 $\boldsymbol{F}_{BA}$ 和力 $\boldsymbol{F}_{BC}$ 的方向分别为 AB 杆和 BC 杆的轴线方向，如图 2-16(c) 所示。

(3) 作封闭的力多边形：选取比例尺，选取一点 O，按比例绘制 $\boldsymbol{P} = 10$ kN；过点 a 作直线 ab，直线 ab 与直线 Oa 夹角为 $60°$；过点 O 作直线 Ob，直线 Ob 与直线 Oa 的夹角为 $30°$。如图 2-16(d) 所示，即可确定力 $\boldsymbol{F}_{BA}$ 和力 $\boldsymbol{F}_{BC}$。

(4) 求未知力：可量取长度，用比例尺换算。也可利用三角关系求得

$$F_{BA} = P \sin 30° = 5 \text{ kN}, \quad F_{BC} = P \cos 30° = 8.66 \text{ kN}$$

力多边形中各力的方向与受力图一致，即 AB 杆受拉力 5 kN；BC 杆受压力 8.66 kN。

2.3.2 平面汇交力系合成与平衡的解析法

平面汇交力系的几何法具有直观、简捷的优点，但其精确度较差，因此，工程中多用解析法来求解力系的合成和平衡问题。解析法以力在坐标轴上的投影为基础。

2.3.2.1 力在直角坐标轴上的投影

如图 2-17 所示，设力 $\boldsymbol{F}$ 作用于刚体上的 A 点，在力作用的平面内建立坐标系 Oxy，由力 $\boldsymbol{F}$ 的起点和终点分别向 x 轴作垂线，得垂足 a 和 b，则线段 ab 加上相应的正负号称为力 $\boldsymbol{F}$ 在 x 轴上的投影，用 F_x 表示。即 $F_x = \pm ab$；同理，力 $\boldsymbol{F}$ 在 y 轴上的投影用 F_y 表示，即 $F_y = \pm a_1 b_1$。

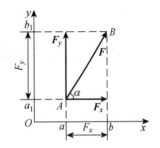

图 2-17　力的投影

力在坐标轴上的投影是代数量，正负号规定：力的投影由始至末端，与坐标轴正向一致，其投影取正号；反之，取负号。

投影 F_x，F_y 可用下式表示：

$$\left.\begin{array}{l} F_x = \pm F \cos \alpha \\ F_y = \pm F \sin \alpha \end{array}\right\} \tag{2-6}$$

投影 F_x，F_y 的正负号可由 $\cos \alpha$ 和 $\sin \alpha$ 的符号分别得出。但在实际计算时，常采用力 $\boldsymbol{F}$ 与坐标轴所夹锐角来计算投影，其正负号可根据上述规定直观判断得出。

若已知力 $\boldsymbol{F}$ 在坐标轴上的投影 F_x，F_y，则该力的大小及方向余弦为

$$\left.\begin{array}{l} F = \sqrt{F_x^2 + F_y^2} \\ \tan \alpha = \dfrac{|F_y|}{|F_x|} \end{array}\right\} \tag{2-7}$$

应当注意，力的投影与力的分力是两个不相同的概念。投影是代数量，而分力是矢量；投影无所谓作用点，而分力作用点必须作用在原力的作用点上；力 $\boldsymbol{F}$ 沿直角坐标轴的分力的大小分别等于该力在相应坐标轴上的投影的绝对值。

2.3.2.2 合力投影定理

设一平面汇交力系 F_1，F_2，F_3 作用于刚体上，其力的多边形 $ABCD$ 如图 2-18 所示，封闭边 AD 表示该力系的合力矢，在力的多边形所在平面内取一坐标系 Oxy，将所有分力和合力都投影到 x 轴和 y 轴上。合力 F_R 在 x 轴上的投影 F_{Rx} 与各分力 F_i 投影的关系为

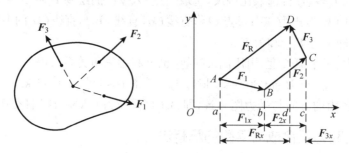

图 2-18　合力投影定理

$$F_{Rx} = ad,\ F_{1x} = ab,\ F_{2x} = bc,\ F_{3x} = -cd$$
$$F_{Rx} = ad = ab + bc - cd$$

即
$$F_{Rx} = F_{1x} + F_{2x} + F_{3x}$$

如果某平面汇交力系有 n 个力汇交于一点，可以证明上述关系仍然成立，即

$$F_{Rx} = F_{1x} + F_{2x} + \cdots + F_{nx} = \sum F_x \tag{2-8}$$

同理
$$F_{Ry} = F_{1y} + F_{2y} + \cdots + F_{ny} = \sum F_y$$

必须注意式中各投影的正、负号。

由此可见，平面汇交力系的合力在任一轴上的投影，等于力系中各分力在同一轴上投影的代数和，这就是合力投影定理。

2.3.2.3 平面汇交力系合成的解析法

用解析法求平面汇交力系的合成时，首先在其所在的平面内选定坐标系 Oxy，求出力系中各力在 x 轴和 y 轴上的投影，再根据合力投影定理求得合力 F_R 在 x 轴、y 轴上的投影 F_x 和 F_y。

$$\left. \begin{aligned} F_R &= \sqrt{\left(\sum F_x\right)^2 + \left(\sum F_y\right)^2} \\ \tan \alpha &= \frac{\left|\sum F_y\right|}{\left|\sum F_x\right|} \end{aligned} \right\} \tag{2-9}$$

式中，α 为合力 F_R 与 x 轴所夹的锐角，α 角在哪个象限由 $\sum F_x$ 和 $\sum F_y$ 的正负号来确定，详见图 2-19(b)。合力的作用线通过力系的汇交点 O。

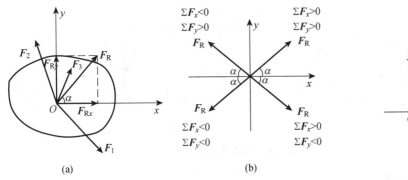

图 2-19 合成的解析法

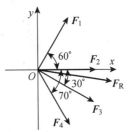

图 2-20 例 2-4 图

例 2-4 已知某平面汇交力系如图 2-20 所示。已知各力大小为:$F_1 = 360$ N,$F_2 = 550$ N,$F_3 = 380$ N,$F_4 = 300$ N。试用解析法求合力的大小和方向。

解:(1)分别求合力在 x,y 轴上的投影:

$$F_{Rx} = F_{1x} + F_{2x} + F_{3x} + F_{4x}$$
$$= F_1 \cos 60° + F_2 + F_3 \cos 30° + F_4 \cos 70° = 1\ 162\ \text{N}$$
$$F_{Ry} = F_{1y} + F_{2y} + F_{3y} + F_{4y}$$
$$= F_1 \sin 60° - F_3 \sin 30° - F_4 \sin 70°$$
$$= -160\ \text{N}$$

(2)求合力 $\boldsymbol{F}_R$ 的大小和方向:

$$F_R = \sqrt{F_{Rx}^2 + F_{Ry}^2} = 1\ 173\ \text{N}$$

$$\tan \alpha = \left| \frac{F_{Ry}}{F_{Rx}} \right| = \frac{|-160|}{|1\ 162|} = 0.137\ 7,\ \alpha = 7°54'$$

合力 $\boldsymbol{F}_R$ 的作用线通过力系的汇交点 O,方向如图 2-20 所示。

2.3.2.4 平面汇交力系平衡的解析条件

平面汇交力系平衡的必要和充分条件是该力系的合力等于零,即 $\boldsymbol{F}_R = 0$,由式(2-9)可得

$$F_R = \sqrt{\left(\sum F_x \right)^2 + \left(\sum F_y \right)^2} = 0$$

要使上式成立,必须使 $\sum F_x$,$\sum F_y$ 同时为零,即

$$\begin{cases} \sum F_x = 0 \\ \sum F_y = 0 \end{cases} \tag{2-10}$$

所以,平面汇交力系平衡的必要和充分的解析条件是:力系中各力在两个坐标轴上投影的代数和分别等于零。式(2-10)称为平面汇交力系的平衡方程。

例 2-5 水平刚架如图 2-21(a)所示,受水平力作用,$F = 20$ kN,不计刚架自重,求 A,D 处的约束反力。

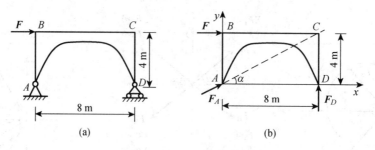

图 2-21　例 2-5 图

解：(1) 取刚架为研究对象。

(2) 作受力图。刚架受到力 F，F_A 和 F_D 的作用，应用三力平衡汇交定理可画出刚架的受力图如图 2-21(b) 所示。图中 F_A，F_D 的指向是任意假设的。

(3) 设直角坐标系 Axy。

(4) 列平衡方程。

$$\sum F_x = 0, \ F_A\cos\alpha + F = 0$$

$$\sum F_y = 0, \ F_A\sin\alpha + F_D = 0$$

$$\sin\alpha = \frac{1}{\sqrt{5}}, \ \cos\alpha = \frac{2}{\sqrt{5}}$$

(5) 求解未知力。解得 $F_A = -22.4$ kN，F_A 为负，表明其实际方向与图示相反。

$F_D = 10$ kN，F_D 为正，表明其实际方向与图示相同。

例 2-6　如图 2-22(a) 所示，重力 $P = 20$ kN，用钢丝绳挂在铰车 D 及滑轮 B 上。A，B，C 处为光滑铰链连接。钢丝绳、杆和滑轮的自重不计，并忽略摩擦和滑轮的大小，试求平衡时杆 AB 和 BC 所受的力。

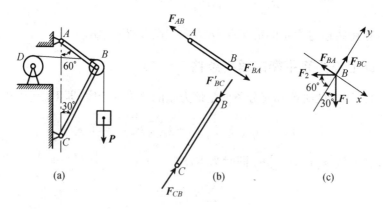

图 2-22　例 2-6 图

解：(1) 选取研究对象。由于 AB，BC 两杆都是二力杆，假设杆 AB 受拉力，杆 BC 受压力，如图 2-22(b) 所示。为了求出这两个未知力，可求两杆对滑轮的约束力。因此选取滑轮 B 为研究对象。

(2) 画受力图。滑轮受到钢丝绳的拉力 F_1 和 F_2（已知 $F_1 = F_2 = P$）。此外杆 AB 和杆 BC 对滑轮的约束力为 F_{BA} 和 F_{BC}。由于滑轮的大小可忽略不计，故这些力可看作是汇交力系，如图

2-22(c) 所示。

（3）建立直角坐标系 Bxy。坐标轴应尽量取在与未知力作用线相垂直的方向，这样，在一个平衡方程中只有一个未知数，不必解联立方程。

（4）列平衡方程。

$$\sum F_x = 0, \ -F_{BA} + F_1 \cos 60° - F_2 \cos 30° = 0$$

$$\sum F_y = 0, \ F_{BC} - F_1 \cos 30° - F_2 \cos 60° = 0$$

（5）求解未知力。因 $F_1 = F_2 = P$，因此，

$F_{BA} = -0.366P = -7.321 \text{ kN}$，$F_{BA}$ 为负，表明其实际方向与图示相反。

$F_{BC} = 1.366P = 27.32 \text{ kN}$，$F_{BC}$ 为正，表明其实际方向与图示相同。

用解析法求解平面汇交力系平衡问题的步骤及注意事项如下：

（1）选取适当的研究对象。有时需要选几个研究对象。

（2）画出研究对象的受力图，未知力的指向可先假设。在受力分析时注意作用力与反作用力的关系，正确应用二力杆的性质。

（3）选取适当的坐标系。为避免解联立方程，选取坐标系的原则是尽量使坐标轴与未知力垂直，使得至少有一个方程中只出现一个未知量。

（4）根据平衡条件列出平衡方程，求解未知力。注意当求出未知力的值为负号时，说明假设力的方向与实际方向相反。

2.4 平面力偶系的平衡

作用在物体同一平面内的多个力偶，称为平面力偶系。

2.4.1 平面力偶系的合成

设在刚体的同一平面内作用三个力偶 $(\boldsymbol{F}_1, \boldsymbol{F}_1')$，$(\boldsymbol{F}_2, \boldsymbol{F}_2')$ 和 $(\boldsymbol{F}_3, \boldsymbol{F}_3')$，如图 2-23(a) 所示。各力偶矩分别为

$$m_1 = F_1 \cdot d_1, \quad m_2 = F_2 \cdot d_2, \quad m_3 = -F_3 \cdot d_3$$

在力偶作用面内任取一线段 $AB = d$，按力偶等效条件，将这三个力偶都等效地改为以 d 为力偶臂的力偶 $(\boldsymbol{P}_1, \boldsymbol{P}_1')$，$(\boldsymbol{P}_2, \boldsymbol{P}_2')$ 和 $(\boldsymbol{P}_3, \boldsymbol{P}_3')$，如图 2-23(b) 所示。由等效条件可知

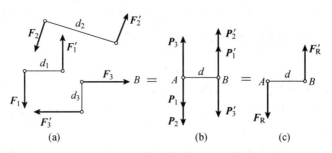

图 2-23 等效力偶

$$P_1 \cdot d = F_1 \cdot d_1, \quad P_2 \cdot d = F_2 \cdot d_2, \quad -P_3 \cdot d = -F_3 \cdot d_3$$

则等效变换后的三个力偶的力的大小可求出。

然后旋转各力偶,使它们的力偶臂都与 AB 重合,则原平面力偶系变换为作用于点 A,B 的两个共线力系(图 2-23(b))。将这两个共线力系分别合成,得

$$F_R = P_1 + P_2 - P_3$$
$$F'_R = P'_1 + P'_2 - P'_3$$

可见,力 F_R 与 F'_R 等值、反向作用线平行但不共线,构成一新的力偶(F_R,F'_R),如图 2-23(c) 所示。力偶(F_R,F'_R) 称为原来的三个力偶的合力偶。用 M 表示此合力偶矩,则

$$M = F_R d = (P_1 + P_2 - P_3)d = P_1 \cdot d + P_2 \cdot d - P_3 \cdot d = F_1 \cdot d_1 + F_2 \cdot d_2 - F_3 \cdot d_3$$

所以

$$M = m_1 + m_2 + m_3$$

若作用在同一平面内有若干个力偶,则上式可以推广为

$$M = m_1 + m_2 + \cdots + m_n = \sum m \tag{2-11}$$

由此可得到如下结论:

平面力偶系可以合成为一合力偶,此合力偶的力偶矩等于力偶系中各力偶的力偶矩的代数和。

例 2-7　如图 2-24 所示,T 形板上受三个力偶的作用。已知 $F_1 = 50$ N, $F_2 = 40$ N, $F_3 = 30$ N。试按图中给定的尺寸求其合力偶矩。

解: 由公式(2-11)可得,合力偶矩

$$
\begin{aligned}
M &= m_1 + m_2 + m_3 \\
&= F_1 \times 0.3 - F_2 \times 0.3 + F_3 \times 0.4 \\
&= 50 \times 0.3 - 40 \times 0.3 + 30 \times 0.4 \\
&= 15 \text{ N} \cdot \text{m}(逆时针)
\end{aligned}
$$

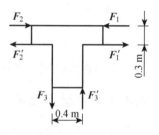

图 2-24　例 2-7 图

2.4.2　平面力偶系的平衡条件

平面力偶系可合成为一个合力偶,当合力偶矩等于零时,则表示力偶系中各力偶对物体的转动效应相互抵消,物体处于平衡状态;反之,若合力偶矩不等于零,则物体必有转动效应而不平衡。所以,平面力偶系平衡的必要和充分条件是:力偶系中所有各力偶矩的代数和等于零,即

$$\sum m = 0 \tag{2-12}$$

上式为平面力偶系的平衡方程,可以求解一个未知量。

例 2-8　AB 杆受力偶作用如图 2-25 所示,求 A 点和 B 点的约束力。

解:(1)选取研究对象:AB 杆。

(2)画受力图,如图 2-25(b)所示。由于 AD 杆是二力杆,因此,A 点约束反力作用线沿 45° 方向,指向假定。因 AB 杆只受主动力偶的作用,则 A,B 两点的约束反力必构成力偶。

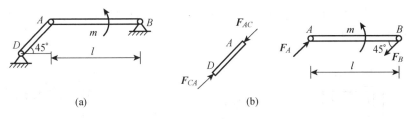

图 2-25 例 2-8 图

（3）列平衡方程：$\sum m = 0$，$m - F_B \sin 45° \times l = 0$

$$F_B = \sqrt{2}\,\frac{m}{l}$$

由力偶的特点可知，A 点反力 $F_A = F_B$，方向与图示方向相同。

例 2-9 如图 2-26(a) 所示的构架，由直角弯杆 AB 和构件 BCD 在 B 处铰接而成，不计各构件自重。尺寸 l 及力偶矩为 m 的力偶已知，求 D 支座的约束反力。

解：（1）弯杆 AB 为研究对象，画受力图。A 处约束反力作用线水平，指向可假设；根据力偶只能由力偶来平衡的性质，A 处和 B 处的约束反力应构成一力偶，故 B 铰处的约束反力作用线也应水平，其受力图如图 2-26(b) 所示。

（2）列平衡方程：

$$\sum m_i = 0,\ F_B \times l - m = 0$$

解得 $F_B = F_A = \dfrac{m}{l}$，F_B 和 F_A 方向相反，如图 2-26(b) 所示。

（3）取构件 BCD 为研究对象，C 处约束反力作用线铅垂，根据三力平衡汇交定理可知，D 处约束反力作用线应通过 C，指向可假定，其受力图如图 2-26(c) 所示。

（4）列平衡方程：

$$\sum F_x = 0,\ F_B' - F_D \cos 45° = 0$$

解得
$$F_D = \frac{\sqrt{2}\,m}{l}$$

F_D 方向如图 2-26(c) 所示。

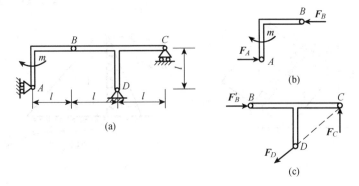

图 2-26 例 2-9 图

例 2-10 如图 2-27 所示结构中，二曲杆自重不计，曲杆 AB 上作用有主动力偶为 m，试求 A 点和 C 点处的约束力。

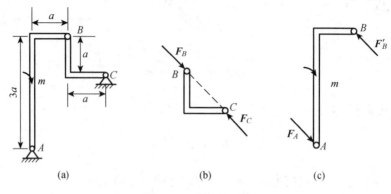

(a)　　　　　(b)　　　　　(c)

图 2-27　例 2-10 题

解：(1) 取 BC 为研究对象，BC 为二力杆，画受力图，如图 2-27(b) 所示。

(2) 取 AB 为研究对象，受力分析，A，B 的约束力组成一个力偶，画受力图，如图 2-27(c) 所示。

(3) 列平衡方程：

$$\sum m = 0 \quad \frac{\sqrt{2}}{2}F \times (3a + a) - M = 0, \quad F_B = \frac{M}{2\sqrt{2}a} = 0.354\frac{M}{a}$$

2.5　平面任意力系的平衡

如果作用在物体上各力的作用线都分布在同一平面内，既不完全汇交于一点，也不完全互相平行，这种力系称为平面任意力系。在工程实际中经常会遇到平面任意力系，例如：刚架结构厂房所受荷载(图 2-28)；水利工程上常见的重力坝，如图 2-29 所示，在对其进行力学分析时，往往取单位长度(如 1 m)的坝段来考察，而将坝段所受的力简化成为作用于坝段中央平面内的平面力系。

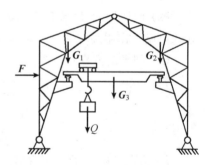

图 2-28　刚架结构厂房

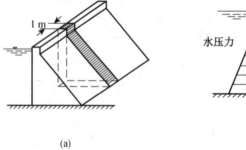

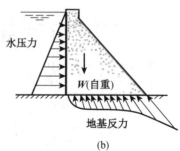

(a)　　　　　　　　　(b)

图 2-29　水坝受力示意图

2.5.1 平面任意力系向作用面内一点简化

2.5.1.1 力的平移定理

力的平移定理是研究平面任意力系的理论基础。

力的平移定理:作用在刚体上任一点的力可以平行移动到该刚体内的任意一点,但必须同时附加一个力偶,这个附加力偶的矩等于原力对新作用点的力矩。

证明:如图 2-30(a) 所示,设力 F 作用于刚体上 A 点。根据加减平衡力系公理,在 B 点加上两个等值、反向的力 F_1 和 F_2,且它们与力 F 平行,$F = F_1 = -F_2$,如图 2-30(b) 所示。显然,力 F、F_1、F_2 组成的力系与原力 F 等效。由于力 F 与力 F_2 等值、反向且作用线平行,它们组成力偶 (F,F_2)。原来作用在点 A 的力 F,现在被一个作用在点 B 的力 F_1 和一个力偶 (F,F_2) 等效替换,如图 2-30(c) 所示。也就是说,可以把作用于点 A 的力平移到另一点 B,但必须同时附加上一个相应的力偶,这个力偶就是附加力偶,附加力偶的力偶矩为

$$m = F \cdot d = M_B(F)$$

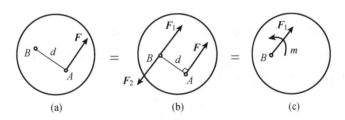

图 2-30　力的平移定理

力的平移定理表明,可以将一个力分解为一个力和一个力偶;反过来,也可以将同一平面内一个力和一个力偶合成为一个力。应该注意,力的平移定理只适用于刚体,而不适用于变形体,并且只能在同一刚体上平行移动。

工程上有时也将力平行移动,以便了解其效应。

例如,作用于立柱上 A 点的偏心力 F,可平移至立柱轴线上成为 F',并附加一力偶矩为 $m = M_O(F)$ 的力偶,这样并不改变力 F 的总效应,但却容易看出,轴向力 F' 将使立柱压缩,而力偶矩 m 将使短柱弯曲。例如,牛腿柱计算时,可以将牛腿上的作用力平移到柱轴线上。

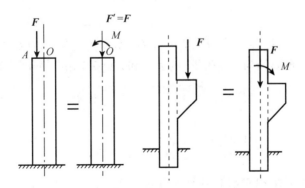

图 2-31　力的平移定理在实际中的应用

2.5.1.2　平面任意力系向作用面内一点简化

设力 $\boldsymbol{F}_1$，$\boldsymbol{F}_2$，$\boldsymbol{F}_3$ 作用在刚体上同一平面内，如图 2-32(a) 所示。在平面内任取一点 O 作为简化中心，应用力的平移定理，把力都平移到简化中心 O 点，这样，得到作用于 O 点的力 $\boldsymbol{F}_1'$，$\boldsymbol{F}_2'$，$\boldsymbol{F}_3'$ 以及相应的附加力偶，其力偶矩分别为 m_1，m_2，m_3，如图 2-32(b) 所示。再分别对平面汇交力系和平面力偶系进行合成。

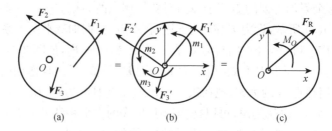

$$\begin{matrix}\text{(a)} & \text{(b)} & \text{(c)}\end{matrix}$$

图 2-32　平面一般力系向作用面内任一点简化

力 $\boldsymbol{F}_1$，$\boldsymbol{F}_2$，$\boldsymbol{F}_3$ 向 O 点简化，可得 $\boldsymbol{F}_1'=\boldsymbol{F}_1$，$\boldsymbol{F}_2'=\boldsymbol{F}_2$，$\boldsymbol{F}_3'=\boldsymbol{F}_3$

$$m_1=M_O(\boldsymbol{F}_1),\ m_2=M_O(\boldsymbol{F}_2),\ m_3=M_O(\boldsymbol{F}_3)$$

对平面汇交力系和平面力偶系进行合成：$\boldsymbol{F}_R'=\boldsymbol{F}_1'+\boldsymbol{F}_2'+\boldsymbol{F}_3'$

$$M_O=m_1+m_2+m_3=M_O(\boldsymbol{F}_1)+M_O(\boldsymbol{F}_2)+M_O(\boldsymbol{F}_3)$$

对于 n 个力组成的平面任意力系，就可推广为

$$\boldsymbol{F}_R'=\sum\boldsymbol{F} \tag{2-13}$$

$$M_O=\sum M_O(\boldsymbol{F}) \tag{2-14}$$

平面任意力系简化过程可归纳为

平面一般力系
$\{\boldsymbol{F}_1,\ \boldsymbol{F}_2,\ \boldsymbol{F}_3,\ \cdots,\ \boldsymbol{F}_n\}$
$\longrightarrow$
$\begin{cases}\text{平面汇交力系}\{\boldsymbol{F}_1',\ \boldsymbol{F}_2',\ \boldsymbol{F}_3',\ \cdots,\ \boldsymbol{F}_n'\}\ \xrightarrow{\text{合成}}\ \text{合力 }\boldsymbol{F}_R'\\[6pt]\text{平面力偶系}\{m_1,\ m_2,\ m_3,\ \cdots,\ m_n\}\ \xrightarrow{\text{合成}}\ \text{合力偶 }M_O\end{cases}$

$\boldsymbol{F}_R'$ 称为该力系的主矢，它等于原力系各力的矢量和，即 $\boldsymbol{F}_R'=\sum\boldsymbol{F}$，与简化中心的位置无关。主矢 $\boldsymbol{F}_R'$ 的大小与方向可用解析法求得。通过 O 点选取坐标系 Oxy，如图 2-32(b) 所示，则有

$$F_{Rx}'=F_{1x}+F_{2x}+F_{3x}=\sum F_x$$

$$F_{Ry}'=F_{1y}+F_{2y}+F_{3y}=\sum F_y$$

式中，F_{Rx}' 和 F_{Ry}' 以及 F_{1x}，F_{2x}，F_{3x} 和 F_{1y}，F_{2y}，F_{3y} 分别为主矢 $\boldsymbol{F}_R'$ 以及原力系中各力 $\boldsymbol{F}_1$，$\boldsymbol{F}_2$，$\boldsymbol{F}_3$ 在 x 轴和 y 轴上的投影。因此，主矢 $\boldsymbol{F}_R'$ 的大小和方向分别由下列两式确定：

$$\left.\begin{aligned}F_R'&=\sqrt{\left(\sum F_x\right)^2+\left(\sum F_y\right)^2}\\[6pt]\tan\alpha&=\left|\frac{\sum F_y}{\sum F_x}\right|\end{aligned}\right\} \tag{2-15}$$

式中，α 为主矢与 x 轴间所夹的锐角。其具体方向由 $\sum F_x$，$\sum F_y$ 的正负号来确定。

M_O 称为原力系对简化中心的主矩,它等于原力系中各力对简化中心之矩的代数和,即 $M_O = \sum M_O(\boldsymbol{F})$。取不同的点为简化中心,各力的力臂将有改变,则各力对简化中心的矩也有改变,所以在一般情况下主矩与简化中心位置的选择有关。以后如果说到主矩时,必须指出是力系对于哪一点的主矩。

例 2-11　分析固定端支座的约束反力。

解:建筑物的雨篷或阳台梁的一端插入墙内嵌固,它是一种典型的约束形式,称为固定端支座或固定端约束。下面讨论固定端支座的约束反力。

一端嵌固的梁如图 2-33(a) 所示。当 AC 端完全被固定时,在 AC 段将会提供足够的反力与作用于梁 AB 上的主动力平衡。一般情况下,AC 端所受的力是分布力,可以看成是平面任意力系,如果将这些力向梁端 A 点的简化中心处简化。将得到一个力 $\boldsymbol{F}_A$ 和一个力偶 m_A。$\boldsymbol{F}_A$ 便是反力系向 A 点简化的主矢,m_A 便是主矩,如图 2-33(b) 所示。

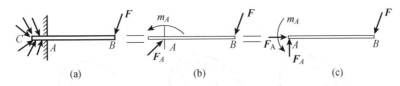

图 2-33　固定端支座约束反力示意图

因此在受力分析中,我们通常认为固定端支座的约束反力为作用于梁端的一个约束力和一个约束力偶,一般情况下,$\boldsymbol{F}_A$ 的大小和方向均为未知量,所以也可以将约束力看成水平方向和竖直方向的两个力,如图 2-33(c) 所示。

工程中,固定端支座是一种常见的约束,除前面提到的雨篷或阳台梁外,还有地基中的电线杆等。

2.5.1.3　平面任意力系的简化结果分析

平面任意力系可以简化为一个主矢和一个主矩,可能有以下几种情况,即:(1)$\boldsymbol{F}'_R = 0$,$M_O \neq 0$;(2)$\boldsymbol{F}'_R \neq 0$,$M_O = 0$;(3)$\boldsymbol{F}'_R \neq 0$,$M_O \neq 0$;(4)$\boldsymbol{F}'_R = 0$,$M_O = 0$。

1. 平面任意力系简化为一个力偶的情形

如果力系的主矢等于零,而主矩不等于零,即

$$\boldsymbol{F}'_R = 0,\ M_O \neq 0$$

则原力系的合力偶,合力偶矩为

$$M_O = \sum M_O(\boldsymbol{F})$$

因为力偶对于平面内任意一点的矩都相同,因此当力系合成为一个力偶时,主矩与简化中心位置的选择无关。

2. 平面任意力系简化为一个合力的情形

如果主矢不等于零,主矩等于零,即

$$\boldsymbol{F}'_R \neq 0,\ M_O = 0$$

说明只有一个作用在 O 点的力 $\boldsymbol{F}'_R$ 与原力系等效。$\boldsymbol{F}'_R$ 就是原力系的合力,合力的作用线通过简

化中心 O 点。

如果平面力系向 O 点简化的结果是主矢和主矩都不等于零,如图 2-34(a) 所示,即

$$F'_R \neq 0, \quad M_O \neq 0$$

现将力偶矩为 M_O 的力偶用两个力 F_R 和 F''_R 表示,并令 $F'_R = F_R = -F''_R$,如图 2-34(b) 所示。再去掉一对平衡力 F'_R 和 F''_R,于是可将作用于 O 点的力 F'_R 和力偶(F_R, F''_R) 合成为一个作用在 O' 点的力 F_R,而 $F_R = F'_R$,如图 2-34(c) 所示。

这个力 F_R 就是原力系的合力。合力的大小等于主矢;合力的作用线在点 O 的哪一侧,需根据主矢和主矩的方向确定;合力作用线到点 O 的距离 d 为

$$d = \frac{M_O}{F_R}$$

因为

$$M_O = m(F_R, \ F''_R) = F_R d = F'_R d$$

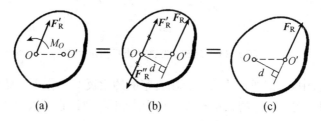

$$(a) \qquad\qquad (b) \qquad\qquad (c)$$

图 2-34　平面任意力系最后的简化结果

由以上分析,我们可以导出合力矩定理。

由图 2-34(b) 可见,合力 F_R 对点 O 的矩为

$$M_O(F_R) = F_R \cdot d = M_O$$

而

$$M_O = \sum M_O(F)$$

则

$$M_O(F_R) = \sum m_O(F) \tag{2-16}$$

因为 O 点是任选的,式(2-16)具有普遍意义,于是得到:

合力矩定理:平面任意力系的合力对其作用面内任一点之矩等于力系中各力对同一点之矩的代数和。

3. 平面任意力系平衡的情形

在平面任意力系中,当主矢和主矩均为零时,即 $F'_R = 0$, $M_O = 0$,则此平面任意力系为平衡系。这种情况将在下节详细讨论。

例 2-12　重力坝受力情况如图 2-35(a) 所示。已知自重 $G = 420$ kN,土压力 $P = 300$ kN,水压力 $Q = 180$ kN。试将这三个力向底面中心 O 点简化,并求最后的简化结果。

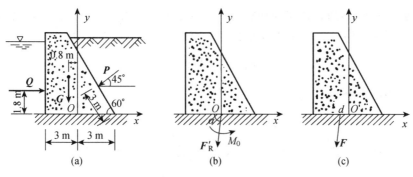

图 2-35   例 2-12 图

解:（1）先将力系向 O 点简化，取坐标系如图 2-35(b) 所示。由式(2-8) 可求得主矢 F'_R 的大小和方向。由于

$$F'_{Rx} = \sum F_x = Q - P\cos 45° = 180 - 300 \times 0.707 = -32.1 \text{ kN}$$

$$F'_{Ry} = \sum F_y = -P\sin 45° - G = -300 \times 0.707 - 420 = -632.1 \text{ kN}$$

所以

$$F'_R = \sqrt{\left(\sum F_x\right)^2 + \left(\sum F_y\right)^2} = \sqrt{(-32.1)^2 + (-632.1)^2} = 632.9 \text{ kN}$$

$$\tan \alpha = \left|\frac{\sum F_y}{\sum F_x}\right| = \left|\frac{-632.1}{-32.1}\right| = 19.7, \ \alpha = 87°5'$$

因为 $\sum F_x$ 和 $\sum F_y$ 都是负值，故 F'_R 指向第三象限，与 x 轴的夹角为 α。

再由式(4-2) 可求得主矩

$$M_O = \sum M_O(\boldsymbol{F}) = -Q \times 1.8 + P\cos 45° \times 3 \times \sin 60° - P\sin 45° \times (3 - 3\cos 60°) + G \times 0.8$$

$$= -180 \times 1.8 + 300 \times 0.707 \times 3 \times 0.866 - 300 \times 0.707 \times (3 - 3 \times 0.5) + 420 \times 0.8$$

$$= 244.9 \text{ kN} \cdot \text{m}$$

结果为正值表示主矩 M 是逆时针转向。

（2）求最后的简化结果。

因为主矢的大小 $F'_R \neq 0$，主矩 $M_O \neq 0$，如图 2-35(c) 所示，所以还可以进一步合成为一个合力 $\boldsymbol{F}$。$\boldsymbol{F}$ 的大小和方向与 F'_R 相同，它的作用线与 O 点距离为

$$d = \frac{|M_O|}{F} = \frac{244.9}{632.9} = 0.387 \text{ m}$$

因 $M_O(\boldsymbol{F})$ 也为正，即合力 $\boldsymbol{F}$ 应在 O 点左侧，如图 2-35(c) 所示。

2.5.2　平面任意力系的平衡条件及其应用

2.5.2.1　平面任意力系的平衡条件

当平面任意力系的主矢和主矩都等于零时，作用在简化中心的汇交力系是平衡力系，附加

的力偶系也是平衡力系,所以该平面任意力系一定是平衡力系。于是得到平面任意力系的充分与必要条件是:力系的主矢和力系对平面内任一点的主矩都等于零。即

$$\boldsymbol{F}'_R = 0, \ M_O = 0$$

1. 平衡方程的基本形式

由于

$$M_O = \sum M_O(\boldsymbol{F}) = 0, \ F'_R = \sqrt{\left(\sum F_x\right)^2 + \left(\sum F_y\right)^2} = 0$$

于是平面任意力系的平衡条件为

$$\left.\begin{array}{l} \sum F_x = 0 \\ \sum F_y = 0 \\ \sum M_O(\boldsymbol{F}) = 0 \end{array}\right\} \tag{2-17}$$

由此得出结论,平面任意力系平衡的必要与充分的解析条件是:力系中所有各力在任意选取的两个坐标轴中每一轴上投影的代数和分别等于零;力系中所有各力对平面内任一点力矩的代数和等于零。式(2-17)中包含两个投影方程和一个力矩方程,是平面任意力系平衡方程的基本形式。这三个方程是彼此独立的,可求出三个未知量。

2. 平衡方程的其他形式

前面我们通过平面任意力系的平衡条件导出了平面任意力系平衡方程的基本形式,除此之外,还可以将平衡方程改写成二力矩式和三力矩式的形式。

(1) 二力矩平衡方程式.

三个平衡方程中有一个为投影方程,两个为力矩方程,即

$$\left.\begin{array}{l} \sum F_x = 0 \\ \sum M_A(\boldsymbol{F}) = 0 \\ \sum M_B(\boldsymbol{F}) = 0 \end{array}\right\} \tag{2-18}$$

其中,x 轴不能垂直于 A 点与 B 点的连线。

式(2-18)也是平面任意力系的平衡方程。因为,如果力系对点 A 的主矩等于零,则这个力系不可能简化为一个力偶,但可能有两种情况:这个力系或者是简化为经过点 A 的一个力,或者平衡;如果力系对另外一点 B 的主矩也同时为零,

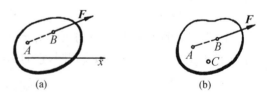

图 2-36　力系简化示意

则这个力系或简化为一个合力沿 A, B 两点的连线(图 2-36(a)),或者平衡;如果再满足 $\sum F_x = 0$,且 x 轴不与 A, B 两点连线垂直,则力系也不能合成为一个合力,若有合力,合力在 x 轴上就必然有投影。故此力系必然为平衡力系。

(2) 三力矩平衡方程式。

三个平衡方程都为力矩方程,即

$$\sum M_A(\boldsymbol{F}) = 0 \\ \sum M_B(\boldsymbol{F}) = 0 \\ \sum M_C(\boldsymbol{F}) = 0 \Bigg\}$$
(2-19)

式中，A，B，C 三点不共线。

式(2-19) 也是平面任意力系的平衡方程。如果力系对 A，B 两点的主矩同时等于零，则力系或者是简化为经过点 A 和点 B 的一个力 $\boldsymbol{F}$，如图 2-36(b) 所示，或者平衡；如果力系对另外一 C 点的主矩也同时为零，且 C 点不在 A，B 两点的连线上，则力系就不可能合成为一个力，因为一个力不可能同时通过不在一直线上的三点。故此力系必然为平衡力系。

上述三组方程都可以用来解决平面任意力系的平衡问题。究竟选取哪一组方程，须根据具体条件确定。对于受平面任意力系作用的单个物体的平衡问题，只可以写出三个独立的平衡方程，求解三个未知量。任何第四个方程都是不独立的，我们可以利用不独立的方程来校核计算的结果。

3. 平面平行力系的平衡方程

平面平行力系是平面任意力系的一种特殊情况。如图 2-37 所示，设物体受平面平行力系 $\boldsymbol{F}_1$，$\boldsymbol{F}_2$，$\cdots$，$\boldsymbol{F}_n$ 的作用。如选取 x 轴与各力垂直，则图 2-37 中平行力系不论力系是否平衡，每一个力在 x 轴上的投影恒等于零，即 $\sum F_x = 0$。于是，平面平行力系只有两个独立的平衡方程，即

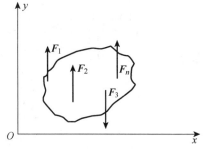

图 2-37　平面平行力系

$$\sum F_y = 0 \\ \sum M_A(\boldsymbol{F}) = 0 \Bigg\}$$
(2-20)

平面平行力系的平衡方程，也可以写成二矩式的形式，即

$$\sum M_A(\boldsymbol{F}) = 0 \\ \sum M_B(\boldsymbol{F}) = 0 \Bigg\}$$
(2-21)

式中，A，B 两点的连线不与各力平行。

利用平面平行力系的平衡方程，可求解两个未知量。

2.5.2.2　平面任意力系平衡方程在工程中的应用

荷载按其作用范围可分为集中荷载(集中力) 和分布荷载(分布力)，现先总结常见的分布荷载合力的计算方法。

如图 2-38(a) 所示，分布荷载的合力方向与分布力 $\boldsymbol{q}$ 相同，大小等于载荷集度 q 乘以分布长度，即 ql，作用线通过分布长度的中点。

如图 2-38(b) 所示，分布荷载的合力方向与分布力 $\boldsymbol{q}$ 相同，大小等于由分布载荷组成的几何图形的面积，即 $\dfrac{ql}{2}$，作用线通过分布载荷组成的几何图形的形心，即 $x_C = \dfrac{2}{3}l$。

现举例说明应用平面一般力系的平衡条件，求解单个物体平衡问题的步骤和方法。

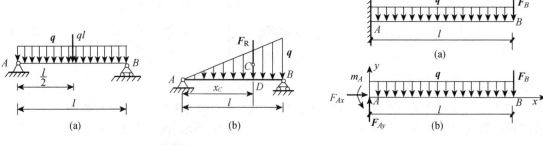

图 2-38　分布荷载的合力　　　　　图 2-39　例 2-13 图

例 2-13　悬臂梁 AB 受荷载作用如图 2-39(a) 所示。已知 $q = 2$ kN/m，$F_B = 1$ kN，$l = 2$ m，梁的自重不计。求支座 A 的反力。

解：(1) 取梁 AB 为研究对象。

(2) 受力分析如图 2-39(b) 所示，支座反力的指向假设，梁上所受的荷载与支座反力组成平面一般力系。

(3) 列平衡方程式。

梁上的均布荷载可先合成为合力 Q，$Q = ql$，方向铅垂向下，作用在 AB 梁的中点。选取坐标系如图 2-39(b) 所示，列平衡方程如下：

$$\sum F_x = 0, \quad F_{Ax} = 0$$

$$\sum F_y = 0, \quad F_{Ay} - ql - F_B = 0$$

$$\sum M_A(\boldsymbol{F}) = 0, \quad m_A - \frac{ql^2}{2} - F_B l = 0$$

解得

$$F_{Ax} = 0$$

$$F_{Ay} = ql + F_B = 5 \text{ kN}(\uparrow)$$

$$m_A = \frac{ql^2}{2} + F_B l = 6 \text{ kN} \cdot \text{m}(\text{逆时针})$$

求得结果为正，说明假设力的指向与实际相同。

(4) 校核 $\sum M_B(\boldsymbol{F}) = m_A - F_{Ay} l + \frac{ql^2}{2} = 6 - 5 \times 2 + 4 = 0$

可见，F_{Ay} 和 m_A 计算正确。

例 2-14　某房屋中的梁 AB 两端支承在墙内，该梁简化为简支梁如图 2-40(a) 所示，不计梁的自重。求墙壁对梁 A，B 端的约束反力。

解：(1) 取简梁 AB 为研究对象。

(2) 受力分析如图 2-40(b) 所示。约束反力 F_{Ax}，F_{Ay} 和 F_B 的指向均为假设，梁受平面一般力系的作用。

(3) 建立坐标系 Axy，列二矩式的平衡方程如下：

$$\sum F_x = 0, \quad F_{Ax} = 0$$

$$\sum M_A(\boldsymbol{F}) = 0, \quad F_B \times 6 + 6 - 10 \times 2 = 0$$

$$\sum M_B(\boldsymbol{F}) = 0, \quad -F_{Ay} \times 6 + 6 + 10 \times 4 = 0$$

解得

$$F_{Ar} = 0$$
$$F_B = 2.33 \text{ kN}(\uparrow)$$
$$F_{Ay} = 7.67 \text{ kN}(\uparrow)$$

（4）校核。

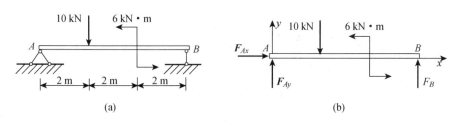

图 2-40　例 2-14 图

$$\sum F_y = F_{Ay} + F_B - 10 = 7.67 + 2.33 - 10 = 0$$

经校核，计算正确。

例 2-15　悬臂式起重机尺寸及受荷载如图 2-41(a) 所示，A，B，C 处都是铰链连接。已知梁 AB 自重 $G = 1 \text{ kN}$，提升重量 $P = 8 \text{ kN}$。求支座 A 的约束反力及 BC 杆所受的力。

解：（1）选取梁 AB 为研究对象。

（2）受力分析如图 2-41(b) 所示。梁 AB 受已知力：P 和 G 作用；未知力：A 处为固定铰支座，其约束反力用两分力 F_{Ar}，F_{Ay} 表示，杆 BC 为二力杆，它的约束反力沿 BC 轴线，并假设为拉力 $\boldsymbol{F}_T$。这些力的作用线在同一平面内组成平面一般力系。

（3）列平衡方程式。建立坐标系 Axy，列三矩式的平衡方程如下：

$$\sum M_A(\boldsymbol{F}) = 0, \quad F_T \times \sin 30° \times 4 - G \times 2 - P \times 3 = 0$$

$$\sum M_B(\boldsymbol{F}) = 0, \quad -F_{Ay} \times 4 + G \times 2 + P \times 1 = 0$$

$$\sum M_C(\boldsymbol{F}) = 0, \quad F_{Ar} \times 4\tan 30° - G \times 2 - P \times 3 = 0$$

（4）求解未知量。

$$F_T = 13 \text{ kN}(\nwarrow)$$
$$F_{Ay} = 2.5 \text{ kN}(\rightarrow)$$
$$F_{Ar} = 11.27 \text{ kN}(\uparrow)$$

计算结果均为正值，说明假设反力的指向与实际方向相同。

（5）校核。

$$\sum F_x = F_{Ar} - F_T \times \cos 30° = 11.27 - 13 \times 0.866 = 0$$

$$\sum F_y = F_{Ay} - G - P + F_T \times \sin 30° = 2.5 - 1 - 8 + 13 \times 0.5 = 0$$

经校核，计算正确。

从上述例题可见，选取适当的坐标轴和矩心，可以减少每个平衡方程中的未知量的数目。在一般情况下，矩心应取在两未知力的交点上，而投影轴尽量与多个未知力垂直。

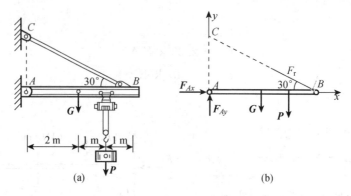

图 2-41　例 2-15 图

例 2-16　已知如图 2-42(a) 所示,$AB = BD = l$,载荷 $P = 10$ kN。设梁和杆的自重不计,求铰链 A 的约束反力和杆 BC 所受的力。

解: 方法一:选取 ABD 梁为研究对象,受力分析如图 2-42(b) 所示,列平衡方程:

$$\sum F_x = 0,\ F_{Ax} + F_B \cos 45° = 0$$

$$\sum F_y = 0,\ F_{Ay} + F_B \sin 45° - P = 0$$

$$\sum M_A(\boldsymbol{F}) = 0,\ F_B \sin 45° \times l - P \times 2l = 0$$

解得:$F_B = 28.28$ kN。

由作用反作用公理,BC 杆受压力 28.28 kN,$F_{Ax} = -20$ kN,$F_{Ay} = -10$ kN(负号表明反力方向与图示相反)。

方法二:选取 ABD 梁为研究对象,受力分析如图 2-42(b) 所示,列二力矩式平衡方程,写出对 A,B 两点的力矩方程和对 x 轴的投影方程:

$$\begin{cases} \sum M_A(\boldsymbol{F}) = 0,\ F_B \sin 45° \times l - P \times 2l = 0,\ F_B = 28.28\text{ kN} \\ \sum F_x = 0,\ F_{Ax} + F_B \cos 45° = 0,\ F_{Ax} = -20\text{ kN} \\ \sum M_B(\boldsymbol{F}) = 0,\ -F_{Ay} \times l - P \times l = 0,\ F_{Ay} = -P = -10\text{ kN} \end{cases}$$

方法三:选取 ABD 梁为研究对象,受力分析如图 2-42(c) 所示,列三力矩式平衡方程,写出对 A,B,C 三点的力矩方程:

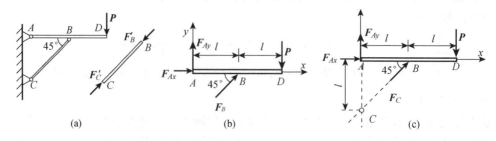

图 2-42　例 2-16 图

$$\begin{cases} \sum M_A(\boldsymbol{F}) = 0, F_B \sin 45° \times l - P \times 2l = 0, F_B = 28.28 \text{ kN} \\ \sum M_C(\boldsymbol{F}) = 0, -F_{Ax} \times l - P \times 2l = 0, F_{Ax} = -2P = -20 \text{ kN} \\ \sum M_B(\boldsymbol{F}) = 0, -F_{Ay} \times l - P \times l = 0, F_{Ay} = -P = -10 \text{ kN} \end{cases}$$

例 2-17　平面刚架 $ABCD$ 受力如图 2-43 所示，$q_1 = 5$ kN/m，$q_2 = 10$ kN/m，$m = 20$ kN·m。求支座 A 的约束反力。

解：取平面刚架 $ABCD$ 为研究对象。受力分析如图 2-43 所示，此刚架受平面一般力系作用，列出平衡方程如下：

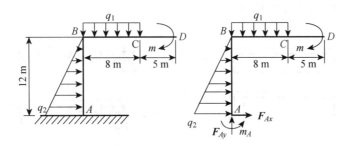

图 2-43　例 2-17 图

$$\sum F_x = 0, F_{Ax} + Q_2 = 0$$
$$\sum F_y = 0, F_{Ay} - Q_1 = 0$$
$$\sum M_A(\boldsymbol{F}) = 0, m_A - 4 \times Q_2 - 4 \times Q_1 - m = 0$$

因 $Q_1 = q_1 \times 8 = 40$ kN，$Q_2 = 0.5 \times q_2 \times 12 = 60$ kN，

解方程得：$F_{Ax} = -60$ kN（←），指向与图示方向相反；$F_{Ay} = 40$ kN（↑），指向与图示方向相同；$m_A = 420$ kN·m，逆时针，与图示方向相同。

例 2-18　已知塔式起重机尺寸如图 2-44 所示。最大起重量 P，自重 G，平衡块重量 Q，为保证满载和空载时不致翻倒，求平衡块的重量 Q。

解：取塔式起重机整体为研究对象。受力分析如图 2-44 所示，起重机受平面平行力系作用。

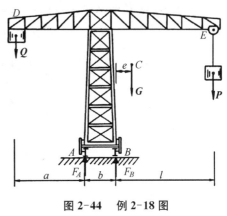

图 2-44　例 2-18 图

分析：若 Q 过大，空载时有向左倾翻的趋势，即绕 A 点翻倒；若 Q 过小，满载时有向右倾翻的趋势，即绕 B 点翻倒，为使起重机不绕点 B 翻倒，必须 $F_A \geqslant 0$。

（1）空载，$P = 0$ 时，为使起重机不绕点 A 翻倒，必须 $F_B \geqslant 0$；可得平衡块最大重量 $Q_{\max}$，列平衡方程：

$$\sum M_A(\boldsymbol{F}) = 0$$
$$Qa - G(e + b) + F_B b = 0$$
$$Q_{\max} = \frac{G(e + b)}{a}$$

（2）满载时，为使起重机不绕点 B 翻倒，必须 $F_A \geqslant 0$，可得平衡块最小重量 Q_{min}，列平衡方程：

$$\sum M_B(\boldsymbol{F}) = 0$$

$$Q(a+b) - Ge - Pl - F_A b = 0, \quad Q_{min} = \frac{Ge + Pl}{a+b}$$

因此，平衡块重量 $\dfrac{Ge+Pl}{a+b} \leqslant Q \leqslant \dfrac{G(e+b)}{a}$。

例 2-19 如图 2-45 所示，一外径 $R = 25$ cm，内径 $R_1 = 23$ cm，跨度 $l = 12$ m 的架空给水铸铁管，两端搁在支座上，管中充满水。铸铁的重度 $\gamma = 76.5$ kN/m³，水的重度 $\gamma' = 9.8$ kN/m³。试求 A，B 两支座反力。

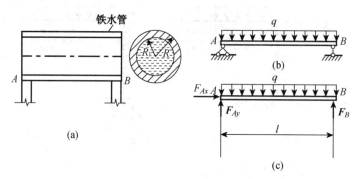

图 2-45　例 2-19 图

解：（1）将水管简化为图 2-45(b) 所示的简支梁。均布荷载集度为

$$q = \pi(R^2 - R_1^2)\gamma + \pi R_1^2 \gamma'$$
$$= \pi \times (25^2 - 23^2) \times 10^{-4} \times 76.5 + \pi \times 23^2 \times 10^{-4} \times 9.8$$
$$= 2.31 + 1.63 = 3.94 \text{ kN/m}$$

（2）求 A，B 两支座反力，列二矩式平衡方程

$$\sum F_x = 0, \quad F_{Ax} = 0$$
$$\sum M_A(\boldsymbol{F}) = 0, \quad F_B \times l - \frac{ql^2}{2} = 0$$
$$\sum M_B(\boldsymbol{F}) = 0, \quad -F_{Ay} \times l + \frac{ql^2}{2} = 0$$

得

$$F_{Ax} = 0$$
$$F_B = \frac{ql}{2} = 23.64 \text{ kN}(\uparrow)$$
$$F_{Ay} = \frac{ql}{2} = 23.64 \text{ kN}(\uparrow)$$

2.6　物体系统的平衡

在工程实际中，如组合构架、三铰拱等结构，都是由几个物体组成的系统。当物体系统平衡

时,组成该系统的每一个物体都处于平衡状态,因此对于每一个受平面一般力系作用的物体,均可写出 3 个平衡方程。如物体系统由 n 个物体组成,则共有 $3n$ 个独立方程。如系统中有的物体受平面汇交力系或平面平行力系作用时,则系统的平衡方程数目相应减少。当系统中的未知量数目等于独立平衡方程的数目时,则所有未知量都能由平衡方程求出,这样的问题称为静定问题,如图 2-46(a) 所示。显然前面列举的各例都是静定问题。在工程实际中,有时为了提高结构的刚度和坚固性,常常增加多余的约束,因而使这些结构的未知量的数目多于平衡方程

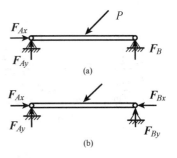

图 2-46   静定与超静定结构

的数目,未知量就不能全部由平衡方程求出,这样的问题称为静不定问题或超静定问题,如图 2-46(b) 所示。本书只研究静定问题。

例 2-20   起重构架如图 2-47(a) 所示,尺寸单位为 mm。滑轮直径 $d = 200$ mm,钢丝绳的倾斜部分平行于杆 BE。吊起的载荷 $W = 10$ kN,其他重量不计,求固定铰链支座 A,B 的约束力。

解:(1)研究整体,受力分析如图 2-47(b) 所示,画出受力图,列平衡方程

$$\sum M_B(\boldsymbol{F}) = 0, \; F_{Ax} \times 600 - W \times 1\,200 = 0, \; F_{Ax} = 20 \text{ kN}$$

$$\sum F_x = 0, \; -F_{Ax} + F_{Bx} = 0, \; F_{Bx} = 20 \text{ kN}$$

$$\sum F_y = 0, \; -F_{Ay} + F_{By} - W = 0$$

(2)选 ACD 杆为研究研究如图 2-47(c) 所示,画出受力图,列平衡方程

$$\sum M_D(\boldsymbol{F}) = 0 \text{:} F_{Ay} \times 800 - F_C \times 100 = 0$$

$$F_{Ay} = 1.25 \text{ kN}$$

$$F_{By} = F_{Ay} + W = 11.25 \text{ kN}$$

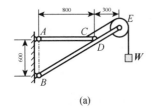 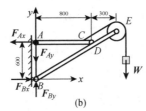 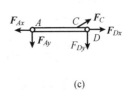

图 2-47   例 2-20 图

例 2-21   如图 2-48(a) 所示,组合梁(不计自重)由 AC 和 CD 两部分铰接而成。已知:$F = 10$ kN,$P = 20$ kN,均布载荷 $q = 5$ kN/m,梁的 BD 段受线性分布载荷,$q_0 = 6$ kN/m,求 A 处和 B 处的约束反力。

解:(1)选梁整体为研究对象,受力分析如图 2-48(b) 所示,列平衡方程

$$\sum F_x = 0, \; F_{Ax} = 0$$

$$\sum F_y = 0, \; F_{Ay} + F_B - F - P - ql - \frac{1}{2}q_0 l = 0$$

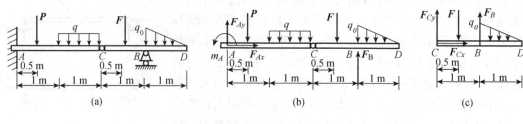

图 2-48 例 2-21 图

$$\sum M_A(\boldsymbol{F}) = 0, \; m_A + 3F_B - 2.5F - 0.5P - q \cdot l \cdot 1.5 - q_0 \cdot l \cdot \frac{1}{2} \cdot \left(3 + \frac{1}{3}\right) = 0$$

（2）选 CD 为研究对象，受力分析如图 2-48(c) 所示，列平衡方程

$$\sum M_C(\boldsymbol{F}) = 0, \; F_B - 0.5F - q_0 \cdot l \cdot \frac{1}{2} \times \left(1 + \frac{1}{3}\right) = 0$$

解得

$$F_B = 0.5F + q_0 \cdot l \cdot \frac{1}{2} \times \left(1 + \frac{1}{3}\right) = 9 \text{ kN}(\uparrow)$$

$$F_{Ax} = 0$$

$$F_{Ay} = 29 \text{ kN}(\uparrow)$$

$$m_A = 25.5 \text{ kN}(逆时针)$$

例 2-22 物体重 $G = 1.2$ kN，由滑轮构架支承如图 2-49(a) 所示，若 $AD = DB = 2$ m，$CD = DE = 1.5$ m，不计杆和滑轮自重及各处摩擦力，试求 A，B 处的支座反力以及 BC 杆所受的力。

解： （1）选取整体作为研究对象，其受力分析如图 2-49(b) 所示。

当系统平衡时，$T_1 = T_2 = G = 1.2$ kN，有

$$\sum F_x = 0, \; F_{Ax} - T_1 = 0$$

$$\sum F_y = 0, \; F_{Ay} + F_B - T_2 = 0$$

$$\sum M_A(\boldsymbol{F}) = 0, \; 4F_B - T_1(1.5 - r) - T_2(2 + r) = 0$$

由上可得

$$F_{Ax} = 1.2 \text{ kN}(\rightarrow)$$

$$F_{Ay} = T_2 - F_B = 0.15 \text{ kN} \quad (\uparrow)$$

$$F_B = \frac{3.5}{4} T_2 = 1.05 \text{ kN} \quad (\uparrow)$$

（2）取 ADB 杆为研究对象，其受力分析如图 2-49(c) 所示。因为 BC 杆为二力杆，所以 F_{BC} 沿 BC 方向。

$$\sum M_D(\boldsymbol{F}) = 0, \; 则有 \; 2F_B + F_{BC} \cdot \sin \alpha \cdot 2 - 2F_{Ay} = 0$$

$F_{BC} = -1.5$ kN,实际受力方向与图示假设方向相反。

BC 杆实际上受压,其压力为 1.5 kN。

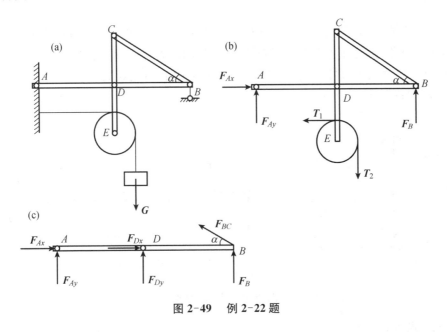

图 2-49　例 2-22 题

2.7　平面简单桁架的内力计算

在工程中,房屋建筑、桥梁、起重机、油田井架、电视塔等结构物常用桁架结构。

桁架是一种由杆件彼此在两端用铰链连接而成的结构,它在受力后几何形状不变。桁架中杆件的铰链接头称为节点。

桁架的优点是:杆件主要承受拉力或压力,可以充分发挥材料的作用,减轻结构的重量,节约材料。

如果桁架所有的杆件都在同一平面内,这种桁架称为平面桁架。

为了简化桁架的计算,工程实际中采用以下几个假设:

(1) 桁架中的各杆件都是直杆,且轴线都位于同一平面内;

(2) 杆件在两端用光滑的铰链连接;

(3) 桁架所受的力(荷载)都作用在节点上,而且在桁架的平面内;

(4) 桁架杆件的重量略去不计,或平均分配在杆件两端的节点上。

凡是符合上述几点假设的桁架,称为理想桁架。

实际的桁架,当然与上述假设有差别,如桁架的节点不是铰接的,杆件的中心线也不可能是绝对直的。但采用上述假设能够简化计算,而且所得的结果符合工程实际的需要。根据这些假设,桁架中的各杆件都看成为二力杆件。因此,各杆件所受的力必定沿着杆轴方向,为拉力或压力。假设拉力为正号,压力为负号。

本节只研究平面桁架中的简单桁架。此种桁架是以铰接三角形为基础,每增加一个节点需增加两根杆件,这样构成的桁架称为简单平面桁架。

下面介绍两种计算桁架杆件内力的方法:节点法和截面法。

2.7.1 节点法

桁架的每个节点都受到一个平面汇交力系的作用。为了求出每个杆件的内力,可以逐个地取节点为研究对象,由已知力求出全部未知力(杆件的内力),这就是节点法。

例 2-23 平面桁架尺寸和支座如图 2-50(a) 所示,在节点处受一集中荷载 $P = 10 \text{ kN}$ 的作用,试求桁架各杆件所受的内力。

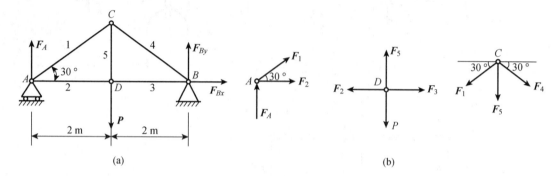

图 2-50 例 2-23 图

解:(1) 求支座反力。

以桁架整体为研究对象,受力如图 2-50(a) 所示。列平衡方程

$$\sum F_x = 0, \ F_{Bx} = 0$$

$$\sum M_A(\boldsymbol{F}) = 0, \ F_{By} \times 4 - P \times 2 = 0$$

$$\sum M_B(\boldsymbol{F}) = 0, \ P \times 2 - F_A \times 4 = 0$$

解得

$$F_{Bx} = 0, \ F_{By} = F_A = 5 \text{ kN}(\uparrow)$$

(2) 依次取一个节点为研究对象,求各杆内力。

解题时可以先假设各杆都受拉力,各节点的受力如图 2-50(b) 所示。为计算方便,最好逐次列出只含两个未知力节点的平衡方程。

取节点 A,杆的内力 F_1 和 F_2 未知。列平衡方程

$$\sum F_x = 0, \ F_2 + F_1 \cos 30° = 0$$

$$\sum F_y = 0, \ F_A + F_1 \sin 30° = 0$$

代入 $F_A = 5 \text{ kN}$ 的值后,解得

$$F_1 = -10 \text{ kN}(压)$$

$$F_2 = 8.66 \text{ kN}(拉)$$

取节点 C,杆的内力 F_5 和 F_4 未知。列平衡方程

$$\sum F_x = 0, \quad F_4 \cos 30° - F_1 \cos 30° = 0$$

$$\sum F_y = 0, \quad -F_5 - (F_1 + F_4)\sin 30° = 0$$

代入 $F_1 = -10$ kN 的值后,解得

$$F_4 = -10 \text{ kN(压)}$$

$$F_5 = 10 \text{ kN(拉)}$$

取节点 D,只有一个杆的内力 F_3 未知。列平衡方程,即

$$\sum F_x = 0, \quad F_3 - F_2 = 0$$

代入 $F_2 = 8.66$ kN 值后,解得

$$F_3 = 8.66 \text{ kN(拉)}$$

计算结果内力 F_2,F_5 和 F_3 的值为正,表示杆受拉力,内力 F_1 和 F_4 的值为负,表示与假设相反,杆受压力。

到此,已解出全部杆件的内力:

$$F_1 = F_4 = -10 \text{ kN(压)}$$

$$F_2 = F_3 = 8.66 \text{ kN(拉)}$$

$$F_5 = 10 \text{ kN(拉)}$$

(3) 校核计算结果。可以对节点 D 列出平衡方程,即

$$\sum F_y = F_5 - P = 10 - 10 = 0$$

计算无误。

总结节点法的步骤和要点如下:

① 一般先求出桁架的支座反力。

② 逐个选取桁架的节点作为研究对象。由于每个节点受平面汇交力系作用而平衡,只能确定两个未知量,所以最好从只有两个未知力的节点开始。

③ 判断每个杆件是受拉力还是受压力。如果杆件对节点的作用力指向节点,则节点受压力,根据作用和反作用定律,杆件也受压力;同理,如果杆件对节点的作用力背离节点,则杆件受拉力。

2.7.2　截面法

如只要求计算桁架中某几个杆件所受的内力,可以选取适当的截面,假想地把桁架截开分为两部分,取其中任一部分为研究对象,根据平面一般力系的平衡条件,求出被截杆件的内力,这就是截面法。

例 2-24　如图 2-51 所示平面桁架,各杆件的长度都等于 1 m。在节点 E 上作用荷载 $P_1 = 10$ kN,在节点 G 上作用荷载 $P_2 = 7$ kN。试计算杆 1,2 和 3 的内力。

解:先求桁架的支座反力。以桁架整体为研究对象。画出受力图如图 2-51(a) 所示。列出平衡方程

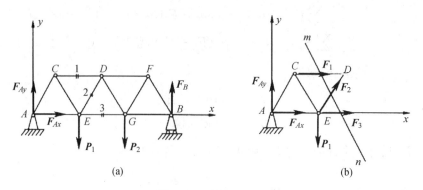

图 2-51 例 2-24 图

$$\sum F_x = 0, \ F_{Ax} = 0$$

$$\sum F_y = 0, \ F_{Ay} + F_B - P_1 - P_2 = 0$$

$$\sum M_B(\boldsymbol{F}) = 0, \ P_1 \times 2 + P_2 \times 1 - F_{Ay} \times 3 = 0$$

解得

$$F_{Ax} = 0$$
$$F_{Ay} = 9 \ \text{kN}(\uparrow)$$
$$F_B = 8 \ \text{kN}(\uparrow)$$

为求得杆 1, 2 和 3 的内力,可作一截面 $m-n$ 将三杆截断。选取桁架左半部分为研究对象。假设所截断的三杆都受拉力,则这部分桁架的受力图如图 2-51(b) 所示。列平衡方程

$$\sum F_y = 0, \ F_{Ay} + F_2 \sin 60° - P_1 = 0$$

$$\sum M_E(\boldsymbol{F}) = 0, \ -F_1 \times \frac{\sqrt{3}}{2} \times 1 - F_{Ay} \times 1 = 0$$

$$\sum M_D(\boldsymbol{F}) = 0, \ P_1 \times \frac{1}{2} + F_3 \times \frac{\sqrt{3}}{2} \times 1 - F_{Ay} \times 1.5 = 0$$

由上式联立求解,得

$$F_1 = -10.4 \ \text{kN}(压力)$$
$$F_2 = 1.15 \ \text{kN}(拉力)$$
$$F_3 = 9.81 \ \text{kN}(拉力)$$

如果取桁架的右半部分为研究对象,可得同样的结果。

由例 2-24 可见,采用截面法时,选择适当的力矩方程,常可较快地求得某些指定杆件的内力。当然,应注意到,平面任意力系只有三个独立的平衡方程。因而,选做截面时每次最好只能截断三根杆件。如截断杆件多于三根时,它们的内力一般不能全部求出。

总结截面法的步骤和要点如下:

(1) 一般先求出桁架支座反力。

（2）如果需要求某杆的内力，可以通过该杆做一截面，将桁架截为两部分（只截杆件，不要截在节点上），但被截的杆件数一般不能多于 3 根。研究一部分桁架的平衡，在杆件被截处，画出杆件的内力，通常假定它们受拉力。

（3）对所研究的那部分桁架列出 3 个平衡方程。为了求解简单起见，常可采用力矩方程，将矩心取在两个未知力的交点上，这样的方程只含一个未知量。

（4）由于受力分析时，内力都假定为拉力。所以计算结果若为正值，则杆件受拉力；若为负值，则杆件受压力。

思考题与习题

2-1 力矩与力偶有何区别？

2-2 刚体上作用两个平面力偶（F_1，F_1'）和（F_2，F_2'），且由 F_1，F_1'，F_2，F_2' 四个力构成一个封闭的力多边形，如图 2-52 所示，问此刚体是否平衡？为什么？

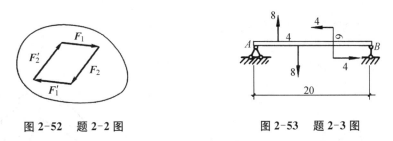

图 2-52　题 2-2 图　　　　　　　　图 2-53　题 2-3 图

2-3 图 2-53 中，梁 AB 处于平衡，如何确定支座 A，B 处反力的方向？根据是什么？（图中力的单位为牛顿（N），长度单位为厘米（cm））。

2-4 计算图 2-54 中力 F 对 A 点之矩。

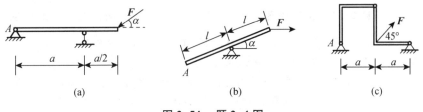

图 2-54　题 2-4 图

2-5 在图 2-55 中，力或力偶对点 A 的矩都相等，它们引起的支座反力是否相同？

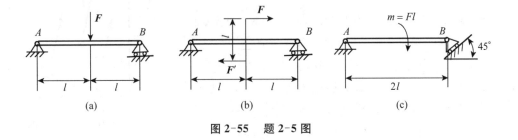

图 2-55　题 2-5 图

2-6 如果两个力在同一轴上的投影相等,问这两个力的大小是否一定相等?

2-7 如图 2-56 所示两个力三角形中三个力的关系是否一样?

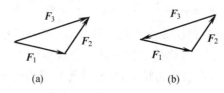

(a)　　　　　　　　　　(b)

图 2-56　题 2-7 图

2-8 用解析法求解平面汇交力系的合力时,若取不同的直角坐标轴,所求得的合力是否相同?

2-9 用解析法求解平面汇交力系的平衡问题时,x 轴与 y 轴是否一定要相互垂直?当 x 轴与 y 轴不垂直时,建立的平衡方程

$$\begin{cases} \sum F_x = 0 \\ \sum F_y = 0 \end{cases}$$

能满足力系的平衡条件吗?

2-10 如图 2-57 所示,司机操作方向盘驾驶汽车时,可用双手对方向盘施加一力偶,也可用单手对方向盘施加一个力。这两种方式能否得到同样的效果?这是否说明一个力与一个力偶等效?为什么?

2-11 简化中心的选取对平面力系简化的最后结果是否有影响?为什么?

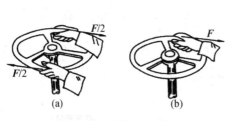

图 2-57　题 2-10 图

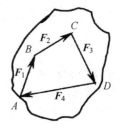

图 2-58　题 2-12 图

2-12 如图 2-58 所示,作用在物体上的一般力系:F_1,F_2,F_3,F_4 各力分别作用于 A,B,C,D 四点,且画出的力多边形刚好闭合,问该力系是否平衡?为什么?

2-13 已知平面一般力系向某点简化得到一个合力,试问能否选一适当的简化中心,把力系简化为一个合力偶?反之,如平面一般力系向一点简化得到一个力偶,能否选一适当的简化中心,使力系简化为一个合力?为什么?

2-14 已知一不平衡的平面力系在 x 轴上的投影代数和为零,且对平面内某一点之矩的代数和为零,试问该力系简化的最后结果如何?

2-15 如图 2-59 所示平行力系,如选取的坐标系的 y 轴不与各力平行,则平面平行力系的平衡方程是否可写出 $\sum F_x = 0$,$\sum F_y = 0$,$\sum M_O(\boldsymbol{F}) = 0$ 三个独立的平衡方程?为什么?

2-16 如图 2-60 所示简支梁,受斜向集中力作用。在求其支反力时,可否用 $\sum M_A(\boldsymbol{F}) = 0$,$\sum M_B(\boldsymbol{F}) = 0$ 和 $\sum F_y = 0$ 三个方程?用 $\sum M_A(\boldsymbol{F}) = 0$,$\sum M_B(\boldsymbol{F}) = 0$ 和 $\sum M_C(\boldsymbol{F}) = 0$ 三个

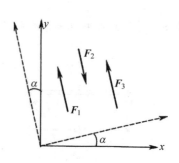

图 2-59　题 2-15 图

方程求解又如何？

2-17 如图 2-61 所示，已知 $F_1 = 150$ N，$F_2 = 200$ N，$F_3 = 250$ N，$F_4 = 100$ N，试求解以下问题：

(1) 求各力在 x 轴和 y 轴的投影；

(2) 用几何法求四个力的合力 $\boldsymbol{F}_R$；

(3) 用解析法求四个力的合力 $\boldsymbol{F}_R$。

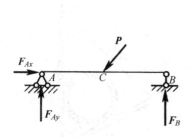

图 2-60　题 2-16 图

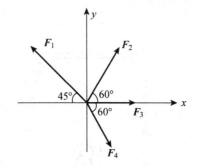

图 2-61　题 2-17 图

2-18 铆接薄板在孔心 A，B，C 处受三力作用，如图 2-62 所示。$F_1 = 100$ N，$F_2 = 50$ N，$F_3 = 50$ N，求此力系的合力。

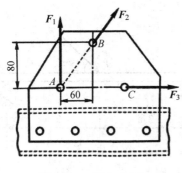

图 2-62　题 2-18 图

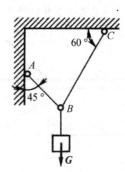

图 2-63　题 2-19 图

2-19 如图 2-63 所示，10 kN 的重物被两根绳索悬挂，不计绳索重量，试求各绳索的拉力。

2-20 支架由杆 AB，AC 构成，A，B，C 三处都是铰链，在 A 点悬挂重量为 G 的重物，试分别求图 2-64 所示三种情况下，AB 和 AC 杆所受的力。杆的自重不计。

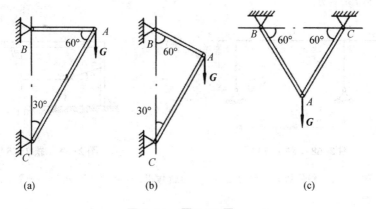

(a)　　　　　　(b)　　　　　　(c)

图 2-64　题 2-20 图

2-21 如图 2-65 所示,重物 $P = 20$ kN,用绳子挂在支架的滑轮 B 上,绳子的另一端接在绞车 D 上。A,B,C 均为光滑铰链连接,若不计滑轮和杆的自重,当物体处于平衡状态时,求 AB 杆和 CB 杆所受的力。

2-22 如图 2-66 所示管道支架由杆 AB 与钢索 BC 构成,管道半径 $R = 20$ cm,每个支架所支持的管子重为 $W = 2.2$ kN,杆 AB 长 70 cm。不计杆重和钢索重,试求管子对杆 AB 的压力,钢索 BC 所受的拉力和支座 A 的反力。

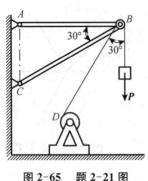

图 2-65　题 2-21 图

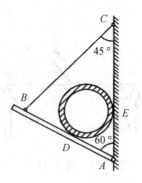

图 2-66　题 2-22 图

2-23 梁 AB 如图 2-67 所示。在梁的中点作用一力 $P = 20$ kN,力 P 与梁的轴线成 45°。如梁的重量略去不计。试分别求在图示两种情形下的各支座反力。

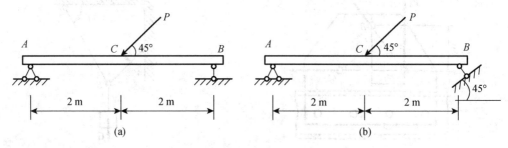

图 2-67　题 2-23 图

2-24 试求如图 2-68 所示三铰刚架在水平力 P 作用下所引起的 A,B 两支座及铰链 C 的反力。

2-25 图 2-69 为一拔桩装置。四根绳索 AB,BC,BD,DE 连接如图 2-69 所示,A 端系在木桩上,C 点、E 点固定,在 D 点施加向下的拉力 $F = 800$ N,夹角 $\theta = 0.1$ rad(弧度)(当 θ 很小时,$\theta = \tan\theta$),求绳 AB 作用于木桩上的拉力。

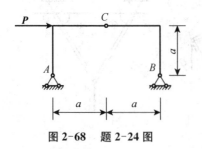

图 2-68　题 2-24 图

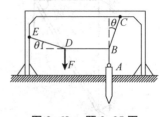

图 2-69　题 2-25 图

2-26 如图 2-70 所示,在物体的某平面内受到三个力偶作用。$F_1 = 200$ N,$F_2 = 600$ N,$m = 100$ N·m,求其合成结果。

2-27　如图2-71所示,横梁AB在图示平面内受一力偶作用,支撑情况如图所示。已知梁AB = l,力偶矩为m,梁的自重不计。求A端和B端的约束反力。

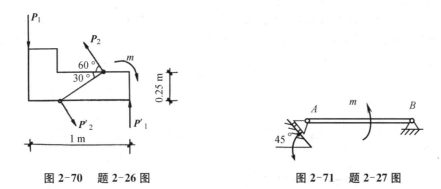

图2-70　题2-26图　　　　　图2-71　题2-27图

2-28　梁AB受荷载作用如图2-72所示,已知m = 10 kN·m, F = F′ = 5 kN,梁重不计,求支座A处、B处的反力。

2-29　求图2-73所示梁A,B支座的反力。

2-30　如图2-74所示,丁字杆AB与直杆CD在点D用铰链连接,并在各杆的端点A和C也分别用铰链固定在墙上。如丁字杆的B端受一力偶(F, F′)的作用,其力偶矩m = 1 kN·m。求A,C铰链的约束反力。

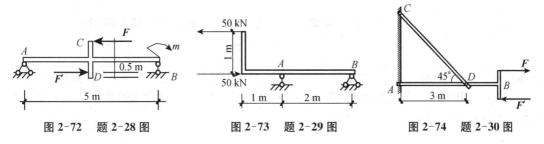

图2-72　题2-28图　　　图2-73　题2-29图　　　图2-74　题2-30图

2-31　如图2-75所示,各构件的自重不计,在构件AB上作用一力偶矩为m的力偶,求支座A和C的约束反力。

2-32　四连杆机构OABO₁在图示位置平衡(图2-76),已知OA = 40 cm, O₁B = 60 cm,作用在曲柄OA上的力偶矩大小为$m_1 = 1$ N·m,不计杆重;求力偶m_2的大小及连杆AB所受的力。

2-33　如图2-77所示,已知$F_1 = 150$ N, $F_2 = 200$ N, $F_3 = 300$ N, $F = F′ = 200$ N。求力系向点O的简化结果,并求力系合力的大小及其与原点O的距离d。

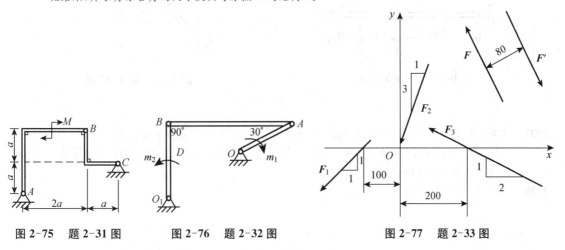

图2-75　题2-31图　　　图2-76　题2-32图　　　图2-77　题2-33图

2-34 如图2-78所示,平面一般力系中$F_1 = 40\sqrt{2}\,\text{N}$,$F_2 = 80\,\text{N}$,$F_3 = 40\,\text{N}$,$F_4 = 110\,\text{N}$,$M = 2\,000\,\text{N}\cdot\text{m}$。各力的作用位置如图2-78所示,图中单位尺寸为m。求(1)力系向点O简化的结果;(2)力系的合力的大小、方向及合力作用线方程。

2-35 某厂房柱,如图2-79所示,高9 m,柱上段重$P_1 = 8\,\text{kN}$,下段重$P_2 = 37\,\text{kN}$,柱顶水平力$Q = 6\,\text{kN}$,各力作用位置如图2-79所示。以柱底中心O点为简化中心,求这三个力的主矢和主矩。

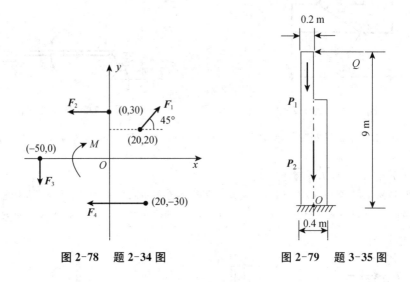

图 2-78　题 2-34 图　　　　　　　图 2-79　题 3-35 图

2-36 如图2-80所示为一悬臂式起重机简图,A,B,C处均为光滑铰链。水平梁AB自重$P = 4\,\text{kN}$,荷载$F = 10\,\text{kN}$,有关尺寸如图2-36所示,BC杆自重不计。求BC杆所受的拉力和铰链A给梁的反力。

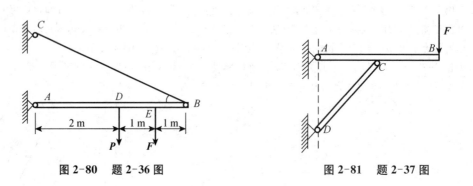

图 2-80　题 2-36 图　　　　　　　图 2-81　题 2-37 图

2-37 支架的横梁AB与斜杆DC彼此以铰链C连接,并各以铰链A,D连接于铅直墙上,如图2-81所示。已知杆$AC = CB$;杆DC与水平线成$45°$;载荷$F = 10\,\text{kN}$,作用于B处。设梁和杆的重量忽略不计,求铰链A的约束力和杆DC所受的力。

2-38 求如图2-82所示各梁的支座反力。

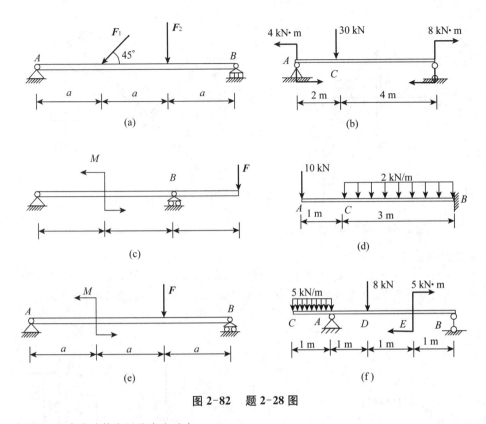

图 2-82 题 2-28 图

2-39 求图 2-83 中多跨静定梁的支座反力。

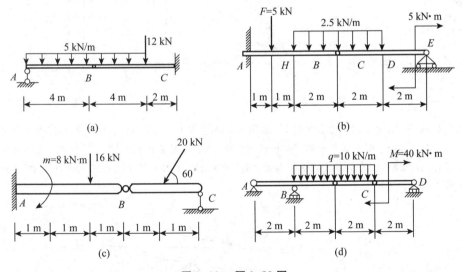

图 2-83 题 2-39 图

2-40 如图 2-84 所示,已知重力 P, $DC = CE = AC = CB = 2l$;定滑轮半径为 R,动滑轮半径为 r,且 $R = 2r = l$,$\theta = 45°$。试求:A,E 支座的约束力及 BD 杆所受的力。

2-41 如图 2-85 所示结构,A, B, C, D 均为铰链,各杆和滑轮的自身重力不计,试求 A,B 处的约束反力。(已知:$BD = 1$ m,C 是 BD 中点,$AC = 0.5$ m,$AE = 0.35$ m,滑轮半径 $r = 0.15$ m。)

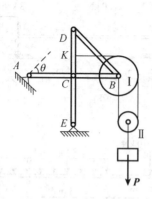

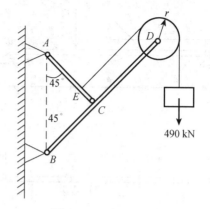

490 kN

图 2-84 题 2-40 图　　　　图 2-85 题 2-41 图

2-42 求图 2-86 中梁的支座反力。

2-43 某厂房柱高 9 m，受力如图 2-87 所示。已知 $P_1 = 20$ kN，$P_2 = 50$ kN，$Q = 5$ kN，$q = 4$ kN/m；力 P_1，P_2 至柱轴线的距离分别为 e_1，e_2。$e_1 = 0.15$ m，$e_2 = 0.25$ m，试求固定端支座 A 的反力。

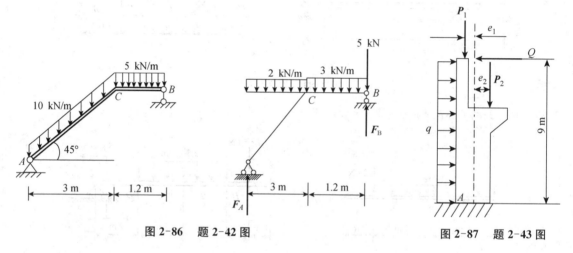

图 2-86 题 2-42 图　　　　图 2-87 题 2-43 图

2-44 如图 2-88 所示，起重工人为了把高 10 m，宽 1.2 m，重量 $G = 200$ kN 的塔架立起来，首先用垫块将其一端垫高 1.56 m，而在其另一端用木桩顶住塔架，然后再用卷扬机拉起塔架。试求当钢丝绳处于水平位置时，钢丝绳的拉力需多大才能把塔架拉起？并求此时木桩对塔架的约束反力。（提示：木桩对塔架可视为铰链约束）

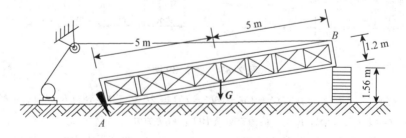

图 2-88 题 2-44 图

2-45　塔式起重机，重 $G = 500$ kN(不包括平衡锤重 Q) 作用于点 C，如图 2-89 所示。跑车 E 的最大起重量 $P = 250$ kN，离 B 轨最远距离 $l = 10$ m，为了防止起重机左右翻倒，需在 D 处加一平衡锤，要使跑车在满载或空载时，起重机在任何位置都不致翻倒，求平衡锤的最小重量 Q 和平衡锤到左轨 A 的最大距离。跑车自重不计，且 $e = 1.5$ m，$b = 3$ m。

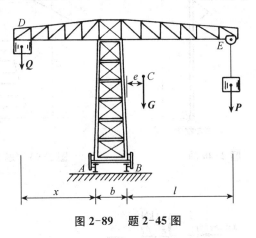

图 2-89　题 2-45 图

2-46　一管道支架，尺寸如图 2-90 所示，其上搁有两根管道，设该支架所承受的管重 $G_1 = 12$ kN，$G_2 = 7$ kN，且支架自重不计。求支座 A，C 处的约束反力。

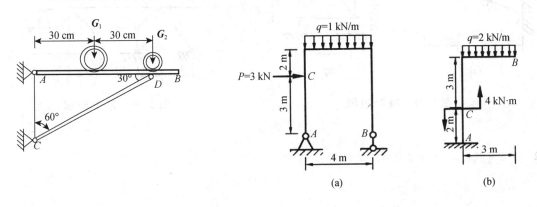

图 2-90　题 2-46 图

图 2-91　题 2-47 图

2-47　求如图 2-91 所示刚架的支座反力。

2-48　刚架结构如图 2-92 所示，其中 A，B 和 C 都是铰链。结构的尺寸和载荷如图 2-92 所示。试求 A，B，C 三铰链处的约束力。

2-49　自重为 $P = 100$ kN 的 T 字形刚架 ABD，置于铅垂面内，载荷如图 2-93 所示。其中 $M = 20$ kN·m，$F = 400$ kN，$q = 20$ kN·m，$l = 1$ m。求固定端 A 的约束力。

2-50　试用节点法计算如图 2-94 所示桁架各杆的内力。

2-51　试采用较简捷的方法计算如图 2-95 所示桁架指定杆件的内力。

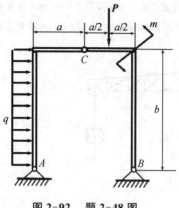

图 2-92　题 2-48 图

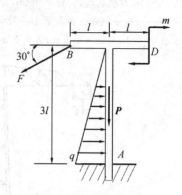

图 2-93　题 2-49 图

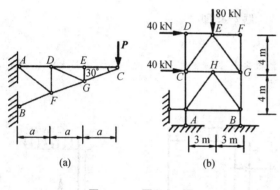

(a)　　　　　(b)

图 2-94　题 2-50 图

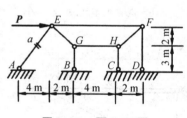

图 2-95　题 2-51 图

2-52 平面悬臂桁架所受的载荷如图 2-96 所示,求各杆的内力。

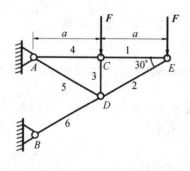

图 2-96　题 2-52 图

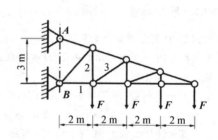

图 2-97　题 2-53 图

2-53 平面悬臂桁架所受的载荷如图 2-97 所示,求杆 1,2,3 的内力。

习题参考答案

2-4 (a) $\dfrac{3}{2}Fa\sin\alpha$，(b) $2Fl\sin\alpha$，(c) $Fa\sin\alpha$

2-5 不相同。图略。

2-10 可以得到同样的效果。但并不说明一个力与一个力偶等效，而是力偶对反向盘中心的矩与力对反向盘中心的矩相同。

2-11 对简化的最后结果没有影响。因为利用力的平移定理可以将主矢和主矩化为合力。

2-12 不平衡。因为不是平面汇交力系。

2-13 均不能。前者是主矢和主矩共存，后者与一个力偶等效。

2-14 可以得到一个平行 y 轴的合力。

2-15 可以。

2-16 前者可以，后者不可以。

2-17 $F_R = 352\ \text{N}$，$\alpha = 33°16'$

2-18 $F_R = 161.2\ \text{N}$，$\alpha = 29°44'$

2-19 $F_{AB} = 5.2\ \text{kN}$，$F_{BC} = 7.3\ \text{kN}$

2-20 (a) $F_{AB} = 0.577G$（拉），$F_{AC} = 1.155G$（压）

(b) $F_{AB} = 0.5G$（拉），$F_{AC} = 0.866G$（压）

(c) $F_{AB} = F_{AC} = 0.577G$（拉）

2-21 $F_{AB} = 54.64\ \text{N}$（拉），$F_{CB} = 74.64\ \text{N}$（压）

2-22 $F_D = 2.54\ \text{kN}$，$F_{BC} = 1.30\ \text{kN}$，$F_A = 1.33\ \text{kN}$

2-23 (a) $F_A = 15.8\ \text{kN}$，$F_B = 7.07\ \text{kN}$

(b) $F_A = 22.4\ \text{kN}$，$F_B = 10\ \text{kN}$

2-24 $F_A = \dfrac{\sqrt{2}}{2}P$，$F_B = \dfrac{\sqrt{2}}{2}P$，$F_C = \dfrac{\sqrt{2}}{2}P$

2-25 $F = 80\ \text{kN}$

2-26 $M = 400\ \text{N}\cdot\text{m}$（逆时针）

2-27 $F_A = F_B = \dfrac{m}{l\cos 45°} = \dfrac{\sqrt{2}}{l}m$

2-28 $F_A = 1.5\ \text{kN}(\uparrow)$，$F_B = 1.5\ \text{kN}(\downarrow)$

2-29 $F_A = 25\ \text{kN}(\uparrow)$，$F_B = 25\ \text{kN}(\downarrow)$

2-30 $F_A = F_C = 0.471\ \text{kN}$

2-31 $F_A = F_C = \dfrac{M}{2\sqrt{2}a}$

2-32 $F_{AB} = 5\ \text{N}$，$m_2 = 3\ \text{N}\cdot\text{m}$

2-33 $F'_R = 466.5\ \text{N}$，$M_O = 21.44\ \text{N}\cdot\text{m}$；$F_R = 466.5\ \text{N}$，$d = 45.96\ \text{mm}$

2-34 (1) $F'_R = 150\ \text{N}(\leftarrow)$，$M_O = 900\ \text{N}\cdot\text{m}$（顺时针）

(2) $F = 150\ \text{N}(\leftarrow)$，$y = -6\ \text{mm}$

2-35 主矢为 $45.4\ \text{kN}$，$\alpha = 82°24'$，主矩为 $54.8\ \text{kN}\cdot\text{m}$

2-36 $F_{Ax} = 16.5\ \text{kN}(\rightarrow)$，$F_{Ay} = 4.5\ \text{kN}(\uparrow)$，$F_{BC} = 19\ \text{kN}$

2-37 $F_{Ax} = -20\ \text{kN}(\leftarrow)$，$F_C = 28.28\ \text{kN}$（压），$F_{Ay} = -10\ \text{kN}(\leftarrow)$

2-38 (a) $F_{Ax} = \dfrac{\sqrt{2}}{2}F$, $F_{Ay} = \dfrac{1}{3}(\sqrt{2}\,F_1 + F_2)$, $F_B = \dfrac{1}{6}(\sqrt{2}\,F_1 + 4F_2)$

(b) $F_A = 19.33$ kN($\uparrow$), $F_B = 10.67$ kN($\uparrow$)

(c) $F_{Ax} = 0$, $F_{Ay} = \dfrac{M}{2a} - \dfrac{F}{2}$, $F_B = \dfrac{3F}{2} - \dfrac{M}{2a}$

(d) $F_B = 16$ kN($\uparrow$), $M_B = 49$ kN·m(逆时针)

(e) $F_{Ax} = 0$, $F_{Ay} = \dfrac{F}{3} - \dfrac{M}{3a}$, $F_B = \dfrac{2F}{3} - \dfrac{M}{3a}$

(f) $F_A = 9.5$ kN($\uparrow$), $F_B = 3.5$ kN($\uparrow$)

2-39 (a) $F_A = 10$ kN($\uparrow$), $F_C = 42$ kN($\uparrow$), $M_C = 164$ kN·m(顺时针)

(b) $F_E = 2.5$ kN($\uparrow$), $F_{Ay} = 15$ kN($\uparrow$), $M_A = 2.5$ kN·m(顺时针)

(c) $F_{Ax} = 10$ kN($\rightarrow$), $F_{Ay} = 24.66$ kN($\uparrow$), $M_A = 65.98$ kN·m(逆时针), $F_C = 8.66$ kN($\uparrow$)

(d) $F_A = -15$ kN($\downarrow$), $F_B = 40$ kN($\uparrow$), $F_D = 15$ kN($\uparrow$)

2-40 $F_A = \dfrac{-5\sqrt{2}}{8}P$, $F_{Ex} = \dfrac{5}{8}P$, $F_{Ey} = \dfrac{13P}{8}$, $F_{DB} = \dfrac{3\sqrt{2}\,P}{8}$

2-41 $F_{Ax} = 593.94$ kN($\leftarrow$), $F_{Ay} = 386.05$ kN($\uparrow$), $F_{Bx} = 593.94$ kN($\rightarrow$), $F_{By} = 103.95$ kN($\uparrow$)

2-42 (a) $F_A = 21.8$ kN($\uparrow$), $F_B = 26.6$ kN($\uparrow$)

(b) $F_A = 4.37$ kN($\uparrow$), $F_B = 10.23$ kN($\uparrow$)

2-43 $F_{Ax} = 31$ kN($\rightarrow$), $F_{Ay} = 70$ kN($\uparrow$), $M_A = 126.5$ kN·m(逆时针)

2-44 $F_{Ax} = 324.4$ kN($\rightarrow$), $F_{Ay} = 200$ kN($\uparrow$), $T = 324.4$ kN

2-45 $Q = 333$ kN, $x_{max} = 6.75$ m

2-46 $F_C = 26$ kN($\nearrow$), $F_{Ax} = 22.5$ kN($\leftarrow$), $F_{Ay} = 6$ kN($\uparrow$)

2-47 (a) $F_{Ax} = 3$ kN($\leftarrow$), $F_{Ay} = 0.25$ kN($\downarrow$), $F_B = 4.25$ kN

(b) $F_{Ax} = 0$, $F_{Ay} = 6$ kN($\uparrow$), $M_A = 5$ kN·m(逆时针)

2-48 $F_{Ax} = \dfrac{1}{2b}\left(M + \dfrac{1}{2}Pa - \dfrac{3}{2}qb^2\right)$, $F_{Ay} = \dfrac{1}{2a}\left(M + \dfrac{1}{2}Pa - \dfrac{1}{2}qb^2\right)$

$F_{Bx} = -\dfrac{1}{2b}\left(M + \dfrac{1}{2}Pa + \dfrac{1}{2}qb^2\right)$, $F_{By} = P - F_{Ay} = \dfrac{1}{2a}\left(\dfrac{3}{2}Pa - M + \dfrac{1}{2}qb^2\right)$

2-49 $F_{Ax} = 316.4$ kN, $F_{Ay} = 300$ kN, $m_A = -1\,188$ kN·m

2-50 略。

2-51 $N_a = \sqrt{2}P$

2-52 $F_1 = \sqrt{3}F$, $F_2 = -2F$, $F_3 = -F$, $F_4 = \sqrt{3}F$, $F_4 = \sqrt{3}F_6 = -3F$

2-53 $F_1 = -\dfrac{16}{3}F = -5.333F$, $F_2 = 2F$, $F_3 = -\dfrac{5}{3}F = -1.667F$

3 空间力系

学习目标与要求

❖ 掌握空间力在轴和平面上的投影关系,力对轴的矩和力对点的矩矢间的关系。

❖ 了解空间力系的简化及其简化结果。

❖ 掌握空间力系的平衡方程,会应用求解简单的空间平衡问题。

作用在物体上各力的作用线在空间任意分布的力系,称为空间力系。工程中的空间桁架结构以及一般机械中的转轴等都属于空间力系问题。

按各力的作用在空间的位置关系,空间力系可分为空间汇交力系、空间平行力系和空间任意力系。空间汇交力系是指各力虽不在同一平面内,但各力作用线均相交于一点的力系;空间平行力系是指空间力系中,各力的作用线都平行的力系;空间任意力系是指空间力系中,各力作用线任意分布的力系。而平面汇交力系、平面平行力系、平面力偶系和平面一般力系都是空间力系的特例。空间力系可看作由三个平面力系构成,故空间力系的平衡问题可分解为三个平面力系分析。

本章主要学习空间汇交力系的合成和平衡条件、空间力对点之矩和力对轴之矩的定理和关系、空间任意力系的平衡条件和平衡方程。

3.1   空间汇交力系

与平面汇交力系类似,求空间汇交力系的合力时也可以采用几何法和解析法。其中,几何法是指用力多边形法则求合力的大小和方向的方法;解析法是指利用力在空间坐标轴上的投影来求合力的大小和方向的方法。由于空间汇交力系的力多边形的各边不在同一平面内,而是一个空间的多边形,用几何法求合力并不方便,因此,在实际应用中,一般采用解析法。

3.1.1   力在空间直角坐标轴上的投影

根据已知条件的不同,求力在空间直角坐标轴上的投影有如下两种方法。

1. 一次投影法

如图 3-1 所示,已知力 F 与 x,y,z 三轴正向所夹的锐角分别为 α,β,γ。

由力在轴上投影的定义可知,线段 OA,OB,OC 分别加上正号或负号就是 F 在 x,y,z 轴上的投影 F_x,F_y,F_z,则有

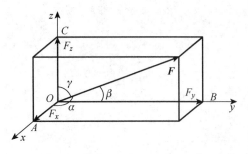

图 3-1　一次投影法

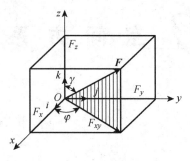

图 3-2　二次投影法

$$F_x = \pm F \cos a \\ F_y = \pm F \cos \beta \\ F_z = \pm F \cos \gamma \quad\quad\quad (3\text{-}1)$$

正负号规定如下:如果力的起点投影到终点投影的连线方向与坐标轴的正向一致,则力的投影取正值;反之取负值。

2. 二次投影法

如果力与坐标轴的夹角不易全部求得,可先将力投影到坐标面上,然后再投影到坐标轴上,这种投影方法称为二次投影法。

如图 3-2 所示,已知力 F 与 z 轴正向夹角为 γ,F 在 Oxy 平面上的投影 F_{xy} 与 x 轴正向夹角为 φ,求力在各坐标轴上的投影。

首先,将力 F 向 z 轴和 Oxy 平面上投影,得

$$F_z = F \cos \gamma \\ F_{xy} = F \sin \gamma$$

然后再将 F_{xy} 向 x,y 轴上投影,得

$$F_x = F_{xy} \cos \varphi = F \sin \gamma \cos \varphi \\ F_y = F_{xy} \sin \varphi = F \sin \gamma \sin \varphi$$

即力 F 在 x,y,z 三轴上的投影为

$$F_x = F \sin \gamma \cos \varphi \\ F_y = F \sin \gamma \sin \varphi \\ F_z = F \cos \gamma \quad\quad\quad (3\text{-}2)$$

应当指出:力在坐标轴上的投影是代数量,有正、负两种可能;而力在平面上的投影为矢量。

例 3-1　如图 3-3 所示的圆柱斜齿轮,其上受啮合力 F 的作用。已知斜齿轮的齿倾角(螺旋角)β 和压力角 θ,试求力 F 在 x,y,z 轴的投影。

解:先将 F 向 z 轴和 Oxy 平面投影,得

$$F_z = - F \sin \theta, \quad F_{xy} = F \cos \theta$$

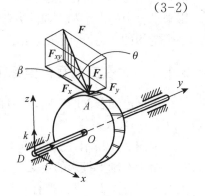

图 3-3　例 3-1 图

再将力 F_{xy} 向 x，y 轴投影，得

$$F_x = F_{xy} \cos \beta = F \cos \theta \cos \beta$$
$$F_y = - F_{xy} \sin \beta = - F \cos \theta \sin \beta$$

3.1.2 空间汇交力系的合成与平衡条件

将平面汇交力系的合成法则扩展到空间，可得：空间汇交力系的合力等于各分力的矢量和，合力的作用线通过汇交点。合力矢 $\boldsymbol{F}_R$ 为

$$\boldsymbol{F}_R = \boldsymbol{F}_1 + \boldsymbol{F}_2 + \cdots + \boldsymbol{F}_n = \sum \boldsymbol{F} \tag{3-3}$$

或

$$\boldsymbol{F}_R = \sum F_{xi} \boldsymbol{i} + \sum F_{yi} \boldsymbol{j} + \sum F_{zi} \boldsymbol{k} \tag{3-4}$$

式中　　$\sum F_{xi}$，$\sum F_{yi}$，$\sum F_{zi}$——$\boldsymbol{F}_R$ 在 x，y，z 三轴上对应的投影；

$\boldsymbol{i}$，$\boldsymbol{j}$，$\boldsymbol{k}$——x，y，z 轴对应的正向单位矢量。

由此，可以得到空间汇交力系合力的大小和方向余弦为

$$\left. \begin{array}{l} F_R = \sqrt{\left(\sum F_{xi} \right)^2 + \left(\sum F_{yi} \right)^2 + \left(\sum F_{zi} \right)^2} \\[2mm] \cos(\boldsymbol{F}_R, \boldsymbol{i}) = \dfrac{\sum F_{xi}}{F_R} \\[3mm] \cos(\boldsymbol{F}_R, \boldsymbol{j}) = \dfrac{\sum F_{yi}}{F_R} \\[3mm] \cos(\boldsymbol{F}_R, \boldsymbol{k}) = \dfrac{\sum F_{zi}}{F_R} \end{array} \right\} \tag{3-5}$$

式中，$\cos(\boldsymbol{F}_R, \boldsymbol{i})$，$\cos(\boldsymbol{F}_R, \boldsymbol{j})$，$\cos(\boldsymbol{F}_R, \boldsymbol{k})$ 称为力 $\boldsymbol{F}_R$ 的方向余弦。

由于空间汇交力系合成的结果是一个合力，因此，要想使空间汇交力系平衡应使该力系的合力等于零，即

$$\boldsymbol{F}_R = 0 \tag{3-6}$$

亦即

$$\left. \begin{array}{l} \sum F_{xi} = 0 \\ \sum F_{yi} = 0 \\ \sum F_{zi} = 0 \end{array} \right\} \tag{3-7}$$

因此，空间汇交力系平衡的充要条件为：该力系中所有各力在三个相互正交的坐标轴上投影的代数和分别等于零。式(3-7) 称为空间汇交力系的平衡方程(下标 i 可省略)。

例3-2   在刚体上作用有四个汇交力,它们在坐标上的投影如表3-1所示,试求这四个力的合力的大小和方向。

表 3-1   例 3-2 数据列示   单位:kN

投影	F_1	F_2	F_3	F_4
F_x	1	2	0	2
F_y	10	15	-5	10
F_z	3	4	1	-2

解: 由上表得

$$\sum F_x = 5 \text{ kN}$$

$$\sum F_y = 30 \text{ kN}$$

$$\sum F_z = 6 \text{ kN}$$

代入式(3-5),得合力的大小和方向余弦为

$$F_R = 31 \text{ kN}$$

$$\cos(F_R, i) = \frac{5}{31}, \quad \cos(F_R, j) = \frac{30}{31}, \quad \cos(F_R, k) = \frac{6}{31}$$

由此可得夹角

$$(F_R, i) = 80°43', (F_R, j) = 14°36', (F_R, k) = 78°50'$$

例3-3   用三角架 $ABCD$ 和绞车提升一重物如图3-4(a)所示。设 ABC 为一等边三角形,各杆及绳索均与水平面成 $60°$ 的角。已知重物 $F_G = 30$ kN,各杆均为二力杆,滑轮大小不计。试求匀速吊起重物时各杆所受的力。

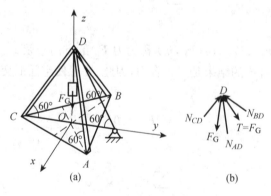

图 3-4   例 3-3 图

解: 取铰 D 为研究对象,画受力图如图3-4(b)所示,各力形成空间汇交力系。
列平衡方程

由 $\sum F_x = 0$, $-N_{AD} \cos 60° \sin 60° + N_{BD} \cos 60° \sin 60° = 0$

得 $$N_{AD} = N_{AD}$$

由 $\sum F_y = 0$, $T\cos 60° + N_{CD}\cos 60° - N_{AD}\cos 60°\cos 60° - N_{BD}\cos 60°\cos 60° = 0$

得 $$F_G + N_{CD} - 0.5\,N_{AD} - 0.5\,N_{BD} = 0$$

由 $\sum F_z = 0$, $N_{AD}\sin 60° + N_{CD}\sin 60° + N_{BD}\sin 60° - T\sin 60° - F_G = 0$

得 $$0.866(N_{AD} + N_{CD} + N_{BD}) - (0.866 + 1)F_G = 0$$

联立求解得 $$N_{AD} = N_{BD} = 31.55 \text{ kN}, \ N_{CD} = 1.55 \text{ kN}$$

3.2 空间力对点之矩和力对轴之矩

3.2.1 力对点之矩

在平面问题中,力 $\boldsymbol{F}$ 与矩心 $\boldsymbol{D}$ 在同一个平面内,用代数量 $M_O(\boldsymbol{F})$ 就足以概括力对 O 点之矩的全部要素。但在空间问题中,由于各力与矩心 O 所决定的平面可能不同,这就导致各力使刚体绕同一点转动的方位不同。方位不同,即使力矩的大小一样,作用效果将完全不同。例如,作用在飞机尾部铅垂舵和水平舵上的大小相同的力,对飞机绕重心转动的效果却不同,前者能使飞机转弯,而后者则使飞机发生俯卧。

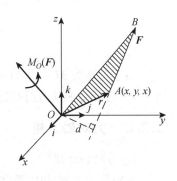

因此,对于空间力系,力对点之矩应该用矢量表示,且该矢量由力与矩心所构成平面的方位、力矩在该平面内的转向、力矩的大小这三个因素来决定。

如图 3-5 所示,设力 $\boldsymbol{F}$ 的作用线沿 AB 方向,O 点为矩心,则力对这一点之矩可用矢量来表示,称为力矩矢,用 $\boldsymbol{M}_O(\boldsymbol{F})$ 表示。力矩矢 $\boldsymbol{M}_O(\boldsymbol{F})$ 的模(即力的大小)等于力与力臂 d 的乘积,方位和力矩作用面的法线方向相同;指向可用右手法则来确定。即

图 3-5 空间力系

$$|\boldsymbol{M}_O(\boldsymbol{F})| = F \cdot d = 2A_{\triangle OAB}$$

式中,$A_{\triangle OAB}$ 表示三角形 OAB 的面积。

如图 3-5 所示,用 $\boldsymbol{r}$ 表示 O 点到力 $\boldsymbol{F}$ 作用点的矢径,则矢量积 $\boldsymbol{r} \times \boldsymbol{F}$ 的大小等于三角形 OAB 面积的两倍,其方向与力矩矢相同。可见,矢量积 $\boldsymbol{r} \times \boldsymbol{F}$ 与力矩矢 $\boldsymbol{M}_O(\boldsymbol{F})$ 的大小相等,方向相同。因此可得

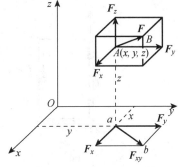

$$\boldsymbol{M}_O(\boldsymbol{F}) = \boldsymbol{r} \times \boldsymbol{F} \qquad (3-8)$$

即力矩矢 $\boldsymbol{M}_O(\boldsymbol{F})$ 等于矩心到该力作用点的矢径与该力的矢量积。

以矩心 O 为原点,取空间直角坐标系 $Oxyz$,如图 3-6 所示。设力在三个坐标轴上的投影分别为 F_x,F_y,F_z;力作用点 A 的坐标为 (x, y, z),则矢径 $\boldsymbol{r}$ 和力 $\boldsymbol{F}$ 分别为

图 3-6 空间直角坐标系

$$F = F_x i + F_y j + F_z k$$
$$r = xi + yj + zk$$

代入式(3-8),得

$$M_O(F) = r \times F = \begin{vmatrix} i & j & k \\ x & y & z \\ F_x & F_y & F_z \end{vmatrix} \tag{3-9}$$

$$= (yF_z - zF_y)i + (zF_x - xF_z)j + (xF_y - yF_x)k$$

单位矢量 i, j, k 前面的三个系数,分别表示力对点的矩矢 $M_O(F)$ 在三个坐标轴上的投影,即

$$M_O(F) = [M_O(F)]_x i + [M_O(F)]_y j + [M_O(F)]_z k \tag{3-10}$$

则力矩矢 $M_O(F)$ 在 3 个坐标轴上的投影分别为

$$\left. \begin{aligned} [M_O(F)]_x &= yF_z - zF_y \\ [M_O(F)]_y &= zF_x - xF_z \\ [M_O(F)]_z &= xF_y - yF_x \end{aligned} \right\} \tag{3-11}$$

由于力矩矢 $M_O(F)$ 的大小和方向与矩心 O 的位置有关,故力矩矢 $M_O(F)$ 的始端必须在矩心,不可任意挪动,这种矢量称为定位矢量。

3.2.2 力对轴之矩

1. 力对轴之矩

在空间力系问题中,除了用力对点之矩来描述力对刚体的转动效应,还要用到力对轴之矩的概念,这里从手推门的实例来引入力对轴之矩的定义。

在实践中我们知道,如果在推门时力的作用线与门的转轴 z 平行或相交,如图 3-7(a) 所示。显然,不论施加力多么大,门是不会转动的。在这种情况下,力与转轴共面,力对轴不产生转动效应,即力对轴的矩为零。

如果推门时,力 F 在垂直于转轴 z 的平面内,如图 3-7(b) 所示,此时就能把门推开。实践证明,力 F 越大,或其作用线与转轴间的垂直距离 d 越大,转动效果就越明显。

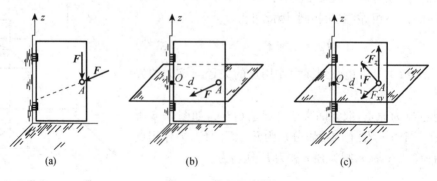

| (a) | (b) | (c) |

图 3-7   推门示意图

在一般情况下,力 $\boldsymbol{F}$ 可能既不平行于 z 轴,又不和 z 轴相交,也不在垂直于 z 轴的平面内,如图 3-7(c) 所示。为了确定力 $\boldsymbol{F}$ 使门绕 z 轴转动的效应,可将力分解为两个分力 $\boldsymbol{F}_z$ 和 $\boldsymbol{F}_{xy}$。其中,$\boldsymbol{F}_z$ 与 z 轴平行,$\boldsymbol{F}_{xy}$ 在垂直于 z 轴的平面内。因为分力 $\boldsymbol{F}_z$ 不能使门转动,只有分力 $\boldsymbol{F}_{xy}$ 才能使门绕 z 轴转动,所以力使门绕 z 轴转动的效应完全由分力 $\boldsymbol{F}_{xy}$ 来确定,该分力对 O 点之矩为 $\boldsymbol{F}_{xy} \cdot d$。因此,力对某轴之矩等于此力在垂直于该轴平面上的分力对该轴与此平面的交点之矩,即

$$M_z(\boldsymbol{F}) = M_O(\boldsymbol{F}_{xy}) = \pm F_{xy} \cdot d \tag{3-12}$$

可得力对轴之矩的定义如下:力对轴的矩是力使刚体绕该轴转动效应的量度,是一个代数量,其大小等于力在垂直于该轴的平面上的投影对这个平面与该轴的交点的矩,其正负号规定为:从轴的正向看,力使物体绕该轴逆时针转动时,取正号;反之取负号。也可按右手螺旋法则来确定其正负号,右手拇指指向与轴的正向一致时取正号,反之取负号,如图 3-8 所示。

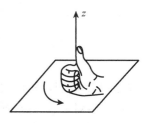

图 3-8 右手螺旋法则

注意,当力与轴共面时力对该轴的之矩为零。

力对轴之矩的单位是牛·米(N·m)或千牛·米(kN·m)。

2. 空间力系的合力矩定理

与平面力系情况类似,在空间力系中也有合力矩定理。设有一空间力系 $\boldsymbol{F}_1$,$\boldsymbol{F}_2$,$\cdots$,$\boldsymbol{F}_n$,其合力对某轴之矩等于各分力对同轴的矩的代数和,即

$$M_x(\boldsymbol{F}_R) = M_x(\boldsymbol{F}_1) + M_x(\boldsymbol{F}_2) + \cdots + M_x(\boldsymbol{F}_n) = \sum M_x(\boldsymbol{F}_i)$$

$$M_y(\boldsymbol{F}_R) = M_y(\boldsymbol{F}_1) + M_y(\boldsymbol{F}_2) + \cdots + M_y(\boldsymbol{F}_n) = \sum M_y(\boldsymbol{F}_i)$$

$$M_z(\boldsymbol{F}_R) = M_z(\boldsymbol{F}_1) + M_z(\boldsymbol{F}_2) + \cdots + M_z(\boldsymbol{F}_n) = \sum M_z(\boldsymbol{F}_i) \tag{3-13}$$

在计算力对某轴之矩时,经常应用合力矩定理,将力分解为三个方向的分力,然后分别计算各分力对这个轴之矩,求其代数和,即得力对该轴之矩。

如图 3-9 所示,设 $\boldsymbol{F}$ 在三个坐标轴上的投影分别为 F_x,F_y,F_z,力 $\boldsymbol{F}$ 作用点 A 的坐标为 (x, y, z)。

由合力矩定理,得:

$$\begin{aligned}M_x(\boldsymbol{F}) &= M_x(\boldsymbol{F}_x) + M_x(\boldsymbol{F}_y) + M_x(\boldsymbol{F}_z) \\ &= 0 - zF_y + yF_z = yF_z - zF_y\end{aligned}$$

同理,可得

$$M_y(\boldsymbol{F}) = zF_x - xF_z$$

$$M_z(\boldsymbol{F}) = xF_y - yF_x$$

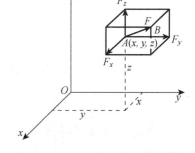

图 3-9 $\boldsymbol{F}$ 在三个坐标轴上的投影

从而,力 $\boldsymbol{F}$ 对 x,y,z 轴之矩分别为

$$\left.\begin{aligned}M_x(\boldsymbol{F}) &= yF_z - zF_y \\ M_y(\boldsymbol{F}) &= zF_x - xF_z \\ M_z(\boldsymbol{F}) &= xF_y - yF_x\end{aligned}\right\} \tag{3-14}$$

从力对坐标轴之矩的公式(3-14)中可以看出:只要知道力 $\boldsymbol{F}$ 作用点的坐标 x,y,z 和力 $\boldsymbol{F}$ 在三个坐标轴上的投影,即可算出 $M_x(\boldsymbol{F})$、$M_y(\boldsymbol{F})$ 和 $M_z(\boldsymbol{F})$。

应当指出,式(3-14)中 x,y,z,F_x,F_y,F_z 都是代数量,在计算力对轴之矩时,应注意各量的正负号。

3.2.3   力对点之矩与力对轴之矩的关系

对比式(3-11) 和式(3-14) 可以发现

$$\left.\begin{array}{c}[M_O(\boldsymbol{F})]_x = M_x(\boldsymbol{F})\\[M_O(\boldsymbol{F})]_y = M_y(\boldsymbol{F})\\[M_O(\boldsymbol{F})]_z = M_z(\boldsymbol{F})\end{array}\right\}\tag{3-15}$$

式(3-15) 说明,力对点之矩矢在通过该点的某轴上的投影,等于力对该轴之矩。这就是力对点之矩与力对通过该点的轴之矩的关系。

例 3-4   如图 3-10 所示,在正方体的顶角 A 和 B 处分别作用有力 $\boldsymbol{F}_1$ 和 $\boldsymbol{F}_2$,点 A 坐标$(a,a,0)$。试求此二力对 x,y,z 轴之矩以及对坐标原点 O 之矩。

解:(1) 求 $\boldsymbol{F}_1$ 对三坐标轴之矩以及对坐标原点 O 之矩。

A 点在直角坐标系 $Oxyz$ 上的坐标为

$$x = a,\ y = a,\ z = 0$$

力 $\boldsymbol{F}_1$ 在三个坐标轴上的投影分别为

$$F_{1x} = -\frac{\sqrt{3}}{3}F_1,\ F_{1y} = -\frac{\sqrt{3}}{3}F_1,\ F_{1z} = \frac{\sqrt{3}}{3}F_1$$

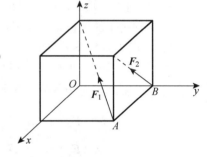

图 3-10   例 3-4 图

由力对轴之矩的计算公式(3-14) 可得

$$\left.\begin{array}{c}M_x(F_1) = yF_z - zF_y = \dfrac{\sqrt{3}}{3}F_1 a\\[2mm]M_y(F_1) = zF_x - xF_z = -\dfrac{\sqrt{3}}{3}F_1 a\\[2mm]M_z(F_1) = xF_y - yF_x = 0\end{array}\right\}$$

由式(3-10) 可得 F_1 对 O 点之矩为

$$\boldsymbol{M}_O(\boldsymbol{F}_1) = [M_O(\boldsymbol{F}_1)]_x \boldsymbol{i} + [M_O(\boldsymbol{F}_1)]_y \boldsymbol{j} + [M_O(\boldsymbol{F}_1)]_z \boldsymbol{k} = \frac{\sqrt{3}}{3}F_1 a(\boldsymbol{i} - \boldsymbol{j})$$

(2) 求 $\boldsymbol{F}_2$ 对三坐标轴之矩以及对坐标原点 O 之矩。

B 点在直角坐标系 $Oxyz$ 上的坐标为

$$x = 0,\ y = a,\ z = 0$$

力 F_2 在三个坐标轴上的投影分别为

$$F_{2x} = \frac{\sqrt{2}}{2}F_2, \quad F_{2y} = 0, \quad F_{2z} = \frac{\sqrt{2}}{2}F_2$$

由力对轴之矩的计算公式(3-14),可得

$$\left. \begin{array}{l} M_x(F_2) = yF_z - zF_y = \dfrac{\sqrt{2}}{2}F_2a \\[2mm] M_y(F_2) = zF_x - xF_z = 0 \\[2mm] M_z(F_2) = xF_y - yF_x = -\dfrac{\sqrt{2}}{2}F_2a \end{array} \right\}$$

由式(3-10)可得 F_2 对 O 点之矩为

$$\boldsymbol{M}_O(\boldsymbol{F}_2) = \left[M_O(F_2)\right]_x\boldsymbol{i} + \left[M_O(F_2)\right]_y\boldsymbol{j} + \left[M_O(F_2)\right]_z\boldsymbol{k} = \frac{\sqrt{2}}{2}F_2a(\boldsymbol{i}-\boldsymbol{k})$$

3.3 空间任意力系的平衡条件和平衡方程

与建立平面力系的平衡条件的方法相同,通过力系的简化,可建立空间力系的平衡方程。

$$\left. \begin{array}{l} \sum F_x = 0, \ \sum F_y = 0, \ \sum F_z = 0 \\[2mm] \sum M_x(F) = 0, \ \sum M_y(F) = 0, \ \sum M_z(F) = 0 \end{array} \right\} \tag{3-16}$$

则空间任意力系平衡的必要和充分条件是:各力在三个坐标轴上投影的代数和以及各力对此三轴之矩的代数和分别等于零。

式(3-16)有六个独立的平衡方程,可以求解六个未知数。

从空间任意力系的平衡方程,很容易导出特殊情况的平衡规律,例如空间汇交力系和空间平行力系的平衡方程。

设物体受一空间汇交力系的作用,若选择空间汇交力系的汇交点为坐标系 $Oxyz$ 的原点,则不论此力系是否平衡,各力对三轴之矩恒为零,因此,空间汇交力系的平衡方程为

$$\sum F_x = 0, \ \sum F_y = 0, \ \sum F_z = 0$$

设物体受一空间平行力系的作用,如图3-11所示。令 z 轴与这些力平行,则各力对于轴的矩恒等于零;又由于 x 轴和 y 轴都与这些力垂直,所以各力在这两个轴上的投影也恒等于零,即 $\sum M_z(F) \equiv 0$,$\sum F_x \equiv 0$,$\sum F_y \equiv 0$。因此空间平行力系的平衡方程为

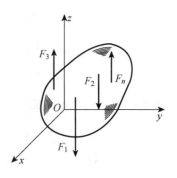

图 3-11

$$\sum F_z = 0, \ \sum M_x(\boldsymbol{F}) = 0, \ \sum M_y(\boldsymbol{F}) = 0 \tag{3-17}$$

空间汇交力系和空间平行力系分别只有三个
独立的平衡方程,因此只能求解三个未知数。

例3-5 一辆三轮货车自重 $F_G = 5$ kN,载重
$F = 10$ kN,作用点位置如图 3-12 所示。求静止时
地面对轮子的反力。

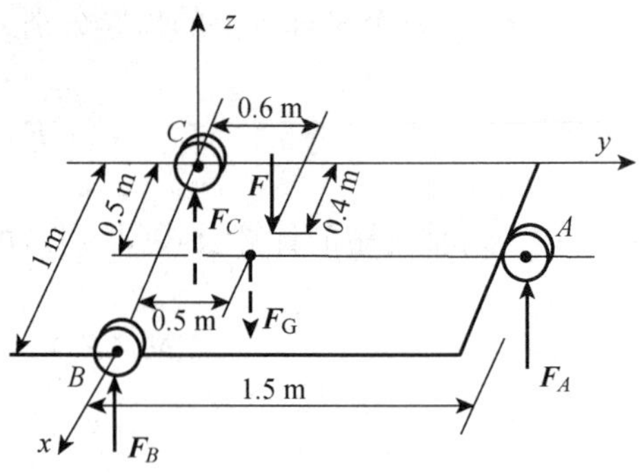

解: 自重 F_G、载重 F 及地面对轮子的反力组成
空间平行力系。

$$\sum F_x = 0, \ F_A + F_B + F_C - G_A - F = 0$$

$$\sum M_x(F) = 0, \ 1.5F_A - 0.5F_G - 0.6F = 0$$

$$\sum M_y(F) = 0, \ -0.5F_A - 1F_B + 0.5F_G + 0.4F_A = 0$$

图 3-12   例 3-5 图

联立以上 3 个方程,得

$$F_A = 5.67 \text{ kN}, \ F_B = 5.66 \text{ kN}, \ F_C = 3.67 \text{ kN}$$

例3-6 已知 $F_1 = 100$ N,$F_2 = 300$ N,$F_3 = 200$ N,作用位置及尺寸如图 3-13(a) 所
示。求力系向 O 点简化的结果。

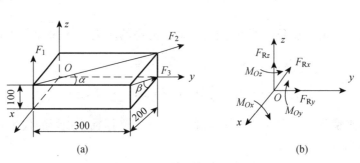

(a)   (b)

图 3-13   例 3-6 图

解: 力系主矢在轴上的投影为

$$F_{Rx} = \sum F_x = -F_2 \sin \alpha - F_3 \cos \beta = -345.4 \text{ N}$$

$$F_{Ry} = \sum F_y = F_2 \cos \alpha = 249.6 \text{ N}$$

$$F_{Rz} = \sum F_z = F_1 - F_3 \sin \beta = 10.56 \text{ N}$$

力系对 O 点的主矩在轴上的投影为

$$M_{Ox} = \sum M_x(F) = -F_2 \cos \alpha \cdot 100 - F_3 \sin \beta \cdot 300 = -51.78 \text{ N} \cdot \text{m}$$

$$M_{Oy} = \sum M_y(F) = -F_1 \cos \alpha \cdot 200 - F_2 \sin \alpha \cdot 100 = -36.65 \text{ N} \cdot \text{m}$$

$$M_{Oz} = \sum M_z(F) = F_2 \cos \alpha \cdot 200 + F_3 \cos \beta \cdot 300 = 103.6 \text{ N} \cdot \text{m}$$

力系向 O 点简化所得的力 F_R 和力偶 M_O 的各个分量如图 3-13(b) 所示。

例3-7 已知一均质长方形板由六根直杆支承于水平位置,G 处受力 F 作用,如图 3-14 所

示,板和杆的自重不计。求各杆的内力。

解： 板的受力如图 3-14 所示,列平衡方程

$$M_{AE}(\boldsymbol{F}) = 0, \quad M_{CD}(\boldsymbol{F}) = 0, \quad M_{BF}(\boldsymbol{F}) = 0$$

解得　　$F_4 = 0, \quad F_6 = 0, \quad F_2 = 0$

再由

$$M_{EF}(\boldsymbol{F}) = 0, \quad -500F_1 - 500F = 0$$

$$M_{GF}(\boldsymbol{F}) = 0, \quad 1\,000F_1 + 1\,000F_3 = 0$$

$$M_{DE}(\boldsymbol{F}) = 0, \quad -1\,000F_5 - 1\,000F = 0,$$

解得

$$F_1 = -F(压), \quad F_3 = F, \quad F_5 = -F(压)$$

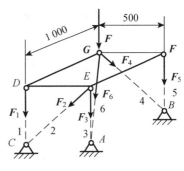

图 3-14　例 3-7 图

例 3-8　如图 3-15 所示,已知力偶 M_2 与 M_3,曲杆自重不计;求使曲杆保持平衡的力偶矩 M_1 和支座 A 和 D 的反力。

解： 曲杆整体受力如图 3-15 所示,列平衡方程

$$\sum F_x = 0, \quad F_{Dx} = 0$$

$$\sum \boldsymbol{M}_y(\boldsymbol{F}) = 0, \quad aF_{Az} - M_2 = 0$$

$$\sum F_z = 0, \quad F_{Az} - F_{Dz} = 0$$

$$\sum \boldsymbol{M}_z(\boldsymbol{F}) = 0, \quad M_3 - aF_{Ay} = 0$$

$$\sum F_y = 0, \quad F_{Ay} - F_{Dy} = 0$$

$$\sum \boldsymbol{M}_x(\boldsymbol{F}) = 0, \quad M_1 - bF_{Dz} - cF_{Dy} = 0$$

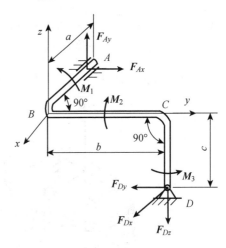

图 3-15　例 3-8 图

解得

$$F_{Dx} = 0, \quad F_{Az} = \frac{M_2}{a}, \quad F_{Dz} = \frac{M_2}{a}$$

$$F_{Ay} = \frac{M_3}{a}, \quad F_{Dy} = \frac{M_3}{a},$$

$$M_1 = \frac{b}{a}M_2 + \frac{c}{a}M_3$$

思考题与习题

3-1　空间平行力系简化的结果是什么?

3-2　试分析以下这两种力系各有几个平衡方程:(1)空间力系中各力的作用线平行于某一固定平面;(2)空间力系中各力的作用线分别汇交于两个固定点。

3-3 空间任意力系向两个不同点简化,试问下述情况是否可能:(1)主矢相等,主矩也相等;(2)主矢不相等,主矩相等;(3)主矢相等,主矩不相等;(4)主矢、主矩都不相等。

3-4 一均质等截面直杆的重心在哪里?若把它弯成半圆形,重心的位置是否改变?

3-5 如图 3-16 所示,已知力 $F_1 = 2$ kN,$F_2 = 1$ kN,$F_3 = 3$ kN,试分别计算三力在 x,y,z 轴上的投影。

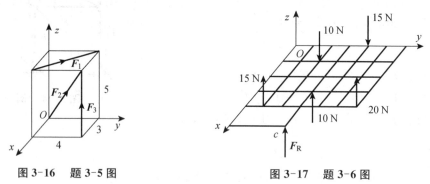

图 3-16　题 3-5 图　　　　　　　　图 3-17　题 3-6 图

3-6 已知小正方格的边长为 10 mm,各力的大小及作用线位置如图 3-17 所示,求力系的合力。

3-7 如图 3-18 所示力系的三力分别为 $F_1 = 350$ N,$F_2 = 400$ N 和 $F_3 = 600$ N,其作用线的位置如图 3-18 所示。试将此力系向原点 O 简化。

3-8 如图 3-19 所示,轴 AB 与铅直线成 α 角,悬臂 CD 与轴垂直地固定在轴上,其长为 a,并与铅直面 zAB 成 θ 角,如图 3-19 所示。如在点 D 作用铅直向下的力 F,求此力对轴 AB 的矩。

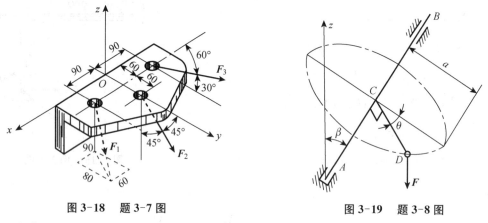

图 3-18　题 3-7 图　　　　　　　　图 3-19　题 3-8 图

3-9 已知等边三角形板的边长为 a,在板内作用一矩为 M 的力偶,如图 3-20 所示,板、杆的自重不计。求各杆的内力。

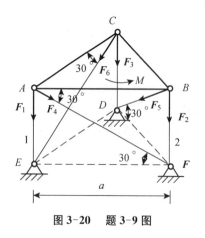

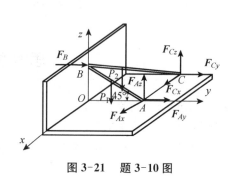

图 3-20　题 3-9 图　　　　　　　　图 3-21　题 3-10 图

3-10 如图 3-21 所示,已知均质杆 AB,BC 分别重为 P_1 与 P_2,A,B,C 均为球铰,B 端靠在铅直光滑的墙上,$\angle BAC = 90°$,求球铰 A,C 的约束反力及 B 点墙面的法向反力。

3-11 图示空间构架由三根无重直杆组成,在 D 用球铰链连接,如图 3-22 所示,A,B 和 C 端则用球铰链固定在水平地板上。如果挂在 D 端的物重 $W = 10$ kN,试求铰链 A,B 和 C 的反力。

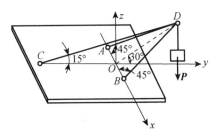

图 3-22　题 3-11 图

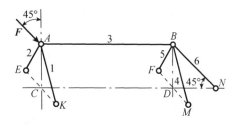

图 3-23　题 3-12 图

3-12 图示 3-23 空间桁架由六杆 1,2,3,4,5 和 6 构成。在节点 A 上作用一力 F,此力在矩形 $ABDC$ 平面内,且与铅直线成 $45°$。$\triangle EAK = \triangle FBM$。等腰三角形 EAK,FBM 和 NDB 在顶点 A,B 和 D 处均为直角,又 $EC = CK = FD = DM$。若 $F = 10$ kN,求各杆的内力。

3-13 如图 3-24 所示,三圆盘 A,B 和 C 的半径分别为 150 mm、100 mm 和 50 mm。三轴 OA、OB 和 OC 在同一平面内,$\angle AOB$ 为直角。在这三圆盘上分别作用力偶,组成各力偶的力作用在轮缘上,它们的大小分别等于 10 N、20 N 和 F。如这三圆盘所构成的物系是自由的,不计物系重量,求能使此物系平衡的力 F 的大小和角 α。

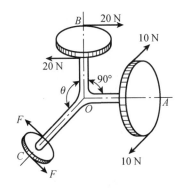

图 3-24　题 3-13 图

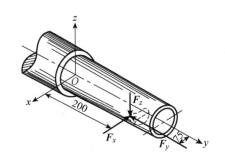

图 3-25　题 3-14 图

3-14 如图 3-25 所示,已知镗刀杆刀头上受切削力 $F_z = 500$ N,径向力 $F_x = 150$ N,轴向力 $F_y = 75$ N,刀尖位于 Oxy 平面内,其坐标 $x = 75$ mm,$y = 200$ mm。工件重量不计,试求被切削工件左端 O 处的约束反力。

习题参考答案

3-1 空间平行力系简化的中间结果仍为一主矢和主矩(主矢与主矩垂直),简化的最后结果可为一合力、合力偶或平衡。

3-2 (1) 此力系的平衡方程个数等于或小于 5 个。(2) 此力系的平衡方程个数等于或小于 5 个。

3-3 (2)(4) 两种情况是不可能的。(1)(3) 是可能的。

3-4 在几何形心上(杆长一半处)。若把它弯成半圆形,重心的位置改变。

3-5 $F_{1x} = -1.2$ kN, $F_{1y} = 1.6$ kN, $F_{1z} = 0$

$F_{2x} = 0.424$ kN, $F_{2y} = 0.566$ kN, $F_{2z} = 0.707$ kN

$F_{3x} = 0$, $F_{3y} = 0$, $F_{3x} = 3$ kN

3-6 $F_R = 20$ N($\uparrow$), $x_C = 60$ mm, $y_C = 32.5$ mm

3-7 $F_R' = 1\,144$ N, $M_O = 55.9$ N $\cdot$ m

3-8 $M_{AB}(F) = Fa\,\sin\alpha\sin\theta$

3-9 $F_4 = F_5 = F_6 = -\dfrac{4M}{3a}$(压), $F_1 = F_2 = F_3 = \dfrac{2M}{3a}$(拉)

3-10 $F_N = \dfrac{1}{2}(P_1 + P_2)$, $F_{Cx} = 0$, $F_{Cz} = \dfrac{1}{2}P_2$, $F_{Az} = P_1 + \dfrac{1}{2}P_2$, $F_{Cy} = 0$, $F_{Ay} = -\dfrac{1}{2}(P_1 + P_2)$

3-11 $F_A = F_B = -26.4$ kN(压力), $F_C = 33.5$ kN(拉力)

3-12 $S_1 = S_2 = \dfrac{-F}{2} = -5$ kN, $S_3 = -7.07$ kN, $S_4 = S_5 = 5$ kN(拉力), $S_6 = -10$ kN(压力)

3-13 $F = \dfrac{M_C}{100} = 50$ N, $\alpha = 180° - \beta = 143°08'$

3-14 $F_{Ox} = 150$ N, $F_{Oy} = 75$ N, $F_{Oz} = 500$ N;

$M_x = 100$ N $\cdot$ m, $M_y = -37.5$ N $\cdot$ m(与原始力反向), $M_z = -24.4$ N $\cdot$ m(与原始力反向)

4 摩 擦

学习目标与要求

❖ 理解摩擦定律和摩擦系数的概念,并能计算静摩擦力和动摩擦力。
❖ 掌握带摩擦的物体平衡问题的求解方法。

前面讨论物体平衡问题时,物体间的接触面都假设是绝对光滑的。事实上这种情况是不存在的,两物体之间一般都有摩擦存在,只是有些问题中,摩擦不是主要因素,可以忽略不计。但在另外一些问题中,如重力坝与挡土墙的滑动稳定问题中,带轮与摩擦轮的转动,等等,摩擦是重要的甚至是决定性的因素,必须加以考虑。

按照接触物体之间的相对运动形式,摩擦可分为滑动摩擦和滚动摩擦;又根据物体之间是否有良好的润滑剂,滑动摩擦又可分为干摩擦和湿摩擦。本章只研究有干摩擦时物体的平衡问题。

摩擦是一种极其复杂的物理-力学现象,关于摩擦机理的研究,目前已形成一门学科——摩擦学。这里仅介绍工程中常用的简单近似理论。

4.1 滑 动 摩 擦

两个表面粗糙的物体,当其接触表面之间有相对滑动趋势或相对滑动时,彼此作用有阻碍相对滑动的阻力,即滑动摩擦力。摩擦力作用于相互接触处,其方向与相对滑动的趋势或相对滑动的方向相反,它的大小根据主动力作用的不同,可以分为三种情况,即静滑动摩擦力、最大静滑动摩擦力和动滑动摩擦力。

4.1.1 静滑动摩擦力

在粗糙的水平面上放置一重为 P 的物体,该物体在重力 P 和法向反力 F_N 的作用下处于静止状态,如图 4-1(a) 所示。在该物体上作用一大小可变的水平拉力 F,当拉力 F 由零值逐渐增加但不很大时,物体仅有相对滑动趋势,但仍保持静止。可见支承面对物体除法向约束反力 F_N 外,还有一个阻碍物体沿水平面向右滑动的切向约束力,此力即为静滑动摩擦力,简称静摩擦力,常以 F_s 表示,方向向左,如图 4-1(b) 所示。

静摩擦力的大小由平衡条件确定。此时有

$$\sum F_x = 0, \ F_s = F \tag{a}$$

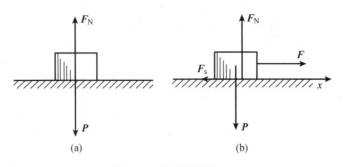

图 4-1　静滑动摩擦力

由式(a)可知,静摩擦力的大小随主动力 F 的增大而增大,这是静摩擦力和一般约束反力共同的性质。

4.1.2　最大静滑动摩擦力

静摩擦力又与一般约束反力不同,它并不随主动力 F 的增大而无限度地增大。当主动力 F 的大小达到一定数值时,物块处于平衡的临界状态。这时,静摩擦力达到最大值,即为最大静滑动摩擦力,简称最大静摩擦力,以 F_{max} 表示。此后,如果主动力 F 再继续增大,但静摩擦力不能再随之增大,物体将失去平衡而滑动,就是静摩擦力的特点。

综上所述可知,静摩擦力的大小随主动力的情况而改变,但介于零与最大值之间,即

$$0 \leqslant F_s \leqslant F_{max} \tag{4-1}$$

实验证明:最大静摩擦力的大小与两物体间的正压力(即法向约束力)成正比,即

$$F_{max} = f_s F_N \tag{4-2}$$

式中, f_s 为比例常数,称为静摩擦系数,它是无量纲数。式(4-2)称为静摩擦定律(又称库仑定律)。

静摩擦系数的大小需由实验测定。它与接触物体的材料和表面情况(如粗糙度、温度和湿度等)有关,而与接触面积的大小无关。静摩擦系数的数值可在工程手册中查到。

4.1.3　动滑动摩擦力

当滑动摩擦力已达到最大值时,若主动力 F 再继续加大,接触面之间将出现相对滑动。此时,接触物体之间仍作用有阻碍相对滑动的阻力,这种阻力称为动滑动摩擦力,简称动摩擦力,以 F_k 表示。实验表明:动摩擦力的大小与接触物体间的正压力成正比,即

$$F_k = f_k F_N \tag{4-3}$$

式中, f_k 是动摩擦系数,它与接触物体的材料和表面情况有关。

一般情况下,动摩擦系数小于静摩擦系数,即 $f_k < f_s$ 。

实际上动摩擦系数还与接触物体间相对滑动的速度大小有关。对于不同材料的物体,动摩擦系数随相对滑动的速度变化规律也不同。多数情况下,动摩擦系数随相对滑动速度的增大而稍减小。但当相对滑动速度不大时,动摩擦系数可近似地认为是个常数。在机器中,往往用降低

接触表面的粗糙度或加入润滑剂等方法,使动摩擦系数 f_k 降低,以减小摩擦和磨损。

4.2　摩擦角和自锁现象

4.2.1　摩擦角

当有摩擦时,支承面对平衡物体的约束反力包含法向约束力 F_N 和切向约束力 F_s(即静摩擦力)。这两个分力的几何和 $F_{RA} = F_N + F_s$ 称为支承面的全约束反力,它的作用线与接触面的公法线成一偏角 α,如图 4-2(a)所示。当物块处于平衡的临界状态时,静摩擦力达到最大值,偏角 α 也达到最大值 φ_f,如图 4-2(b)所示。全约束反力与法线间的夹角的最大值 φ_f 称为摩擦角。由图可得

$$\tan\varphi_f = \frac{F_{max}}{F_N} = \frac{f_s F_N}{F_N} = f_s \tag{4-4}$$

即摩擦角的正切等于静摩擦系数。可见,摩擦角与摩擦系数一样,都是表示材料的表面性质的量。

当物块的滑动趋势方向改变时,全约束反力作用线的方位也随之改变;在临界状态下,F_{RA} 的作用线将画出一个以接触点 A 为顶点的锥面,如图 4-2(c)所示,称为摩擦锥。设物块与支承面间沿任何方向的摩擦系数都相同,即摩擦角都相等,则摩擦锥将是一个顶角为 $2\varphi_f$ 的圆锥。

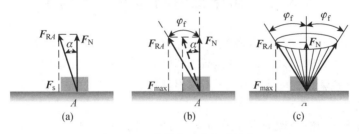

图 4-2　全约束反力与摩擦角

4.2.2　自锁现象

当刚体平衡时,静摩擦力不一定达到最大值,可在零与最大值 F_{max} 之间变化,所以全约束反力与法线间的夹角 α 也在零与摩擦角 φ_f 之间变化,即

$$0 \leqslant \alpha \leqslant \varphi_f \tag{4-5}$$

由于静摩擦力不可能超过最大值,因此全约束反力的作用线也不可能超出摩擦角以外,即全约束反力必在摩擦角之内。由此可知:

(1) 如果作用于物块的全部主动力的合力 F_P 的作用线在摩擦角 φ_f 之内,则无论这个力怎样大,物块必保持静止。这种现象称为自锁现象。因为在这种情况下,主动力的合力 F_P 与法线间的夹角 $\theta < \varphi_f$,因此,F_P 和全约束反力 F_{RA} 必能满足二力平衡条件,且 $\theta = \alpha < \varphi_f$。工程实际中常应用自锁原理设计一些机构或夹具,如千斤顶、压榨机、圆锥销等,使它们始终保持在平衡状态下工作。

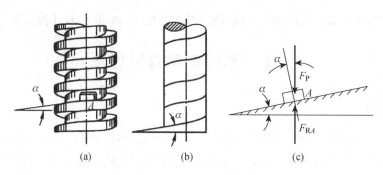

图 4-3　螺纹的自锁条件

（2）如果全部主动力的合力 F_P 的作用线在摩擦角 φ_f 之外，则无论这个力怎样小，物块一定会滑动。因为在这种情况下，$\theta > \varphi_f$，而 $\alpha \leqslant \varphi_f$，支承面的全约束反力 F_{RA} 和主动力的合力 F_P 不能满足二力平衡条件。应用这个道理，可以设法避免发生自锁现象。

斜面的自锁条件就是螺纹的自锁条件，如图 4-3(a) 所示。因为螺纹可以看成为绕在一圆柱体上的斜面，如图 4-3(b) 所示，螺纹升角 α 就是斜面的倾角，如图 4-3(c) 所示。螺母相当于斜面上的滑块 A，加于螺母的轴向载荷 F_P，相当于物块 A 的重力。要使螺纹自锁，必须使螺纹的升角 α 小于或等于摩擦角 φ_f。因此，图 4-3(c) 中物块 A 在载荷 F_P 的作用下，不沿斜面下滑的条件是：$\alpha \leqslant \varphi_f$，即斜面的自锁条件斜面的倾角小于或等于摩擦角。

4.3　考虑摩擦时物体的平衡问题

考虑摩擦时，求解物体平衡问题的步骤与前几章所述大致相同，但有如下几个特点：

（1）分析物体受力时，必须考虑接触面间切向的摩擦力 F_s，通常增加了未知量的数目；

（2）为确定这些新增加的未知量，还需列出补充方程，即 $F_s \leqslant f_s F_N$，补充方程的数目与摩擦力的数目相同；

（3）由于物体平衡时摩擦力有一定的范围（即 $0 \leqslant F_s \leqslant f_s F_N$），所以有摩擦时平衡问题的解亦有一定的范围，而不是一个确定的值。

工程中有不少问题只需要分析平衡的临界状态，这时静摩擦力等于其最大值，补充方程只取等号。有时为了计算方便，也先在临界状态下计算，求得结果后再分析、讨论其解的平衡范围。

例 4-1　如图 4-4(a) 所示，梯子的上端 B 靠在铅垂的墙壁上，下端 A 搁置在水平地面上。假设梯子与墙壁之间为光滑约束，而与地面之间为非光滑约束。已知：梯子与地面之间的摩擦系数为 f_s；梯子的重力为 W，梯子长度为 l。(1) 若梯子在倾角 α_1 的位置保持平衡，求 A，B 两处约束反力 F_{NA}，F_{NB} 和摩擦力 F_A；(2) 若使梯子不致滑倒，求其倾角 α 的范围。

解：（1）求梯子在倾角 α_1 的位置保持平衡时的约束反力梯子的受力如图 4-1(b) 所示。其中将摩擦力 F_A 作为一般的约束力，假设其方向如图 4-4 所示，列平衡方程

$$\sum M_A(\boldsymbol{F}) = 0, \quad W \times \frac{l}{2} \times \cos \alpha_1 - F_{NB} \times l \times \sin \alpha_1 = 0$$

$$\sum M_y = 0, \quad F_{NA} - W = 0$$

$$\sum F_x = 0, \quad F_A + F_{NB} = 0$$

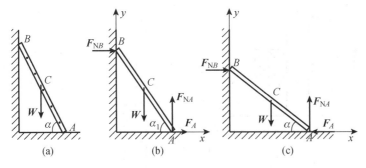

图 4-4　例 4-1 图

由此解得

$$F_{NB} = \frac{W\cos\alpha_1}{2\sin\alpha_1} = \frac{W}{2}\cot\alpha_1$$

$$F_{NA} = W$$

$$F_A = -F_{NB} = -\frac{W}{2}\cot\alpha_1$$

所得 F_A 的结果为负值,表明梯子下端所受的摩擦力与图 4-4(b)中所假设的方向相反。

(2) 求梯子不滑倒的倾角 α 的范围。

摩擦力 F_A 的方向根据梯子在地上的滑动趋势预先设定,梯子的受力如图 4-4(c)所示。平衡方程和物理方程分别为

$$\sum M_A(\boldsymbol{F}) = 0, \ W \times \frac{l}{2} \times \cos\alpha - F_{NB} \times l \times \sin\alpha = 0$$

$$\sum F_y = 0, \ F_{NA} - W = 0$$

$$\sum F_x = 0, \ -F_A + F_{NB} = 0$$

$$F_A = f_s F_{NA}$$

不仅可以解出 A,B 两处的约束力,而且可以确定保持梯子平衡时的临界倾角

$$\alpha = \text{arccot}(2f_s)$$

由常识可知,角度 α 越大,梯子越易保持平衡,故平衡时梯子对地面的倾角范围为

$$\text{arccot}(2f_s) \leqslant \alpha < 90°$$

例 4-2　如图 4-5(a)所示为凸轮机构。已知推杆与滑道间的摩擦系数为 f_s,滑道高度为 b,设凸轮与推杆接触处的摩擦忽略不计。问 a 为多大,推杆才不致被卡住?

解:　取推杆为研究对象。其受力图如图 4-5(b)所示,推杆除受凸轮推力 F 作用外,在滑道 A,B 处还受法向反力 F_{NA},F_{NB} 作用,由于推杆有向上滑动趋势,则摩擦力 F_A,F_B 的方向向下。列平衡方程

$$\sum F_x = 0, \ F_{NA} - F_{NB} = 0 \tag{a}$$

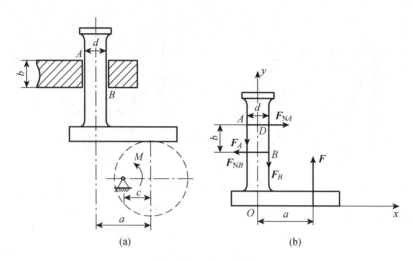

图 4-5　例 4-2 图

$$\sum F_y = 0, \; -F_A - F_B + F = 0 \tag{b}$$

$$\sum M_D(\boldsymbol{F}) = 0, \; Fa - F_{NB}b - F_B \frac{d}{2} + F_A \frac{d}{2} = 0 \tag{c}$$

考虑平衡的临界情况（即推杆将动而尚未动时），摩擦力都达最大值，可以列出两个补充条件

$$F_A = f_s F_{NA} \tag{d}$$

$$F_B = f_s F_{NB} \tag{e}$$

由式（a）得

$$F_{NA} = F_{NB} = F_N$$

代入式（d）和式（e）得

$$F_A = F_B = F_{max} = f_s F_N$$

代入式（b）得

$$F = 2F_{max}$$

代入式（c），有 $F_{NB} = F_{max}/f_s$，解得

$$a_{极限} = \frac{b}{2f_s}$$

保持 F 和 b 不变，由式（c）可见，当 a 减小时，$F_{NA}(=F_{NB})$ 亦减小，因而最大静摩擦力减小，式（b）不能成立，因而当 $a < \dfrac{b}{2f_s}$ 时，推杆不能平衡，即推杆不会被卡住。

　　例 4-3　如图 4-6 所示，重为 $P = 100$ N 的均质滚轮夹在无重杆 AB 和水平之间，杆端 B 作用一垂直于 AB 的力 F_B，其大小为 $F_B = 50$ N。支座 A 为光滑铰链，轮与杆间的静摩擦系数

为 $f_C = 0.4$。轮半径为 r，杆长为 l，当 $\alpha = 60°$ 时，$AC = CB$。如要维持系统平衡，

(1) 若 D 处静摩擦系数 $f_D = 0.3$，求此时作用于轮心 O 处水平推力 F 的最小值。

(2) 若如 $f_D = 0.15$，此时 F 的最小值为多少？

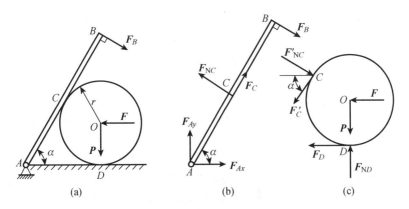

图 4-6　例 4-3 图

解: 由经验可知，若推力 F 太大，轮将向左滚动，使角口加大；相反，若推力太小，杆在力 F 的作用下将使轮向右滚动，使角口变小。在后者的临界状态下，水平推力 F 即为维持系统平衡的最小值。另外，此题在 C、D 两处都有摩擦，两个摩擦力之中只要有一个到最大值，系统即处于即将运动的临界状态，其推力 F 即为最小值。

(1) 先假设 C 处的静摩擦力达到最大值。当推力 F 为最小时，轮有沿水平面向右滚动趋势，因此轮上点 C 相对于杆有向右上方滑动的趋势，故轮受摩擦力 F'_C 沿切线向左下方，杆受摩擦力 F_C 沿杆向右上方，如图 4-6(b)、(c) 所示。设 D 处摩擦力 F_D 未达最大值，可假设其方向向左。

先以杆 AB 为研究对象，列平衡方程

$$\sum M_A(\boldsymbol{F}) = 0, \quad F_{NC}\frac{l}{2} - F_B l = 0 \tag{a}$$

C 处达到临界状态，补充方程为

$$F_C = F_{C\,\text{max}} = f_C F_{NC} \tag{b}$$

由式(a) 和式(b) 可解得

$$F_{NC} = 100 \text{ N}, \quad F_C = 40 \text{ N}$$

再以轮 O 为研究对象，列平衡方程

$$\sum M_O(\boldsymbol{F}) = 0, \ F'_C \cdot r - F_D \cdot r = 0 \tag{c}$$

$$\sum F_x = 0, \ F'_{NC} \cdot \sin 60° - F'_C \cdot \cos 60° - F - F_D = 0 \tag{d}$$

$$\sum F_y = 0, \ F_{ND} - P - F'_C \cdot \sin 60° + F'_{NC} \cdot \cos 60° = 0 \tag{e}$$

由式(c) 可得 $$F_D = F'_C$$

将 $F'_{NC} = F_{NC} = 100$ N，$F_D = F'_C = 40$ N 代入式(d)，得最小水平推力

$$F = 26.6 \text{ N}$$

代入式(e)，可得

$$F_{ND} = 184.6 \text{ N}$$

当 $f_D = 0.3$ 时，D 处最大静摩擦力为

$$F_{Dmax} = f_D F_{ND} = 55.39 \text{ N}$$

由于 $F_D = 40$ N $< F_{D\max}$，D 处无滑动，故上述所得 $F = 26.6$ N，为维持系统平衡的最小水平推力。

（2）当 $f_D = 0.15$ 时，$F_{D\max} = f_D F_{ND} = 27.7$ N。上述求得的 $F_D > F_{D\max}$，不合理，说明此时在 D 处应先达到临界状态，应假设 D 处静摩擦力达到最大值，轮将沿地面滑动。当推力为最小时，杆 AB 与轮的受力图不变，如图 4-6 所示。与前面不同之处只是将补充方程式 $F_C = F_{C\max} = f_C F_{NC}$ 改为

$$F_D = F_{Dmax} = f_D F_{ND} \tag{f}$$

其他方程不变。

由式(c) 和式(f)，得 $F'_C = F_D = f_D F_{ND}$，代入式(e)，解得

$$F_D = F'_C = \frac{f_D(F'_{NC}\cos 60° + P)}{1 - f_D \sin 60°} = 25.86 \text{ N}$$

代入式(d)，可得最小水平推力

$$F = F'_{NC}\sin 60° - F_D(1 + \cos 60°) = 47.81 \text{ N}$$

此时，C 处最大静摩擦力仍为 $F_{C\max} = f_C F_{NC} = 40$ N，由于 $F'_C < F_{C\max}$，所以 C 处无滑动。因此，当 $f_D = 0.15$ 时，维持系统平衡的最小推力应为 $F = 47.81$ N。

例 4-4 制动器的构造和主要尺寸如图 4-7(a) 所示。制动块与鼓轮表面间的摩擦系数为 f_s，试求制动鼓轮转动所必需的力 F。

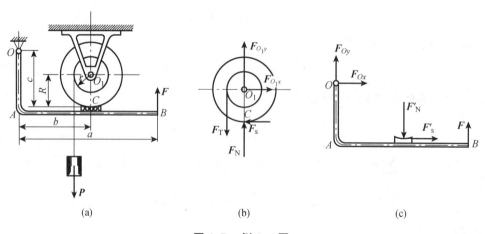

(a)　　　　　　　　(b)　　　　　　　　(c)

图 4-7　例 4-4 图

解：（1）先取鼓轮为研究对象，受力图如图 4-7(b) 所示。轴心受有轴承反力 F_{O1x}，F_{O1y} 作用；鼓轮在绳拉力 $\boldsymbol{F}_T(\boldsymbol{F}_T = \boldsymbol{P})$ 作用，使鼓轮有逆时针转向转动的趋势；因此，闸块除给鼓轮正压力 $\boldsymbol{F}_N$ 外，还有一个向左的摩擦力 $\boldsymbol{F}_s$。为了保持鼓轮平衡，摩擦力 $\boldsymbol{F}_s$ 应满足方程

$$\sum M_{O1}(\boldsymbol{F}) = 0, \quad F_T \times r - F_s \times R = 0$$

解得

$$F_s = \frac{r}{R}P$$

（2）再取闸杆 OAB 为研究对象，其受力图如图 4-7(c) 所示。为了建立 $\boldsymbol{F}$ 与 $\boldsymbol{F}_N$ 间的关系，可列力矩方程

$$\sum M_O(\boldsymbol{F}) = 0, \quad F \times a + F_s' \times c - F_N' \times b = 0$$

补充方程

$$F_s' \leqslant f_s F_N'$$

可解得

$$F_s' \leqslant \frac{f_s a F}{b - f_s C}$$

由此可得

$$F' \leqslant \frac{f_s a F}{b - f_s C}$$

由 $F_s' = F_s$，可得

$$F \geqslant \frac{r(b - f_s C)}{R a f_s}P$$

4.4　滚动摩阻的概念

由实践知道，使滚子滚动比使它滑动省力。在工程中，为了提高效率，减轻劳动强度，常利用物体的滚动代替物体的滑动。平时常见当搬运笨重的物体时，在物体下面垫上管子，都是以滚代滑的应用实例。

设在水平面上有一滚子，重量为 $\boldsymbol{F}_P$，半径为 $\boldsymbol{r}$，在其中心点 O 作用一水平力 $\boldsymbol{F}_T$。当力 $\boldsymbol{F}_T$ 不大时，滚子仍保持静止。若滚子的受力情况如图 4-8 所示，则滚子不可能保持平衡，因为静摩擦力 $\boldsymbol{F}_s$ 与力 $\boldsymbol{F}_T$ 组成一力偶，将使滚子发生滚动。但是，实际上当力 $\boldsymbol{F}_T$ 不大时，滚子是可以平衡的。这是因为滚子和平面实际上并不是刚体，它们在力的作用下都会发生变形，有一个接触面，如图 4-9(a) 所示。在接触面上，物体受分布力的作用，将这些力向点 A 简化，得到一个力 $\boldsymbol{F}_R$ 和一个力偶，力偶的矩为 M_f，如图 4-9(c) 所示，力

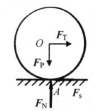

图 4-8　滚动刚体模型

F_R可分解为法向反力F_N和摩擦力F_s。这个矩为M_f的力偶,称为滚动摩阻力偶(简称滚阻力偶),它与力偶(F_T,F_s)平衡,转向与滚动的趋向相反,其作用是阻止轮子滚动。因此,当F_T不太大时,轮子可以保持平衡(不滚动也不滑动)。

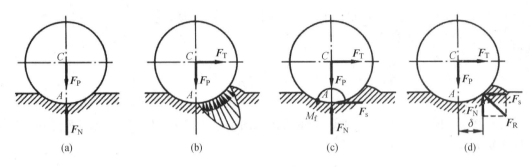

图 4-9　滚动摩阻力偶的形成

与静滑动摩擦力相似,滚动摩阻力偶矩M_f随着主动力的增加而增大,当力F_T增加到某个值时,滚子处于将滚未滚的临界平衡状态;这时,滚动摩阻力偶矩达到最大值,称为最大滚动摩阻力偶矩,用$M_{f\,max}$表示。若力F_T再增大一点,轮子就会滚动。在滚动过程中,滚动摩阻力偶矩近似等于$M_{f\,max}$。

由此可知,滚动摩阻力偶矩M_f的大小介于零与最大值之间,即

$$0 \leqslant M_f \leqslant M_{f\,max} \tag{4-6}$$

由实验证明:最大滚动摩阻力偶矩$M_{f\,max}$与滚子半径无关,而与支承面的正压力(法向反力)F_N的大小成正比,即

$$M_{f\,max} = \delta F_N \tag{4-7}$$

这就是滚动摩阻定律,其中δ是比例常数,称为滚动摩阻系数,简称滚阻系数。由式(4-7)可知,滚动摩阻系数具有长度的量纲,单位一般用 mm。

滚动摩阻系数由实验测定,它与滚子和支承面的材料的硬度、湿度以及接触范围的大小等因素有关,与滚子的半径无关。

滚阻系数的物理意义如下。滚子在即将滚动的临界平衡状态时,根据力的平移定理,可将其中的法向反力F_N与最大滚动摩阻力偶$M_{f\,max}$合成为一个力F'_N,且$F'_N = F_N$。力F'_N的作用线距中心线的距离为d,如图 4-10(b)所示。

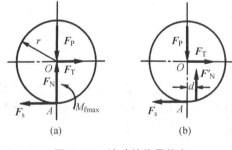

图 4-10　滚动的临界状态

$$d = \frac{M_{f\,max}}{F'_N}$$

得

$$\delta = d$$

因而滚动摩阻系数δ可看成在即将滚动时,法向反力F'_N离中心线的最远距离,也就是最大滚阻

力偶(F'_N, F_P)的臂,故它具有长度的量纲。

由于滚动摩阻系数较小,因此,在大多数情况下滚动摩阻是可以忽略不计的。

可以分别计算出使滚子滚动或滑动所需的水平拉力 F_T,由平衡方程 $\sum M_A(F) = 0$,可以求得

$$F_{T滚} = \frac{M_{f\,max}}{r} = \frac{\delta F_N}{r} = \frac{\delta}{r}F_P$$

由平衡方程 $\sum F_x = 0$ 可以求得

$$F_{T滑} = F_{s\,max} = f_s F_N = f_s F_P$$

一般情况下,有

$$\frac{\delta}{r} \ll f_s$$

因而使滚子滚动比滑动省力得多。

思考题与习题

4-1　如图 4-11 所示,重物 $G = 1\,000$ N,与水平面间的静摩擦系数为 0.2。试问:(1)当水平力 $P = 80$ N 时,物体受多大的摩擦力?(2)当 $P = 1\,500$ N,物体是否可以运动?(3)要想使物体在地面上运动,P 力至少需要多大?

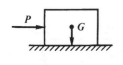

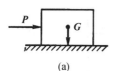
(a)

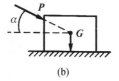
(b)

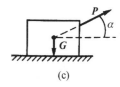
(c)

图 4-11　题 4-1 图

图 4-12　题 4-2 图

4-2　如图 4-12 所示,当物块 $G = 1\,000$ N,$P = 500$ N,$\alpha = 30°$ 时,物块与地面的静摩擦系数 $f = 0.5$。试求图示三种情况下物体分别处于何种状态?

4-3　如图 4-13 所示,折叠梯子放在地面上,两脚与地面之间的摩擦系数均为 0.5,折叠梯子的 AB 端中点处站立一人,重量 $G = 80$ N,若不计梯子重量,问该折叠梯子能否平衡?

4-4　梯子 AB 靠在墙上,其重量 $P = 200$ N,如图 4-14 所示。梯子长为 l,与水平面交角 $\theta = 60°$。已知接触面间的静摩擦系数均为 0.25。现有一重量为 650 N 的人沿梯上爬,问人所能达到的最高点 C 点与 A 点的距离 s 应为多少?

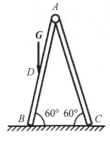

图 4-13　题 4-3 图

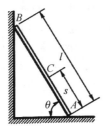

图 4-14　题 4-4 图

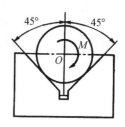

图 4-15　题 4-5 图

4-5 如图 4-15 所示,置于 V 形槽中的棒料上作用一力偶,力偶的矩 $M = 15$ N·m,刚好能转动此棒料。已知棒料重 $P = 400$ N,直径 $D = 0.25$ m,不计滚动摩阻。求棒料与 V 形槽间的静摩擦系数。

4-6 如图 4-16 所示,不计自重的拉门与上下滑道之间的静摩擦系数均为 f_s,门高为 h。若在门上 $2h/3$ 处用水平力 F 拉门而不会卡住,求门宽 b 的最小值。问门的自重对不被卡住的门宽最小值是否有影响?

4-7 某机器一制动器如图 4-17 所示,已知制动器摩擦块与轮面间摩擦系数为 f_s,作用在轮子上的力偶矩为 M,A,O 为固定铰链,求制动轮子最小需多大的力 P。

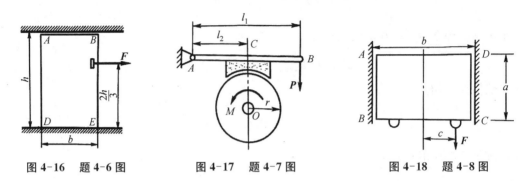

图 4-16　题 4-6 图　　　　图 4-17　题 4-7 图　　　　图 4-18　题 4-8 图

4-8 抽屉水平放置,如图 4-18 所示。拉动抽屉时,抽屉侧面的摩擦系数为 f_s,抽屉底部摩擦不计,如受力方向偏离中心线往往被卡住。试求抽屉拉出时不被卡住的 a,b,c 与 f_s 之间的关系式。

4-9 物体重为 P 放在倾角为 θ 的斜面上,它与斜面间的摩擦系数为 f_s,如图 4-19 所示,当物体处于平衡时,试求水平力 F_1 的大小。

4-10 如图 4-20 所示,均质木箱重 $P = 5$ kN,它与地面间的摩擦系数 $f_s = 0.4$。图中 $h = 2$ m,$\theta = 30°$。求:
(1) 当 D 处的拉力 $F = 1$ kN 时,木箱是否平衡?(2)能保持木箱平衡的最大拉力。

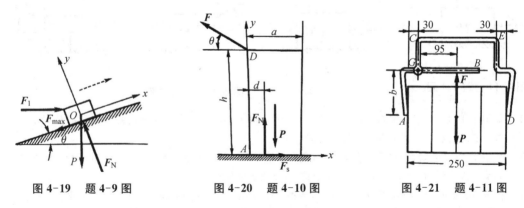

图 4-19　题 4-9 图　　　　图 4-20　题 4-10 图　　　　图 4-21　题 4-11 图

4-11 砖夹的宽度为 0.25 m,曲杆 AGB 与 $GCED$ 在 G 点铰接,尺寸如图 4-21 所示。设砖重 $P = 120$ N,提起砖的力 F 作用在砖夹的中心线上,砖夹与砖间的摩擦系数为 $f_s = 0.5$。求距离 b 为多大才能把砖夹起。

4-12 一起重用的夹具由 ABC 和 DEF 两个相同的弯杆组成,并由杆 BE 连接,B 和 E 都是铰接,尺寸如图 4-22 所示。不计夹具自重,问要能提起重物 P,夹具与重物接触面处的摩擦系数 f_s 应为多大?

4-13 图示 4-23 两无重杆在 B 处用套筒式无重滑块连接,在 AD 杆上作用一力偶,其力偶矩 $M_A = 40$ N·m,滑块和 AD 杆间的摩擦系数 $f_s = 0.3$。求保持系统平衡时力偶矩 M_C 的范围。

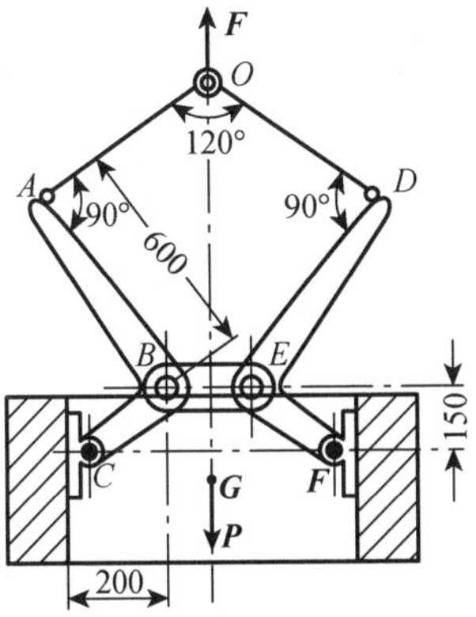

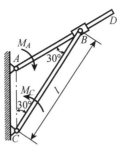

图 4-22 题 4-12 图

图 4-23 题 4-13 图

习题参考答案

4-1 (1) $F_s = 200$ N；(2) 可以运动；(3) $P > 200$ N

4-2 (a) 临界状态；(b) 物块静止不动；(c) 物块运动状态。

4-3 不能平衡。

4-4 $s = 0.465l$

4-5 $f_s = 0.223$

4-6 $b_{min} = f_s h/3$，与门重无关。

4-7 $P = Ml_2/f_s rl_1$

4-8 $c \leqslant a/2f_s$

4-9 $P \dfrac{\sin\theta - f_s\cos\theta}{\cos\theta + f_s\sin\theta} \leqslant F_1 \leqslant P \dfrac{\sin\theta + f_s\cos\theta}{\cos\theta - f_s\sin\theta}$

4-10 (1) 木箱保持平衡；(2) $F = 1.443$ kN

4-11 $b \leqslant 110$ mm

4-12 $f_s \geqslant 0.15$

4-13 49.61 N·m $\leqslant M_C \leqslant 70.39$ N·m

材料力学篇

概　述

　　材料力学是以静力学所学的一些基本知识和基本理论为基础,研究工程构件(主要是杆件)的强度、刚度和稳定性的学科,它提供了有关研究工程构件的基本理论、计算方法和实验技术,使我们能合理地确定构件的材料、形状和尺寸,以达到安全与经济的设计要求。

　　在工程实际中,各种建筑物和机械设备都是由许多构件组成,如右图所示的梁、柱等。构件是组成物体的最小单元,在外力作用下,构件不能发生破坏,也不能产生过大的变形,否则将不能满足承载能力的要求,构件的承载能力主要指三个方面:

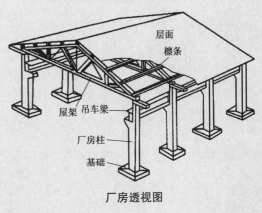

厂房透视图

　　(1) 强度。强度是构件在外力作用下抵抗破坏的能力。在规定的荷载作用下,构件当然不应发生破坏,包括断裂和发生较大的塑性变形,例如,吊起货物的绳索不能过细,否则就会断裂;冲床曲轴不可折断等。构件满足强度要求时,在荷载作用下不发生破坏。

　　(2) 刚度。刚度是构件在外力作用下抵抗变形的能力。在荷载作用下,构件即使有足够的强度,但若变形过大,仍不能正常工作,例如,吊车梁弯曲变形过大,其上的小车将不能平稳运行,影响正常工作;齿轮轴变形过大将造成齿轮和轴承的不均匀磨损,引起噪声等。构件满足刚度要求时,在荷载作用下产生的变形应在允许范围内。

（3）稳定性。稳定性是构件在外力作用下能保持原有直线平衡状态的能力。承受压力作用的细长杆,如千斤顶的螺杆、内燃机的挺杆等应始终保持原有的直线平衡状态,保证不被压弯。构件满足稳定性要求时,在规定的使用条件下不产生丧失稳定性的破坏。

为合理解决构件的承载能力,必须正确处理好安全与经济之间的矛盾,显然,只要增加构件的截面尺寸或选用优质的材料是能够满足安全要求的,但势必会增加材料的消耗量和提高构件的成本,这就不符合经济的原则。因此,材料力学的任务就是在保证满足强度、刚度和稳定性的前提下,以最经济的方式,为构件选择适宜的材料,确定合理的截面形状和尺寸,为设计构件提供必要的理论基础和计算方法。

构件的强度、刚度和稳定性都与所用材料的力学性质密切相关,而材料的力学性能必须通过实验才能测得。同时,也有一些单靠现有理论还解决不了的问题,需借助实验来解决。因此,实验研究同理论分析一样,是完成材料力学任务的重要手段之一。

5 材料力学基础

学习目标与要求

❖ 了解变形固体的概念及三个基本假定。
❖ 熟悉杆件的 4 种变形形式及受力特点。
❖ 熟悉杆件变形的分析方法。
❖ 了解平面图形的几何性质及基本概念。

5.1 变形固体及其基本假定

5.1.1 变形固体

工程中,构件和零件都是由固体材料制成,如铸铁、钢、木材、混凝土等。这些固体材料在外力作用下都会或多或少地产生变形,我们将这些固体材料称为变形固体。变形固体在外力作用下会产生两种不同性质的变形:一种是当外力消除时,变形也随着消失,这种变形称为弹性变形;另一种是外力消除后,变形不能全部消失而留有残余,这种不能消失的残余变形称为塑性变形。一般情况下,物体受力后,既有弹性变形,又有塑性变形。但工程中常用的材料,在所受外力不超过一定范围时,塑性变形很小,可忽略不计,认为材料只产生弹性变形而不产生塑性变形。本书将只限于给出材料在弹性范围内的变形、内力及应力等计算方法和计算公式。

5.1.2 变形固体的基本假定

组成构件的材料,其微观结构和性能一般都比较复杂,研究构件的应力和变形时,如果考虑这些微观结构上的差异,不仅在理论分析中会遇到极其复杂的数学和物理问题,而且在将理论应用于工程实际时也会带来极大的不便,为了使计算简便,在材料力学的研究中,对变形固体作了如下的基本假定:

(1) 均匀连续假定。假定变形固体在其整个体积内毫无空隙地充满了物质,而且各点处材料的力学性能完全相同。从微观结构看,材料的粒子当然不是处处连续分布的,但从统计学的角度看,只要所考察的物体几何尺寸足够大,而且所考察的物体中的每一"点"都是宏观上的点,则可以认为物体的全部体积内材料是均匀连续分布的。

(2) 各向同性假定。假定材料在各个方向具有相同的力学性能。大多数工程材料虽然微观上不是各向同性的,例如金属材料,其单个晶粒呈结晶各向异性,但当它们形成多晶聚集体的金属时,呈随机取向,因而在宏观上表现为各向同性。常用的工程材料如钢材、玻璃等都可认为是各向同性材料。如果材料沿各个方向具有不同的力学性能,则称为各向异性材料,比如木材、纤维织品、胶合板等。

（3）小变形假定。假定物体在外力作用下所产生的变形与物体本身的几何尺寸相比是很小的。根据这一假定,当考察变形固体的平衡问题时,一般可以略去变形的影响,因而可以直接应用工程静力学方法。

这些假定保留了材料力学计算所需的主要条件,忽略了次要因素,因此,使理论分析与公式推导得以简化,简化后的计算结果符合工程实际要求。

5.2　杆件变形形式及其分析方法

材料力学中的主要研究对象是杆件。所谓杆件,是指长度远大于其他两个方向尺寸的构件。杆件的几何特点可由横截面和轴线来描述。横截面是与杆长方向垂直的截面,而轴线是各截面形心的连线(图5-1)。将各截面相同且轴线为直线的杆,称为等截面直杆。

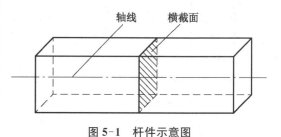

图5-1　杆件示意图

5.2.1　杆件变形的基本形式

杆件在不同形式的外力作用下,将发生不同形式的变形,杆件变形的基本形式有以下四种:

（1）轴向拉伸和压缩变形:在一对大小相等、方向相反、作用线与杆轴线相重合的外力作用下,杆件将沿纵向和横向伸长或缩短(图5-2(a),(b))。

（2）剪切变形:在一对相距很近、大小相等、方向相反的平行横向外力作用下,杆件的横截面将沿外力方向发生错动(图5-2(c))。

（3）扭转变形:在一对大小相等、方向相反、位于垂直于杆轴线的两平面内的力偶作用下,杆的任意两横截面将绕轴线发生相对转动(图5-2(d))。

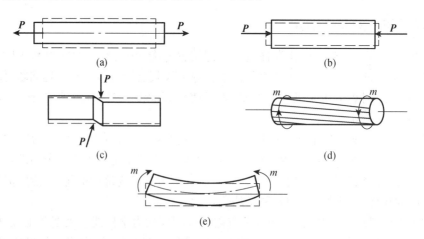

图5-2　杆件变形的基本形式

（4）弯曲变形：在一对大小相等、方向相反、位于杆的纵向平面内的力偶作用下，杆件的轴线由直线弯成曲线（图 5-2(e)）。

工程实际中的杆件，可能同时承受不同形式的外力而发生复杂的变形，但都可以看作是上述基本变形的组合。由两种或两种以上基本变形组成的复杂变形称为组合变形，多数工程构件产生的是组合变形，组合变形中的每一种变形都彼此独立，可以先将其分解为基本变形，再利用叠加原理进行分析。所以，后续章节的讨论顺序为先介绍各种基本变形的强度和刚度的计算方法，然后再介绍组合变形的计算方法。

5.2.2　杆件变形的分析方法

杆件在外力作用下，在其内部产生内力，不同截面几何形状的杆件，内力在杆件截面上的分布规律是不同的；不同性质的内力，在截面上的分布规律也不同；同样的内力，作用在不同截面或不同材料的杆件上其变形和破坏也不同。杆件承受荷载的能力与杆件的截面以及材料有关，对材料的强度计算主要是对应力进行计算，对杆件刚度的计算，实际上就是对杆件变形量的计算。

1. 内力和应力

杆件在外力作用下产生变形，从而杆件内部各部分之间产生相互作用力，这种由外力引起的杆件内部之间的相互作用力，称为内力。研究杆件内力常用的方法是截面法。截面法是假想地用一平面将杆件在需求内力的截面处截开，将杆件分为两部分（图 5-3(a)），取其中任一部分作为研究对象，此时，截面上的内力被显示出来，变成研究对象上的外力（图 5-3(b)）；再由平衡条件求出内力。

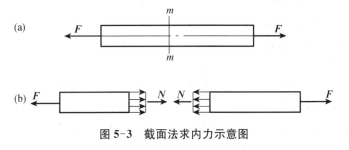

图 5-3　截面法求内力示意图

由于杆件是由均匀连续材料制成，所以内力连续分布在整个截面上。由截面法求得的内力是截面上分布内力的合内力。只知道合内力，还不能判断杆件是否会因强度不足而破坏。

例，如图 5-4 所示两根材料相同而截面不同的受拉杆，在相同的拉力 F 作用下，两杆横截面上的内力相同，但两杆的危险程度不同，显然细杆比粗杆危险，容易被拉断，因为细杆的内力分布密集程度比粗杆的大。因此，为了解决强度问题，还必须知道应力大小，即内力在横截面上分布的密集程度（简称集度）。

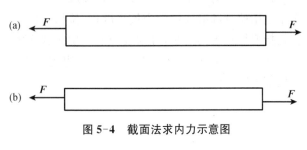

图 5-4　截面法求内力示意图

为了分析如图 5-5(a)所示截面上任意一点 E 处的应力，围绕 E 点取一微小面积 ΔA，作用在微小面积 ΔA 上的合内力记为 ΔP，则平均应力

$$p_{\mathrm{m}} = \frac{\Delta P}{\Delta A}$$

平均应力 p_{m} 不能精确地表示 E 点处的
内力分布集度,只有当 ΔA 无限趋近于零时,
平均应力 p_{m} 的极限值 p 才能表示 E 点处的
内力集度,即

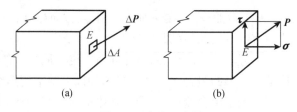

图 5-5　应力示意图

$$p = \lim_{\Delta A \to 0} \frac{\Delta P}{\Delta A} = \frac{\mathrm{d}P}{\mathrm{d}A}$$

式中,p 称为 E 点处的应力。

一般情况下,应力 p 的方向与截面既不垂直也不相切。通常将应力分解为与截面垂直的法向分量 σ 和与截面相切的切向分量 τ(图 5-5(b))。垂直于截面的应力分量 σ 称为正应力或法向应力;相切于截面的应力分量 τ 称为切应力或切向应力(剪应力)。

应力的单位为"Pa",常用单位是"MPa"或"GPa"。单位之间的换算关系如下:

$$1 \ \mathrm{Pa} = 1 \ \mathrm{N/m^2}$$
$$1 \ \mathrm{kPa} = 10^3 \ \mathrm{Pa}$$
$$1 \ \mathrm{MPa} = 10^6 \ \mathrm{Pa} = 1 \ \mathrm{N/mm^2}$$
$$1 \ \mathrm{GPa} = 10^9 \ \mathrm{Pa}$$

应力反映的是杆件内一点处受力的集中程度,而不是整个截面的受力情况,点在杆件内所处位置不同,应力特征也不相同,这可以反映出杆件的强度问题。比如,仅在某点处应力值超过了材料承受的极限时,杆件将从这一点开始发生破坏,产生裂纹,然后裂纹扩展至彻底断裂。所以,对材料的强度计算主要是对应力进行计算。

2. 变形和应变

物体受力后的变形,可以用其各部分的长度和角度的改变来描述。从物体内部来看,分析的位置不同,变形也会有所不同。例如,杆件变形时,观察杆件体内任意一些线段,有的线段伸长,有的缩短,有的保持直线,有的线段变弯等等,这说明,杆件变形时,各点发生了不同程度和不同方向的位移。根据小变形的基本假设,杆件实际发生的变形或因变形而引起的各种位移量一般是很微小的,因此分析变形的方法多采用单元体法。

杆件受外力作用后,其几何形状和尺寸一般都要发生改变,这种改变量称为变形。变形的大小是用位移和应变这两个量来度量。位移是指位置改变量的大小,分为线位移和角位移。应变是指变形程度的大小,分为线应变和切应变或角应变。

如图 5-6(a) 所示微小正六面体,棱边边长的改变量 Δu 称为线变形(图 5-6(b))。Δu 与 Δx 的比值 ε 称为线应变。

$$\varepsilon = \frac{\Delta u}{\Delta x}$$

上述微小正六面体的各边缩小为无穷小时,通常称为单元体。单元体中相互垂直棱边夹角的改变量 γ(图 5-6(c)),称为切应变或角应变(剪应变)。角应变用弧度来度量。

正应变 ε 和切应变 γ 都是无量纲量,是描述变形杆件内一点处变形的两个基本力学量,表

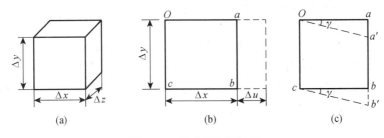

图 5-6 线应变和切应变

示局部变形;杆件的整体变形是杆件内所有点变形的累加。对于杆件承载能力的指标之一的刚度,反映的是杆件在受力后抵抗变形的能力,或者说,保证杆件受力后正常工作的条件之一是杆件的变形量不应超过工程上的允许范围。所以,对杆件刚度的计算,实际上就是对杆件变形量的计算。

3. 应力与应变之间的关系

如果单元体上仅有正应变,则表明单元体的两个相互平行的截面只发生相对平移,显然该单元体截面上只可能作用有正应力 σ;如果单元体上仅有切应变,则表明单元体的两个相互平行的截面无相对平移,只有相对错动,显然该单元体截面上只可能作用有切应力 τ。通过材料的力学性能实验可知,当应力不超过一定极限时,应力与其对应的应变成正比,即

$$E = \frac{\sigma}{\varepsilon}, \; G = \frac{\tau}{\gamma}$$

式中,比例常数 E, G 分别称为材料的拉(压)弹性模量和切变模量,它们的值由实验测定,反映出材料的不同力学性能。E, G 的基本单位为 Pa,常用单位为 GPa, $1\,\text{GPa} = 10^9\,\text{Pa}$。公式中的两个关系式分别称为拉(压)胡克定律和剪切胡克定律,也称为物理关系或本构关系。

5.3 平面图形的几何性质

在材料力学以及工程实际的计算中,经常要用到与截面有关的一些几何量,例如,轴向拉压杆的横截面面积 A、圆轴扭转时的抗扭截面系数 W_p 和极惯性矩 I_p 等都与构件的强度和刚度有关;在弯曲等其他问题的计算中,还将遇到平面图形的另外一些如形心、静矩、惯性矩、抗弯截面因数等几何量。这些与平面图形形状及尺寸有关的几何量统称为平面图形的几何性质。本章介绍杆件应力和变形计算中将出现的截面几何性质的概念与计算方法。

5.3.1 重心和形心

由实验可知,不论物体在空间的方位如何,物体重力的作用线始终是通过一个确定的点,这个点就是物体重力的作用点,称为物体的重心。重心的位置对于物体的平衡和运动都有很大关系。在工程上,设计挡土墙、重力坝等建筑物时,重心位置直接关系到建筑物的抗倾覆稳定性及其内部受力的分布,因此重心位置不能超过某一范围;机械的转动部分如偏心轮、混凝土振捣器、振动打桩机等应使其重心离转动轴有一定距离,以便利用其偏心产生的效果发挥预期作用;而一般的高速转动物体又必须使其重心尽可能不偏离转动轴,以免产生不良影响。所以如

何确定物体的重心位置,在实践中有着重要的意义。

1. 物体重心和形心的坐标公式

地球上的任何物体都受到地球引力的作用,这个力称为物体的重力。可将物体看作是由许多微小部分组成,每一微小部分都受到地球引力的作用,这些引力汇交于地球中心。但是,由于一般物体的尺寸远比地球的半径小得多,因此,这些引力近似地看成是空间平行力系,力系的合力就是物体的重力。

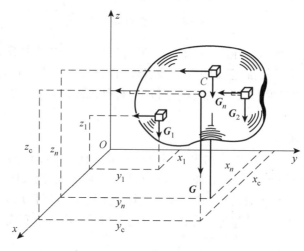

图 5-7　一般物体的重心

如图 5-7 所示,为确定物体重心的位置,将它分割成 n 个微小块,各微小块重力分别为 G_1,G_2,G_3,其作用点的坐标分别为 (x_1, y_1, z_1),(x_2, y_2, z_2),$\cdots$,(x_n, y_n, z_n),各微小块所受重力的合力 W 即为整个物体所受的重力 $G = \sum G_i$,其作用点的坐标为 $C(x_c, y_c, z_c)$。对 y 轴应用合力矩定理,有

$$G \cdot x_c = \sum G_i x_i$$

得

$$x_c = \frac{\sum G_i x_i}{G}$$

同理,对 x 轴取矩可得

$$y_c = \frac{\sum G_i y_i}{G}$$

将物体连同坐标转 $90°$ 而使坐标面 Oxz 成为水平面,再对 x 轴应用合力矩定理,可得

$$z_c = \frac{\sum G_i z_i}{G}$$

因此,一般物的重心坐标的公式为

$$x_c = \frac{\sum G_i x_i}{G}, \; y_c = \frac{\sum G_i y_i}{G}, \; z_c = \frac{\sum G_i z_i}{G} \qquad (5\text{-}1)$$

2. 均质物体重心和形心的坐标公式

对均质物体用 γ 表示单位体积的重力，体积为 V，则 $G = V\gamma$，微小体积为 V_i，微小体积重力 $G_i = V_i \cdot \gamma$，代入式(5-1)，得均质物体的重心坐标公式为

$$x_c = \frac{\sum V_i x_i}{V}, \; y_c = \frac{\sum V_i y_i}{V}, \; z_c = \frac{\sum V_i z_i}{V} \qquad (5\text{-}2)$$

由上式可知，均质物体的重心与重力无关，所以，均质物体的重心就是其几何中心，称为形心。对均质物体来说重心和形心是重合的。

3. 均质薄板的重心和形心坐标公式

对于均质等厚的薄平板，如图 5-8 所示取对称面积，将微体积 $V_i = \delta \cdot A_i$ 及 $V = \delta \cdot A$ 代入式(5-2)，得重心(形心) 坐标公式为

$$y_c = \frac{\sum A_i y_i}{A}, \; z_c = \frac{\sum A_i z_i}{A} \qquad (5\text{-}3)$$

因为每一微小部分的 X_i 为零，所以 $x_c = 0$。

由于均质薄板的重心坐标只与板的平面形状有关，而与板的厚度无关，故式(5-3)也是平面图形形心的坐标公式。

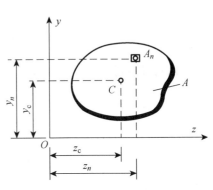

图 5-8　一般物体的重心

5.3.2　物体重心和形心的计算方法

根据物体的具体形状特征，可用不同的方法确定其重心及形心的位置。对于简单图形，可采用对称法，对于工程中有些形状比较复杂，但往往是由一些简单形体组合而成的物体，往往可以不经过积分运算，而用一些简单的方法求得重心和形心，常用的方法有分割法和负面积(或负体积)法。如果外形复杂的物体应用上述方法计算重心位置很困难，只能用实验的方法测定其重心位置，常用的实验方法有悬挂法和称重法两种。

1. 对称法

由重心公式不难证明，具有对称轴、对称面或对称中心的均质物体，其形心必定在其对称轴、对称面或对称中心上。因此，有一根对称轴的平面图形，其形心在对称轴上；具有两根或两根以上对称轴的平面图形，其形心在对称轴的交点上；有对称中心的物体，其形心在对称中心上，如图 5-9 所示。

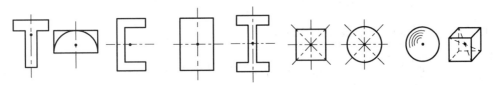

图 5-9　简单图形的重心和形心

2. 分割法

有些形状比较复杂的平面图形往往是由几个简单的平面图形组合而成的,每个简单的平面图形的形心位置可以根据对称性或查表确定,整个图像的形心坐标可以用重心或形心坐标公式求得,这种方法称为分割法。

3. 负面积(或负体积)法

如果图形可以看作是从一个简单(或有规则的)图形中挖去另一个简单(或有规则的)图形而成的,则可把挖去部分的面积(或体积)取为负值,仍然应用重心或形心坐标公式求得,这种方法称为负面积(或负体积)法。

例 5-1　已知工字钢截面尺寸如图 5-10 所示,求此截面的几何中心。

解:

$$S_1 = S_2 = 4\,000 \text{ mm}^2, \quad S_3 = 3\,000 \text{ mm}^2$$

$$x_1 = -10 \text{ mm}, \quad x_2 = 100 \text{ mm}, \quad x_3 = 210 \text{ mm}$$

由对称性可知,$y_c = 0$,因此

$$x_c = \frac{\sum S_i x_i}{\sum S_i} = 90 \text{ mm}$$

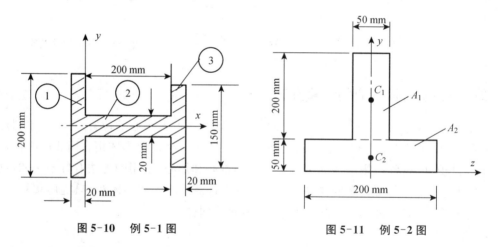

图 5-10　例 5-1 图　　　　　　　　图 5-11　例 5-2 图

例 5-2　试求如图 5-11 所示 T 形截面的形心坐标。

解:将平面图形分割为两个矩形,每个矩形的面积及形心坐标为

$$A_1 = 200 \times 50, \quad z_1 = 0, \quad y_1 = 150$$

$$A_2 = 200 \times 50, \quad z_2 = 0, \quad y_2 = 25$$

由式(5-3)可求得 T 形截面的形心坐标为

$$y_c = \frac{\sum A_i y_i}{A} = \frac{A_i y_i + A_2 y_2}{A_1 + A_2} = \frac{200 \times 50 \times 150 + 200 \times 50 \times 25}{200 \times 50 + 200 \times 50} = 87.5 \text{ mm}$$

$$z_c = 0$$

例5-3 试求图5-12所示阴影部分平面图形的形心坐标。

解： 将平面图形分割为两个圆，每个圆的面积及形心坐标为

$$A_1 = \pi \cdot R^2, \ z_1 = 0, \ y_1 = 0$$
$$A_2 = -\pi \cdot r^2, \ z_2 = R/2, \ y_2 = 0$$

由式(5-3)可求得阴影部分平面图形的形心坐标为

$$y_c = 0$$

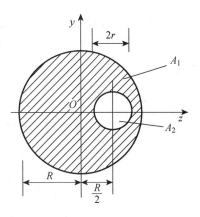

图 5-12　例 5-3 图

$$z_c = \frac{\sum A_i z_i}{A} = \frac{A_1 z_1 + A_2 z_2}{A_1 + A_2} = \frac{\pi \cdot R^2 \cdot 0 - \pi \cdot r^2 \cdot \dfrac{R}{2}}{\pi \cdot R^2 - \pi \cdot r^2}$$
$$= \frac{-r^2 R}{2(R^2 - r^2)}$$

5.3.3　极惯性矩(用于扭转强度计算)

圆平面上所有圆环微面积dA与其到圆心O点距离平方乘积的总和，称为该圆平面对圆心O点的极惯性矩，用I_p表示，即

$$I_p = \int_A \rho^2 \, dA \tag{5-4}$$

实心圆轴截面(图5-13)的极惯性矩为

$$I_p = \frac{\pi D^4}{32} \tag{5-5}$$

空心圆轴截面(图5-14)的极惯性矩为

$$I_p = \frac{\pi (D^4 - d^4)}{32} \tag{5-6}$$

式中，I_p的常用单位为m^4或mm^4。

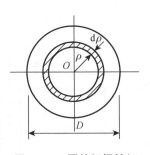

图 5-13　圆的极惯性矩

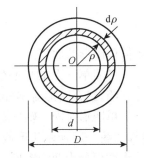

图 5-14　圆环极惯性矩

5.3.4　静矩(用于弯曲强度计算)

1. 静矩定义

任意平面图形上所有微面积dA与其到z轴(或y轴)距离乘积的总和，称为该平面图形对

z 轴（或 y 轴）的静矩，用 S_z（或 S_y）表示（图 5-15），即

$$\left. \begin{aligned} S_z = \int_A y\,\mathrm{d}A \\ S_y = \int_A z\,\mathrm{d}A \end{aligned} \right\} \tag{5-7}$$

由上式可知，静矩为代数量，它可为正，可为负，也可为零。常用单位为 m^3 或 mm^3。

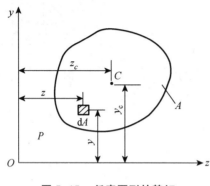

图 5-15　任意图形的静矩

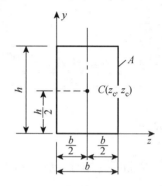

图 5-16　简单图形的静矩

2. 简单图形的静矩

简单平面图形的面积 A 与其形心坐标 y_c（或 z_c）的乘积，称为简单图形对 z 轴或 y 轴的静矩（图 5-16），即

$$\left. \begin{aligned} S_z = A \cdot y_c \\ S_y = A \cdot z_c \end{aligned} \right\} \tag{5-8}$$

当坐标轴通过截面图形的形心时，其静矩为零；反之，截面图形对某轴的静矩为零，则该轴一定通过截面图形的形心。

3. 组合平面图形静矩的计算

$$\left. \begin{aligned} S_z = \sum A_i \cdot y_{c_i} \\ S_y = \sum A_i \cdot z_{c_i} \end{aligned} \right\} \tag{5-9}$$

式中　A—— 各简单图形的面积。

y_{c_i}，z_{c_i}—— 各简单图形的形心坐标。式（5-8）表明，组合图形对某轴的静矩等于各简单图形对同一轴静矩的代数和。

例 5-4　计算如图 5-17 所示 T 形截面对 z 轴的静矩。

解：　将 T 形截面分为两个矩形，其面积分别为

$$A_1 = 50 \times 270 = 13.5 \times 10^3 \ \mathrm{mm}^3$$

$$A_2 = 300 \times 30 = 9 \times 10^3 \ \mathrm{mm}^3$$

$$y_{c_1} = 165 \ \mathrm{mm}, \quad y_{c_2} = 15 \ \mathrm{mm}$$

截面对 z 轴的静矩为

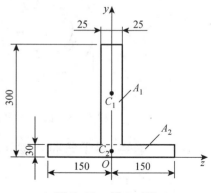

图 5-17　例 5-1 图

$$S_z = \sum A_i \cdot y_{c_i} = A_1 y_{c1} + A_2 \cdot y_{c2}$$
$$= 13.5 \times 10^3 \times 165 + 9 \times 10^3 \times 15$$
$$= 2.36 \times 10^6 \text{ mm}^3$$

5.3.4 惯性矩(用于弯曲强度计算)

1. 惯性矩定义

任意平面图形上所有微面积 dA 与其到 z 轴(或 y 轴)距离平方乘积的总和称为该平面图形对 z 轴(或 y 轴)的惯性矩(图5-18),用 I_z (或 I_y) 表示,即

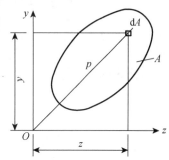

$$\left. \begin{aligned} I_z &= \int_A y^2 \, dA \\ I_y &= \int_A z^2 \, dA \end{aligned} \right\} \qquad (5\text{-}10)$$

上式表明,惯性矩恒大于零。常用单位为 m^4 或 mm^4。

图 5-18　任意图形的惯性矩

由公式(5-10)积分得简单图形对形心轴的惯性矩:

$$矩形 \quad I_z = \frac{bh^3}{12}; \ I_y = \frac{hb^3}{12}$$

$$圆形 \quad I_z = I_y = \frac{\pi D^4}{64}$$

$$环形 \quad I_z = I_y = \frac{\pi(D^4 - d^4)}{64}$$

型钢的惯性矩可直接由型钢表查得。

惯性矩与极惯性矩之间的关系:$I_p = I_y + I_z$。

2. 惯性矩的平行移轴公式

同一平面图形对不同坐标轴的惯性矩是不相同的,但它们之间存在着一定的关系。现给出如图 5-19 所示平面图形对两根相平行的坐标轴的惯性矩之间的关系。

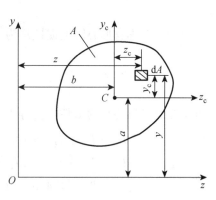

$$\left. \begin{aligned} I_z &= I_{z_c} + a^2 A \\ I_y &= I_{y_c} + b^2 A \end{aligned} \right\} \qquad (5\text{-}11)$$

式(5-11)称为惯性矩的平行移轴公式。它表明:平面图形对任一轴的惯性矩等于平面图形对与该轴平行的形心轴的惯性矩再加上其面积与两轴间距离平方的乘积。在所有平行轴中,平面图形对形心轴的惯性矩为最小。

图 5-19　平行移轴示意图

3. 组合截面惯性矩的计算

组合图形对某轴的惯性矩,等于组成组合图形的各简单图形对同一轴的惯性矩之和。

$$I_z = \sum (I_{z_{ci}} + a_i^2 A_i)$$

例 5-5　计算如图 5-20 所示 T 形截面对形心 z_c 轴的惯性矩 I_{z_c}。

解：（1）求截面相对底边的形心坐标

$$y_c = \frac{\sum A_i y_{ci}}{\sum A_i} = \frac{30 \times 170 \times 85 + 200 \times 30 \times 185}{30 \times 170 + 200 \times 30} = 139 \text{ mm}$$

（2）求截面对形心轴的惯性矩

$$I_{z_c} = \sum (I_{zi} + a_i^2 A_i) = \frac{30 \times 170^3}{12} + 30 \times 170 \times 54^2 + \frac{200 \times 30^3}{12} + 200 \times 30 \times 46^2 = 40.3 \times 10^6 \text{ mm}^4$$

例 5-6　计算图 5-21 所示由两根 20 号槽钢组成的截面对形心轴 z，y 两轴的惯性矩。

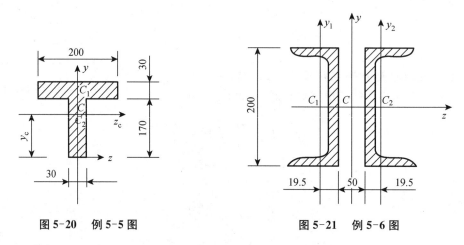

图 5-20　例 5-5 图　　　　　图 5-21　例 5-6 图

解：组合截面有两根对称轴，两对称轴的交点就是形心 C，由型钢表查得每根槽钢的形心 C_1 或 C_2 到腹板边缘的距离为 19.5 mm，每根槽钢截面积为

$$A_1 = A_2 = 3.283 \times 10^3 \text{ mm}^2$$

每根槽钢对本身形心轴的惯性矩为

$$I_{1z} = I_{2z} = 19.137 \times 10^6 \text{ mm}^4$$

$$I_{1y_1} = I_{2y_2} = 1.436 \times 10^6 \text{ mm}^4$$

整个截面对形心轴的惯性矩应等于两根槽钢对形心轴的惯性轴之和，故得

$$I_z = I_{1z} + I_{2z} = 19.137 \times 10^6 + 19.137 \times 10^6 = 38.3 \times 10^6 \text{ mm}^4$$

$$I_y = I_{1y} + I_{2y} = 2I_{1y} = 2(I_{1y} + a_2 \cdot A_1)$$

$$= 2 \times [1.436 \times 10^6 + (19.5 + 50/2)^2 \times 3.283 \times 10^3]$$

$$= 15.87 \times 10^6 \text{ mm}^4$$

5.3.5　惯性半径（用于压杆稳定的计算）

在工程中，为了计算方便，将图形的惯性矩表示为图形面积 A 与某一长度平方的乘积，即

$$I_z = I_z^2 A \atop I_y = I_y^2 A \Bigg\} \quad \text{或} \quad i_z = \sqrt{\frac{I_z}{A}} \atop i_y = \sqrt{\frac{I_y}{A}} \Bigg\} \qquad (5\text{-}12)$$

式中，i_z，i_y 称为平面图形对 z，y 轴的惯性半径，常用单位为 m 或 mm。

简单图形的惯性半径(图 5-22)：

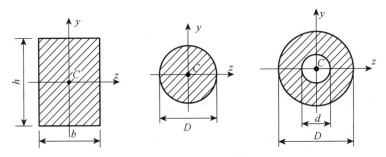

图 5-22　简单图形的惯性矩及惯性半径

矩形

$$i_z = \sqrt{\frac{I_z}{A}} = \sqrt{\frac{\dfrac{bh^3}{12}}{bh}} = \frac{h}{\sqrt{12}}$$

$$i_y = \sqrt{\frac{I_y}{A}} = \sqrt{\frac{\dfrac{b^3 h}{12}}{bh}} = \frac{b}{\sqrt{12}}$$

圆形

$$i = \sqrt{\frac{\dfrac{\pi D^4}{64}}{\dfrac{\pi D^2}{4}}} = \frac{d}{4}$$

5.3.6　惯性积

任意平面图形上所有微面积 $\mathrm{d}A$ 与其到 z，y 两轴距离的乘积的总和称为该平面图形对 z，y 两轴的惯性积(图 5-18)，用 I_{zy} 表示，即

$$I_{zy} = \int_A zy\,\mathrm{d}A \qquad (5\text{-}13)$$

惯性积可为正，可为负，也可为零。常用单位为 m^4 或 mm^4。可以证明，在两正交坐标轴中，只要 z，y 轴之一为平面图形的对称轴，则平面图形对 z，y 轴的惯性积就一定等于零。

若截面对某坐标轴的惯性积 $I_{z_o y_o} = O$，则这对坐标轴 z_o，y_o 称为截面的主惯性轴，简称主轴。截面对主轴的惯性矩称为主惯性矩，简称主惯矩。通过形心的主惯性轴称为形心主惯性轴，简称形心主轴。截面对形心主轴的惯性矩称为形心主惯性矩，简称为形心主惯矩。

凡通过截面形心,且包含有一根对称轴的一对相互垂直的坐标轴一定是形心主轴。

思考题与习题

5-1 区别以下概念:弹性变形、塑性变形;内力、应力;变形、应变。

5-2 材料力学中,构件的承载能力要从哪几方面来衡量?

5-3 材料力学的是如何对变形固体的研究进行假定的?

5-4 应力与应变有何种关系?

5-5 杆件的基本变形形式有哪几种?

5-6 物理学中的压强指的是材料力学中的哪个概念?

5-7 何谓重心、形心?它们之间有何关系?

5-8 静矩和形心有何关系?

5-9 静矩、惯性矩是怎样定义的?它们的量纲是什么?为什么它们的值有的恒为正?有的可正、可负,还可为零?

5-10 如图 5-23 所示,矩形截面 m — m 以上部分对形心轴 z 和 m — m 以下部分对形心轴 z 的静矩有何关系?

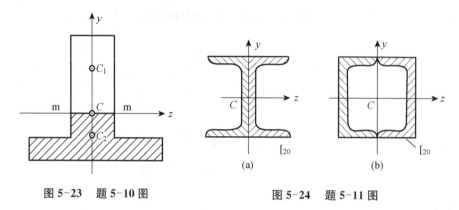

图 5-23   题 5-10 图   图 5-24   题 5-11 图

5-11 如图 5-24 所示,两个由 20 号槽钢组合成的两种截面,试比较它们对形心轴的惯性矩 I_z,I_y 的大小,并说明原因。

5-12 试求如图 5-25 所示平面图形的形心坐标及其对形心轴的惯性矩。

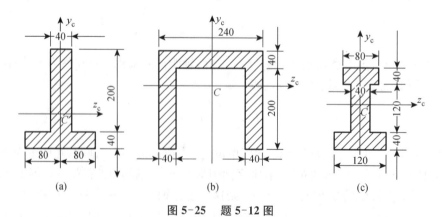

图 5-25   题 5-12 图

5-13 如图 5-26 所示,要使两个 10 号工字钢组成的组合截面对两个形心主轴的惯性矩相等,距离 a 应为多少?

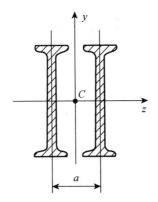

图 5-26　题 5-13 图

习题参考答案

5-1—5-11　略。

5-12　(a) 距底边 $y_c = 86.7$ mm，$I_{z_c} = 78.72 \times 10^6$ mm^4，$I_{y_c} = 14.72 \times 10^6$ mm^4

　　　　(b) 距底边 $y_c = 145$ mm，$I_{z_c} = 141.01 \times 10^6$ mm^4，$I_{y_c} = 208.21 \times 10^6$ mm^4

　　　　(c) 距底边 $y_c = 90$ mm，$I_{z_c} = 56.75 \times 10^6$ mm^4，$I_{y_c} = 8.11 \times 10^6$ mm^4

5-13　$a = 77$ mm

轴向拉伸与压缩变形

学习目标与要求

❖ 了解轴向拉伸与压缩变形的概念。

❖ 能够用截面法计算杆件轴向拉伸与压缩时的内力(轴力)及绘制轴力图。

❖ 能够计算杆件轴向拉伸与压缩时横截面上的应力。

❖ 掌握拉压杆的变形,并能用胡克定律求解杆件的变形。

❖ 熟悉材料在拉伸和压缩时的力学性能。

❖ 能够计算杆件轴向拉伸与压缩时的强度。

❖ 了解轴向拉压杆件的超静定问题。

工程中有很多承受拉伸和压缩的构件,例如,内燃机燃气爆发冲程中的连杆(图 6-1(a))在房屋建筑工程中的砖柱(图 6-1(b)),起重架中的杆 AC 和 BC(图 6-1(c)) 等,这些构件的外形虽然不同,加载方式各异,但它们有一个共同的特点是:作用在杆件上的外力或外力合力的作用线与杆件的轴线重合,杆件沿着轴向方向伸长或压缩,这种变形形式称为轴向拉伸或压缩变形。

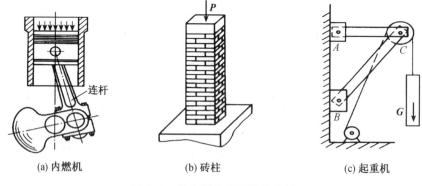

(a) 内燃机   (b) 砖柱   (c) 起重机

图 6-1 轴向拉伸或压缩的实例

发生轴向拉伸和压缩变形的杆件称为拉压杆,若把这些拉压杆件的形状和受力情况进行简化,都可以简化成如图 6-2 所示的受力图。图中用实线表示受力前的情况,虚线表示受力后的情况。

在研究杆件基本变形的应力与强度、变形与刚度之前,有必要先分析杆件的内力。

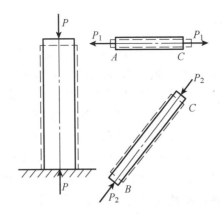

图 6-2   拉压杆件的受力图

6.1   轴向拉压杆的内力

杆件在外力作用下产生变形,从而杆件内部各部分之间就产生相互作用力,这种由外力引起的杆件内部之间的相互作用力,称为内力。截面法是求内力的基本方法,它不但在本节中用于求轴向拉(压)杆的内力,而且将在以后各章中用于求其他各种变形时杆件的内力。

6.1.1   轴向拉压杆横截面上的内力

通过如图 6-3(a) 所示的轴向压杆求横截面的内力,阐明截面法。

(1) 截开:沿欲求内力的横截面,假想地把杆件截开分为两部分,任取一部分为脱离体作为研究对象,而弃去另一部分,如图 6-3(b) 或图 6-3(c) 所示。

(2) 代替:在脱离体的截开面上加上内力,代替另外一部分的存在,使研究对象和未截开之前一样处于平衡状态。这里,杆件左右两段在横截面上相互作用的内力是一个分布力系,其合力为 N。因为外力的作用线与杆件轴线重合,由脱离体的平衡条件可知,轴向拉(压)杆横截面的内力合力作用线也必然与杆件的轴线重合,称为轴力。习惯上,把拉伸时的轴力规定为正,压缩时的轴力规定为负。我们在求轴力的时候,通常把轴力假设成拉力,即假设轴力的箭头背离所截开的截面。

(3) 平衡:建立所取研究对象的平衡方程,并解出内力,即轴力 N。由图 6-3(b) 的平衡条件有

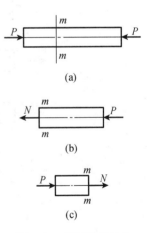

图 6-3   截面法求轴力

$$\sum F_x = 0, \; -N - P = 0$$

得

$$N = -P(压)$$

6.1.2 轴向拉压杆的轴力图

若沿杆件轴线作用的外力多于两个,则在杆件各部分的横截面上轴力不尽相同。逐次地运用截面法,可求得杆件上所有横截面上的轴力。以与杆件轴线平行的横坐标轴 z 表示各横截面位置,以纵坐标 N 轴表示轴力值,这样作出的图形称为轴力图,即 N 图。轴力图清楚、完整地表示出杆件各横截面上的轴力,它是进行应力、变形、强度、刚度等计算的依据。

例 6-1 轴向拉压杆如图 6-4(a) 所示,求作轴力图(不计杆的自重)。

解: 由该杆的受力特点,可知它的变形是轴向拉压,其内力是轴力 N。为避免求支座反力,取含自由端的一段脱离体较好,用截面法求内力。取各截面左侧脱离体作为研究对象,其受力如图 6-4(b) 所示,由各脱离体的平衡条件求得各段杆中的轴力。

AB 段:由 $\sum F_x = 0$, $N_1 - 1 = 0$ 得: $N_1 = 1 \text{ kN}$(拉)

BC 段:由 $\sum F_x = 0$, $N_2 - 4 - 1 = 0$ 得: $N_2 = 5 \text{ kN}$(拉)

CD 段:由 $\sum F_x = 0$, $N_3 + 6 - 4 - 1 = 0$ 得: $N_3 = -1 \text{ kN}$(压)

DE 段:由 $\sum F_x = 0$, $N_4 - 2 + 6 - 4 - 1 = 0$ 得: $N_4 = 1 \text{ kN}$(拉)

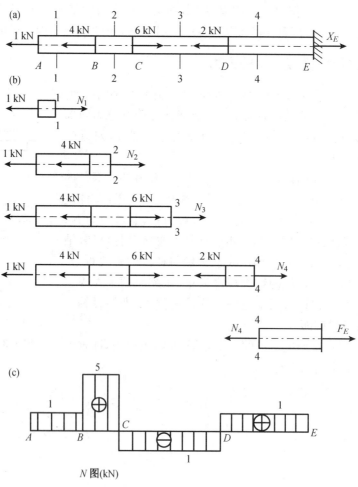

图 6-4 例 6-1 图

如果已求得右端支座反力,也可以取含支座端一段脱离体求解。例如求 DE 段中的 N_4,如图 6-4(b) 所示。

由 $\sum F_x = 0, -N_4 + F_E = 0$ 得: $N_4 = F_E = 1$ kN(拉)

根据各段杆的轴力 N 值作轴力图,如图 6-4(c) 所示。

轴力图一般都应与受力图对正。对 N 图而言,当杆水平放置或倾斜放置时,正值应画在与杆件轴线平行的横坐标轴的上方或斜上方,而负值则画在下方或斜下方,并必须标出符号＋或－,如图 6-4(c) 所示。当杆件竖直放置时,正负值可分别画在左右两侧,并标出＋或－号。内力图上必须标全横截面的内力值及其单位,还应适当地画出一些纵坐标线,纵坐标线必须垂直于横坐标轴。内力图旁应标明为何种内力图,即图名。当熟练时,各脱离体图可不画出,而直接由截面一侧外力求出轴力;横坐标轴 x 和纵坐标轴 N 可以省略不画。

画轴力图技巧:自左向右,左＋右－。

例6-2　竖柱 AB 如图 6-5(a) 所示,其横截面为正方形,边长为 a,柱高 h,材料的重度为 γ,柱顶受荷载 P 作用。求作柱的轴力图。

解: 由受力特点确定该柱子属于轴向拉压杆,其内力是轴力 N。

由于考虑柱子的自重荷载,以竖向的 x 坐标表示横截面位置,则该柱各横截面的轴力是 x 的函数。对任意 x 截面取上段为研究对象,脱离体如图 6-5(b) 所示。图中 $N_{(x)}$ 是任意 x 截面的轴力,$G = \gamma a^2 x$ 是该段脱离体的自重。

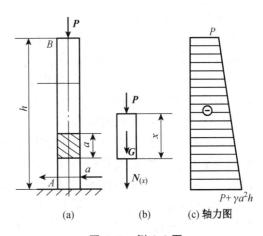

图 6-5　例 6-2 图

由

$$\sum F_x = 0, \quad N_{(x)} + P + G = 0$$

得

$$N_{(x)} = -P - \gamma a^2 x (0 < x < h)$$

上式称为该柱的轴力方程。该轴力方程是 x 的一次方程,故只需求得两点连成直线,即得 N 图,如图 6-5(c) 所示。

当 $x \to 0$ 时,得 B 下邻截面的轴力

$$N_{BA} = -P$$

当 $x \to h$ 时,得 A 上邻截面的轴力

$$N_{BA} = -P - \gamma a^2 x$$

式中角标符号的意义:第一个角标表示所求内力截面位置,第二个角标表示该截面所属杆的另外一端。

6.2   轴向拉压杆的应力

由于杆件是由均匀连续材料制成,所以内力连续分布在整个截面上。由截面法求得的内力是截面上分布内力的合内力。只知道合内力,还不能判断杆件是否会因强度不足而破坏。两根材料相同而截面不同的受拉杆,在相同的拉力作用下,两杆截面上的内力相同,但两杆的危险程度不同,显然细杆比粗杆危险,容易被拉断,因为细杆的内力分布密集程度比粗杆大。因此,为了解决强度问题,还必须知道内力在横截面上分布的密集程度(简称集度)。内力在一点处的分布集度,称为应力。

6.2.1   横截面上的应力

在拉(压)杆的横截面上,与轴力 N 对应的应力是正应力 σ。由我们研究的材料是均匀连续的假设可知,横截面上每一点都存在着内力。但还不知道 σ 在横截面上的分布规律,这就必须从研究杆件的变形入手,以确定应力的分布规律。

在拉伸变形前,在等直杆的侧面上画上垂直于杆轴的直线 ab 和 cd,如图 6-6(a) 所示。拉伸变形后,发现 ab 和 cd 仍为直线,且仍然垂直轴线,只是分别平行地移至 $a'b'$ 和 $c'd'$。根据这一现象,提出如下的假设:变形前原为平面的横截面,变形后仍保持为平面,这就是平面假设。由这一假设可以推断,拉杆所有纵向纤维的伸长相等,又因我们研究的材料是均匀的,各纵向纤维的性质相同,因而其受力也一样,所以杆件横截面上的内力是均匀分布的,即在横截面上各点处的正应力都相等。于是得出:

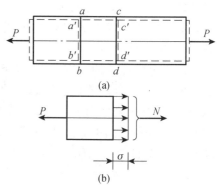

图 6-6   轴向拉压杆应力分布图

$$\sigma = \frac{N}{A} \qquad (6\text{-}1)$$

式(6-1)就是拉杆横截面上正应力 σ 的计算公式,式中 A 为横截面面积。当轴力为压力时,它同样可用于压应力计算。正应力 σ 和轴力 N 的符号规定一样,规定拉应力为正,压应力为负。

使用公式(6-1)时,要求外力的合力作用线必须与杆件轴线重合。此外,因为集中力作用点附近应力分布比较复杂,所以它不适用于集中力作用点附近的区域。

在某些情况下,杆件横截面沿轴线而变化,如图 6-7 所示。当这类杆件受到拉力或压力作用时,如外力作用线与杆件的轴线重合,且截面尺寸沿轴线的变化缓慢,则横截面上的应力仍可近似地用公式(6-1)计算。这时横截面面积不再是常量,而是轴线坐标 x 的函数。若以 $A_{(x)}$ 表示坐标为 x 的横截面的面积,$N_{(x)}$ 和 $\sigma_{(x)}$ 分别表示横截面上的轴力和应力,由公式(6-1)得

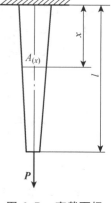

图 6-7   变截面杆

$$\sigma_{(x)} = \frac{N(x)}{A(x)}$$

例 6-3 如图 6-8 所示,图(a)为一悬臂吊车的简图,斜杆 AB 为直径 $d = 20$ mm 的钢杆,荷载 $Q = 15$ kN。当 Q 移到点 A 时,求斜杆 AB 横截面上的应力。

解: 由三角形 ABC 求出

$$\sin \alpha = \frac{BC}{AB} = \frac{0.8}{\sqrt{0.8^2 + 1.9^2}} = 0.388$$

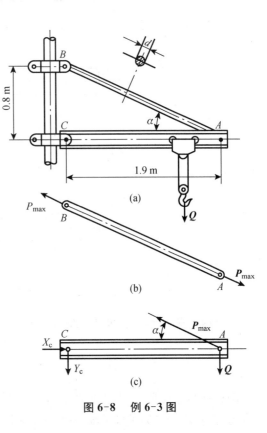

当荷载 Q 移到 A 点时,斜杆 AB 受到的拉力最大,设其值为 P_{max},根据横梁的平衡条件

$$\sum M_C = 0$$
$$P_{max} \sin \alpha \cdot AC - Q \cdot AC = 0$$

得

$$P_{max} = \frac{Q}{\sin \alpha}$$

将已知数值代入 P_{max} 的表达式,得

$$P_{max} = \frac{Q}{\sin \alpha} = \frac{15}{0.388} = 38.7 \text{ kN}$$

图 6-8 例 6-3 图

斜杆 AB 的轴力为 $N = P_{max} = 38.7$ kN
由此求得 AB 杆横截面上的应力为

$$\sigma = \frac{N}{A} = \frac{38.7 \times 10^3}{\frac{\pi}{4} \times 20^2} = 123 \text{ MPa}$$

6.2.2 斜截面上的应力

前面讨论了直杆在轴向拉伸或压缩时横截面上正应力的计算,今后将用这一应力作为强度计算的依据。但对不同材料的实验表明,拉(压)杆破坏并不都是沿横截面发生,有时是沿斜截面发生的。为了更全面研究拉(压)杆的强度,有必要讨论斜截面上的应力。

如图 6-9(a)所示,设直杆的轴向拉力为 P,横截面面积为 A,由公式 $\sigma = \dfrac{N}{A}$ 得横截面上正应力 σ 为

$$\sigma = \frac{N}{A} = \frac{P}{A}$$

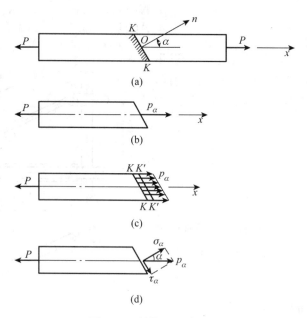

图 6-9　斜截面上的应力

设与横截面成 α 角的斜截面 $K—K$ 的面积为 A_α，A_α 与 A 之间的关系应为

$$A_\alpha = \frac{A}{\cos \alpha}$$

如图 6-9(b)，(c) 所示，若沿斜截面 $K—K$ 假想地把杆件分成两部分，以 p_α 表示斜截面上 $K—K$ 内力，由左段的平衡条件可知 $p_\alpha = P$，根据证明横截面上正应力均匀分布的方法，也可得出斜截面上应力均匀分布的结论。若以 P 表示斜截面 $K—K$ 上的应力，于是有

$$p_\alpha = \frac{p_\alpha}{A_\alpha} = \frac{P}{A_\alpha}$$

把 $A_\alpha = \dfrac{A}{\cos \alpha}$，$\sigma = \dfrac{P}{A}$ 代入上式，得 $p_\alpha = \dfrac{P}{A}\cos \alpha = \sigma \cos \alpha$。

如图 6-9(d) 所示，把应力分解成垂直于斜截面的正应力 σ_α 和相切于斜截面的切应力 τ_α，

$$\sigma_\alpha = p_\alpha \cos \alpha = \sigma \cos^2 \alpha \tag{6-2}$$

$$\tau_\alpha = p_\alpha \sin \alpha = \sigma \cos \alpha \sin \alpha = \frac{\sigma}{2}\sin 2\alpha \tag{6-3}$$

从以上公式看出，σ_α 和 τ_α 都是 α 的函数，所以斜截面的方位不同，截面上的应力也就不同。当 $\alpha = 0$ 时，斜截面 $K—K$ 成为垂直于轴线的横截面，σ_α 达到最大值，且当 $\alpha = 45°$ 时，τ_α 达到最大值，且 $\tau_{\alpha max} = \dfrac{\sigma}{2}$ 可见，轴向拉伸(压缩)时，在杆件的横截面上，正应力为最大值；在与杆件轴线成 $45°$ 的斜截面上。切应力为最大值，且最大切应力在数值上等于最大正应力的一半。此外，当 $\alpha = 90°$ 时，$\sigma_\alpha = \tau_\alpha = 0$，这表示在平行于杆件轴线的纵向截面上无任何应力。

6.3　轴向拉压杆的变形

当杆件被轴向拉伸时,其纵向尺寸增大,而横向尺寸缩小,反之,当杆件被轴向压缩时,其纵向尺寸减小,而横向尺寸增大。

6.3.1　轴向拉压杆的变形

1. 绝对变形

绝对变形是杆件总尺寸的总变形改变量。杆件变形前后在轴线方向的绝对变形量称为"纵向绝对变形",用 Δl 表示,杆件变形前后在垂直于轴线方向的绝对变形量称为"横向绝对变形"用 Δb 表示,如图6-10所示,设正方形截面等直杆的原长为 l,横截面面积为 A。在轴向拉力 P 作用下,长度由 l 变为 l_1,宽度由 b 变为 b_1,则有 $\Delta l = l_1 - l$, $\Delta b = b_1 - b$。

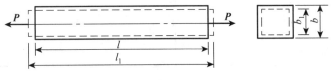

图 6-10　轴向拉杆的变形

在同样大小的外力作用下,不同长度和直径(宽度)的杆件,其绝对变形量是不一样的,相反,在不同大小的外力作用下,相同长度和直接(宽度)的杆件,其绝对变形量也可能相同,也就是说绝对变形量不能准确地反应杆件的变形程度,这就必须要引入相对变形的概念。

2. 相对变形

因为绝对变形与杆件的原始尺寸有关,为消除原始尺寸的影响,以单位长度的绝对变形量来衡量杆件的变形程度,这种变形称为相对变形或线应变。简而言之,相对变形就是杆件在单位长度的变形量。杆件在轴线方向的相对变形称为纵向相对变形或纵向线应变,用 ε 表示,即

$$\varepsilon = \frac{\Delta l}{l} \tag{6-4a}$$

又可把上式写成

$$\Delta l = \varepsilon \cdot l \tag{6-4b}$$

若纵向线应变 ε 为已知,则可以由上式求得轴向拉压杆的纵向变形 Δl。由此可见,杆件的变形,是杆件各截面应变的总和。同时杆件的变形,是由杆件上点或面的位移来描述的,例如轴向拉压杆,其纵向变形 Δl 就是两端面(形心)之间的相对位移。杆件在垂直于轴线方向的相对变形称为横向相对变形或横向线应变,用 ε' 表示,即

$$\varepsilon' = \frac{\Delta b}{b} \tag{6-5}$$

ε 和 ε' 只是个比值,无单位。当杆件纵向伸长时,横向总要缩短,反之,横向伸长时,纵向总要缩短,可见,ε 和 ε' 的正负号总是相反,实验证明,对于同一种材料,在弹性范围内,其横向线应变

与纵向线应变之比的绝对值为一常数,即

$$\nu = \left| \frac{\varepsilon'}{\varepsilon} \right| \tag{6-6}$$

$$\varepsilon' = -\nu \cdot \varepsilon \tag{6-7}$$

ν 称为横向变形系数或泊松比,ν 是一个与材料性质有关的弹性系数,无量纲的量,一般钢材的 ν 值在 $0.25 \sim 0.33$ 之间。表 6-1 中列出了几种常用材料的 E 和 ν 的值。

表 6-1   几种常用材料的 E 和 ν 的值

材料名称	E/GPa	ν	材料名称	E/GPa	ν
钢	$200 \sim 220$	$0.24 \sim 0.30$	铝合金	$70 \sim 72$	$0.26 \sim 0.33$
合金钢	$186 \sim 206$	$0.25 \sim 0.30$	木　材	$8 \sim 12$	
灰铸铁	$78.5 \sim 157$	$0.23 \sim 0.27$	混凝土	$15 \sim 36$	$0.16 \sim 0.18$
铜及其合金	$72.6 \sim 128$	$0.31 \sim 0.42$			

6.3.2　拉压胡克定律

实验表明:受轴向拉伸或压缩的杆件,当正应力未超过一定限度时,其纵向绝对变形量 Δl 与轴力 N 和杆长 l 成正比,与杆件的横截面面积 A 成反比,即

$$\Delta l \propto \frac{Nl}{A}$$

另外,纵向绝对变形量还与被拉(压)杆件的材料性质有关,故引入比例系数 E,则

$$\Delta l = \frac{Nl}{EA} \tag{6-8}$$

式(6-8)称为胡克定律,比例系数 E 称为材料的弹性模量,E 的值随材料而不同而变化,对于同一种材料,E 是一个常数,它具有和应力相同的单位,常用单位是 MPa 或 GPa。几种常用材料的 E 和 ν 值已列入表 6-1 中。

从式(6-8)看出,对长度相同,受力相等的杆件,EA 越大,则变形越小,EA 称为杆件的抗拉(或抗压)刚度。

将 $\varepsilon = \dfrac{\Delta l}{l}$ 和 $\sigma = \dfrac{N}{A}$ 代入公式(6-8)中,可得

$$\sigma = E \cdot \varepsilon \tag{6-9}$$

式(6-9)称为材料的单向拉压胡克定律,也是胡克定律的另一表达式,可叙述为:当应力不超过材料的比例极限时,应力与应变成正比。

以上结果同样可以用于轴向压缩的情况,只要把轴向拉力改为压力,把伸长改为缩短就可以了。

当横截面尺寸或轴力沿杆件轴线变化,而并非常量时,上述计算变形的方法应稍作变化。在变截面的情况下,设截面尺寸沿轴线的变化是平缓的,且外力作用线与轴线重合,如图 6-11 所示。这时如以相邻横截面从杆中取出长度为 $\mathrm{d}x$ 的微段,并以 $A(x)$ 和 $N(x)$ 分别表示横截面面积和横截面上的轴力,把公式 $\Delta l = \dfrac{Nl}{EA}$ 应用于这一微段,求得微段的伸长为

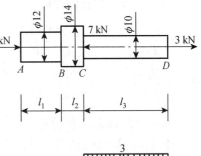

图 6-11 多截面杆的变形

$$\mathrm{d}(\Delta l) = \frac{N(x)\mathrm{d}x}{EA(x)} \qquad (a)$$

将式(a)积分,得杆件的伸长为

$$\Delta l = \int_l \frac{N(x)\mathrm{d}x}{EA(x)} \qquad (b)$$

在等截面杆的情况下,当轴力不是常量时,也应按上述方式计算变形。

例 6-4 如图 6-12 所示,阶梯杆受轴向荷载。杆件材料的抗拉、抗压性能相同。$l_1 = 100$ mm, $l_2 = 50$ mm, $l_3 = 200$ mm;材料的 $E = 2 \times 10^5$ MPa, $\nu = 0.3$。求:(1) 各段杆的纵向线应变;(2) 全杆的纵向变形;(3) 各段杆直径的变形。

解:(1) 各段的纵向线应变。

AB,BC,CD 三段杆的内力分别为

$$N_{AB} = N_{BC} = -4 \text{ kN}$$
$$N_{CD} = 3 \text{ kN}$$

AB,BC,CD 三段杆横截面上的应力分别为

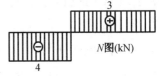

图 6-12 例 6-4 图

$$\sigma_{AB} = \frac{4N_{AB}}{\pi \cdot 12^2} = \frac{4 \times (-4) \times 10^3}{\pi \cdot 12^2} = -35.4 \text{ MPa}$$

$$\sigma_{BC} = \frac{4N_{BC}}{\pi \cdot 14^2} = \frac{4 \times (-4) \times 10^3}{\pi \cdot 14^2} = -26.0 \text{ MPa}$$

$$\sigma_{CD} = \frac{4N_{CD}}{\pi \cdot 10^2} = \frac{4 \times 3 \times 10^3}{\pi \cdot 10^2} = 38.2 \text{ MPa}$$

则得 AB,BC,CD 三段杆的纵向线应变为

$$\varepsilon_{AB} = \frac{\sigma_{AB}}{E} = \frac{-35.4}{2 \times 10^5} = -1.77 \times 10^{-4}$$

$$\varepsilon_{BC} = \frac{\sigma_{BC}}{E} = \frac{-26.0}{2 \times 10^5} = -1.3 \times 10^{-4}$$

$$\varepsilon_{CD} = \frac{\sigma_{CD}}{E} = \frac{38.2}{2 \times 10^5} = 1.91 \times 10^{-4}$$

（2）杆的纵向变形。

$$
\begin{aligned}
\Delta l &= \varepsilon_{AB} \cdot l_1 + \varepsilon_{BC} \cdot l_2 + \varepsilon_{CD} \cdot l_3 \\
&= -1.77 \times 10^{-4} \times 100 - 1.3 \times 10^{-4} \times 50 + 1.91 \times 10^{-4} \times 200 \\
&= 1.4 \times 10^{-2} \text{ mm}
\end{aligned}
$$

（3）各段直径的变形。

$$\Delta d_{AB} = \varepsilon'_{AB} \cdot d_{AB} = -\nu \cdot \varepsilon_{AB} \cdot d_{AB} = -0.3 \times (-1.77 \times 10^{-4}) \times 12 = 6.37 \times 10^{-4} \text{ mm}$$

$$\Delta d_{BC} = \varepsilon'_{BC} \cdot d_{BC} = -\nu \cdot \varepsilon_{BC} \cdot d_{BC} = -0.3 \times (-1.3 \times 10^{-4}) \times 14 = 5.46 \times 10^{-4} \text{ mm}$$

$$\Delta d_{CD} = \varepsilon'_{CD} \cdot d_{CD} = -\nu \cdot \varepsilon_{CD} \cdot d_{CD} = -0.3 \times 1.91 \times 10^{-4} \times 10 = -5.73 \times 10^{-4} \text{ mm}$$

例 6-5   如图 6-13(a) 所示为正方形截面砖柱，上段柱边长为 240 mm，下段边长为 370 mm，$F = 40$ kN，不计自重，材料的弹性模量 $E = 0.03 \times 10^5$ MPa，求砖柱顶面 A 的位移。

解：（1）用截面法求各段柱的轴力，并画轴力图，如图 6-13(b) 所示。

（2）计算各段柱的变形。

$$\Delta l_{AB} = \frac{N_{AB} l_{AB}}{EA_{AB}} = \frac{(-40 \times 10^3) \times 3 \times 10^3}{0.03 \times 10^5 \times 240^2} = -0.69 \text{ mm}$$

$$\Delta l_{BC} = \frac{N_{BC} l_{BC}}{EA_{BC}} = \frac{(-120 \times 10^2) \times 4 \times 10^3}{0.03 \times 10^5 \times 370^2} = -1.17 \text{ mm}$$

（3）求柱顶面 A 的位移。

柱顶面 A 的位移等于上、下各段柱的变形之和，即

$$\Delta l_{AB} + \Delta l_{BC} = -0.69 - 1.17 \text{ mm} = -1.86 (\text{下})$$

例 6-6   如图 6-14(a) 所示等截面直杆，已知其原长 l，横截面积 A，材料的重度 γ，弹性模量 E，受杆件自重和下端处集中力 P 作用。求该杆下端面的竖向位移 Δ_{By}。

解：取脱离体如图 6-14(b) 所示，求得内力为

$$N(x) = P + G = P + \gamma \cdot A \cdot x$$

在 x 截面处取微段 dx，如图 6-14(c) 所示。由于是微段，所以可以略去两端内力的微小差值，则微段的变形

$$d\Delta l = \frac{N_{(x)} dx}{EA}$$

积分得全杆的变形 Δl 就是 B 端竖向位移 Δ_{By}，即

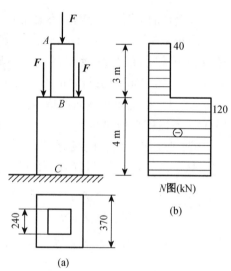

图 6-13   例 6-5 图

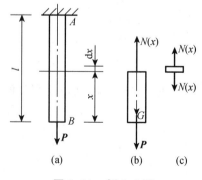

图 6-14   例 6-6 图

$$\Delta_{By} = \Delta l = \int_0^l \frac{N(x)\mathrm{d}x}{EA} = \int_0^l \frac{P + r \cdot A \cdot x}{EA}\mathrm{d}x = \frac{Pl}{EA} + \frac{r \cdot l^2}{2EA}$$

6.4　材料在拉伸和压缩时的力学性能

材料的力学性能主要是指材料在外力作用下,在强度和变形方面表现出来的性能。分析杆件的强度时,除计算杆件在外力作用下的应力外,还应了解材料的力学性能。材料的力学性能主要是依靠试验测定的方法,由国家规定的试验标准,对试件的形状、加工精度、试验条件等都有具体规定,本节只讨论在常温、静载条件下材料的力学性能。由于材料品种很多,我们主要以低碳钢和铸铁为代表,用来说明材料在拉伸和压缩时的力学性能。

6.4.1　材料拉伸时的力学性能

在室温下,以缓慢平稳加载的方式进行的拉伸试验,称为常温、静载拉伸试验,它是确定材料的力学性能的基本试验。拉伸试件的形状如图 6-15 所示,中间为较细的等直杆段,两端加粗。在中间等直杆段取长为 l 的一段作为工作段,l 称为标距。为了便于比较不同材料的试验结果,应将试件加工成标准尺寸。对圆截面试件,标距 l 与横截面直径 d 有两种比例,$l = 10d$ 和 $l = 5d$。对矩形截面试件,标距 l 与横截面面积 A 之间的关系规定为 $l = 11.3\sqrt{A}$ 和 $l = 5.65\sqrt{A}$,试验时使试件受轴向拉伸,观察试件从开始受力直到拉断的全过程,了解试件受力与变形之间的关系,以测定材料力学性能的各项指标。

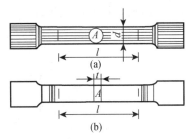

图 6-15　拉伸试件

1. 低碳钢在拉伸时的力学性能

低碳钢一般是指含碳量在 0.3% 以下的碳素钢。在拉伸试验中,低碳钢表现出来的机械性能最为典型,而且也是工程中使用较广的钢材。

试件装上试验机后,缓缓加载,试验机的示力盘上指出一系列拉力 P 的数值,对应着每一个拉力 P,同时又可测出试件标距 l 的伸长量 Δl。以纵坐标表示拉力 P,横坐标表示伸长量 Δl,根据测得的一系列数据,作图表示 P 和 Δl 的关系,如图 6-16 所示,称为拉伸图或 P-Δl 曲线。

P-Δl 曲线与试件尺寸有关。为了消除试件尺寸的影响,把拉力除以试件横截面的原始面积 A。得出试件横截面上的正应力 $\sigma = \dfrac{P}{A}$;同时,把伸长量 Δl 除以标距的原始长度 l,得到试件在工作段内的应变:$\varepsilon = \dfrac{\Delta l}{l}$。以 σ 为纵坐标,ε 为横坐标,作图表示 σ 与 ε 的关系,如图6-17所示,称为应力-应变曲线图或 σ-ε 曲线图。

根据试验结果,低碳钢的力学性能大致如下:

(1) 弹性阶段:在拉伸的初始阶段,σ 与 ε 的关系为直线 oa,这表示在这一阶段内 σ 与 ε 成正比,即 $\sigma \propto \varepsilon$ 或者把它写成等式

$$\sigma = E \cdot \varepsilon$$

这就是杆件拉伸或压缩的胡克定律。由公式 $\sigma = E \cdot \varepsilon$，并从 σ-ε 曲线的直线部分看出：

$$E = \frac{\sigma}{\varepsilon}$$

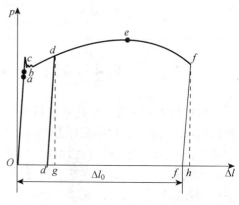

所以 E 是直线 Oa 的斜率。直线 Oa 的最高点 a 所对应的应力，用 σ_p 来表示，称为比例极限。可见，当应力低于比例极限时，应力与应变成正比，材料服从胡克定律。

　　超过比例极限后，从 a 点到 b 点，σ 与 ε 之间的关系不再是直线。但变形仍然是弹性的，即解除拉力后变形将完全消失。b 点所对应的应力是材料只出现弹性变形的极限值，称为弹性极限，用 σ_e 来表示。在 σ-ε 曲线上，a，b 两点非常接近，所以工程上对弹性极限和比例极限并不严格区分。因而也经常说，应力低于弹性极限时，应力与应变成正比，材料服从胡克定律。

图 6-16　低碳钢拉伸过程曲线图

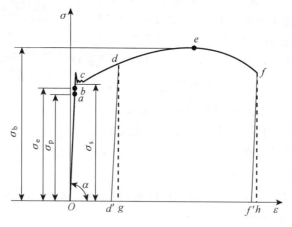

图 6-17　应力-应变曲线图

　　在应力大于弹性极限后，如再解除拉力，则试件变形的一部分随之消失，但还遗留下一部分不能消失的变形。前者是弹性变形，而后者就是塑性变形。

　　（2）屈服阶段：当应力超过 b 点增加到某一数值时，应变有非常明显的增加，而应力先是下降，然后在很小的范围内波动，在 σ-ε 曲线上出现接近水平线的小锯齿形线段。这种应力先是下降然后基本保持不变，而应变显著增加的现象，称为屈服或流动。在屈服阶段内的最高应力和最低应力分别称为上屈服极限和下屈服极限。上屈服极限的数值与试件形状、加载速度等因素有关，一般是不稳定的。下屈服极限则有比较稳定的数值，能够反应材料的性能。通常就把下屈服极限称为屈服极限或流动极限，用 σ_s 表示。

　　表面磨光的试件在应力达到屈服极限时，表面将出现与轴线大致成 45° 倾角的条纹，如图 6-18 所示。这是由于材料内部晶格之间相对滑移而成的，称为滑移线。因为拉伸时在与杆轴成倾角 45° 的斜截面上，切应力为最大值，可见屈服现象的出现与最大切应力有关。当材料屈服时，将引起显著的塑性变形。而零件的塑性变形将影响机器的正常工作，所以屈服极限 σ_s 是衡量材料强度的重要指标。

（3）强化阶段：过了屈服阶段后，材料又恢复了抵抗变形的能力，要使它继续变形必须增加拉力。这种现象称为材料的强化。在图6-17中，强化阶段中的最高点 e 所对应的应力，是材料所能承受的最大应力，称为强度极限，用 σ_b 表示。在强化阶段中，试件的横向尺寸有明显的缩小。

（4）局部变形阶段（颈缩阶段）：

图 6-18　滑移线示意图　　　　　　图 6-19　颈缩示意图

过 e 点后，在试件的某一局部范围内，横向尺寸突然缩小，形成颈缩现象，如图6-19所示。由于在颈缩部分横截面面积迅速减小，使试件继续伸长所需要的拉力也相应减少。在应力－应变图中，用横截面原始面积 A 算出的应力 $\sigma = \dfrac{P}{A}$ 随之下降，降落到 f 点，试件被拉断。

因为应力到达强度极限后，试件出现颈缩现象，随后即被拉断，所以强度极限 σ_b 是衡量材料强度的另一重要指标。

试件拉断后，弹性变形消失，而塑性变形依然保留。试件的长度由原始长度 l 变为 l_1，用百分比表示的比值

$$\delta = \frac{l_1 - l}{l} \times 100\% \tag{6-10}$$

式（6-10）中的 δ 称为延伸率。试件的塑性变形越大，则 $(l_1 - l)$ 越大，延伸率 δ 也就越大。因此，延伸率是衡量材料塑性的指标。低碳钢的延伸率很高，δ 平均值为 $20\% \sim 30\%$，这说明低碳钢的塑性性能很好。

工程上，通常按延伸率的大小把材料分成两大类，$\delta > 5\%$ 的材料称为塑性材料，如碳钢、黄铜、铝合金等；而把 $\delta < 5\%$ 的材料称为脆性材料，如灰铸铁、玻璃、陶瓷等。

当试件拉断后，若以 A_1 表示颈缩处的最小横截面面积，用百分比表示的比值为

$$\varphi = \frac{A - A_1}{A} \times 100\% \tag{6-11}$$

或（6-11）中的 φ 称为截面收缩率，式中 A 为试件横截面的原始面积，φ 也是衡量材料塑性的指标。

2. 卸载定律及冷作硬化

在低碳钢的拉伸试验中，如把试件拉到超过屈服极限的 d 点，然后逐渐卸除拉力，应力和应变关系将沿着斜直线 dd' 回到 d' 点。斜直线 dd' 近似地平行于 Oa。这说明：在卸载过程中，应力和应变按直线规律变化，这就是卸载定律。拉力完全卸除后，在应力-应变图中，$d'g$ 表示消失了的弹性变形，而 Od' 表示不再消失的塑性变形。

卸载后，如在短期内再次加载，则应力和应变关系大致上沿卸载时的斜直线 $d'd$ 变化，直到 d 点后，又沿曲线出 def 变化。可见在再次加载过程中，直到 d 点以前，材料的变形是弹性

的，过 d 点后才开始出现塑性变形。比较图 6-17 中的 $Oabcde$ 和 $d'def$ 两条曲线，可见在第二次加载时，其比例极限（亦即弹性阶段）得到了提高，但塑性变形和延伸率却有所降低。这表示：在常温下把材料预拉到塑性变形，然后卸载，当再次加载时，将使材料的比例极限提高而塑性降低，这种现象称为冷作硬化，冷作硬化现象经退火后又可消除。

工程上经常利用冷作硬化来提高材料的弹性阶段，如起重用的钢索和建筑用的钢筋，常用冷拔工艺以提高强度，又如对某些零件进行喷丸处理，使其表面发生塑性变形，形成冷硬层，以提高零件表面层的强度。但另一方面，零件初加工后，由于冷作硬化使材料变脆变硬，给下一步加工造成困难，且容易产生裂纹，往往就需要在工序之间安排退火，以消除冷作硬化的影响。

3. 铸铁拉伸时的力学性能

灰口铸铁拉伸时的应力-应变关系是一段微弯曲线，如图 6-20 所示，没有明显的直线部分。在较小的拉力下就被拉断，没有屈服和颈缩现象，拉断前的应变很小，延伸率也很小。所以，灰口铸铁是典型的脆性材料。

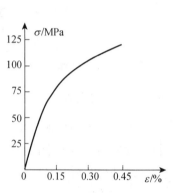

图 6-20　铸铁拉伸时的应力应变曲线

由于铸铁的 $\sigma\varepsilon$ 图没有明显的直线部分，弹性模量 E 的数值随应力的大小而变。但在工程中铸铁的拉力不能很高，而要较低的拉应力下，则可近似地认为变形服从胡克定律。通常取曲线的割线代替曲线的开始部分，并以割线的斜率作为弹性模量，称为割线弹性模量。

铸铁拉断时的最大应力即为其强度极限，因为没有屈服现象，强度极限是衡量强度的唯一指标。铸铁等脆性材料抗拉强度很低，所以不宜作为抗拉杆件的材料。

铸铁经球化处理成为球墨铸铁后，力学性能有显著变化，不但有较高的强度，还有较好的塑性性能。国内不少工厂成功地用球墨铸铁代替钢材制造曲轴、齿轮等零件。

4. 其他塑性材料在拉伸时的力学性能

工程上常用的塑性材料，除低碳钢外，还有中碳钢、某些高碳钢和合金钢、铝合金、青铜、黄铜等。图 6-21 中是几种塑性材料的曲线。其中有些材料，如 16Mn 钢，和低碳钢一样，有明显的弹性阶段、屈服阶段、强化阶段和局部变形阶段。有些材料，如黄铜，没有屈服阶段，但其他三阶段却很明显。

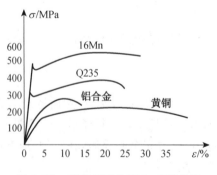

图 6-21　常用材料的应力-应变曲线

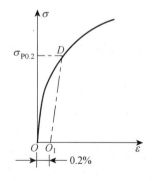

图 6-22　名义屈服极限

对于没有明显屈服阶段的塑性材料，通常以产生 0.2% 的塑性应变所对应的应力作为屈服极限,并称为名义屈服极限,用面 $\sigma_{0.2}$ 来表示,如图 6-22 所示。

各类碳素钢中随含碳量的增加,屈服极限和强度极限相应增高,但延伸率降低。例如合金钢、工具钢等高强度钢,其屈服极限较高,但塑性性能却较差。

在我国,结合国内资源,近年来发展了普通低合金钢,如 16Mn,15MnTi 等。这些低合金钢的生产工艺和成本与普通钢相近,但有强度高、韧性好等良好的性能,目前使用颇广。如南京长江大桥采用 16Mn 钢,比用低碳钢节约了大约 15% 的钢材;解放牌汽车大梁采用 16Mn 钢后,降低了成本,还提高了寿命。

6.4.2 材料在压缩时的力学性能

金属材料的压缩试件,一般制成很短的圆柱,以免试验时被压弯,圆柱高度为直径的 1.5～3 倍。

1. 低碳钢压缩时的力学性能

低碳钢压缩时的曲线如图 6-23 所示。试验结果表明:低碳钢压缩时的弹性模量 E 和屈服极限 σ,都与拉伸时大致相同。屈服阶段以后,试件越压越扁,横截面面积不断增大,试件抗压能力也继续增高,因而得不到压缩时的强度极限。由于可以从拉伸试验了解到低碳钢压缩时的主要性能,所以不一定要进行压缩试验。

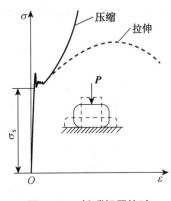

图 6-23 低碳钢压缩时

2. 铸铁压缩时的力学性能

图 6-24 表示铸铁压缩时的曲线,试件仍然在较小的变形下突然破坏。破坏断面与轴线大致成 45°～50° 的倾角。表明这类试件的斜截面因剪切而破坏。铸铁的抗压强度极限比它的抗拉强度极限高 4～5 倍。其他脆性材料,如混凝土、石料等,抗压强度也远高于抗拉强度。脆性材料抗拉强度低,塑性性能差,但抗压能力强,而且价格低廉,宜于作为抗压杆件的材料。铸铁坚硬耐磨,易于浇铸成形状复杂的零部件,广泛地用于铸造成机床床身、机座、缸体及轴承座等受压零部件。因此,其压缩试验比拉伸试验更为重要。

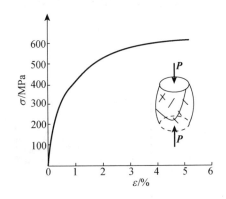

图 6-24 铸铁压缩时的应力应变曲线

综上所述,衡量材料力学性能的指标主要有:比例极限(或弹性极限)σ_p,屈服极限 σ_s,强度极限 σ_b,弹性模量 E,延伸率 δ 和截面收缩率 φ 等。表 6-2 中列出了几种常用材料在常温、静载下的主要力学性能。

表 6-2 几种常用材料的力学性能

材料名称	屈服极限 σ_s/MPa	强度极限 σ_b/MPa		伸长率 δ/%
		受 拉	受 压	
Q235 低碳钢	$220 \sim 240$	$370 \sim 460$		$25 \sim 27$
16Mn 钢	$280 \sim 340$	$470 \sim 510$		$19 \sim 31$
灰口铸铁		$98 \sim 690$	$640 \sim 1\,300$	< 0.5
混凝土 C20		1.6	14.2	
混凝土 C30		2.1	21	
红松(顺纹)		96	32.2	

注:Q235 钢已逐步被 Q300 钢取代,本书仍以 Q235 钢进行举例说明。

6.4.3 塑性材料和脆性材料力学性能的比较

塑性材料和脆性材料的力学性能,有着明显的差别,现比较归结如下:

(1)变形性能:塑性材料有流动阶段,断裂前塑性变形明显;脆性材料没有流动阶段,并在微小的变形时就发生断裂。

(2)强度性能:塑性材料在拉伸和压缩时有着基本相同的屈服极限,故既可用于受拉构件,也可用于受压构件;脆性材料抗压强度远大于抗拉强度,因此适用于受压构件。

(3)抗冲击性能:塑性材料能吸收较多的冲击变形能,故塑性材料的抗冲击能力要比脆性材料强,对承受冲击或振动的构件,宜采用塑性材料。

(4)应力集中敏感性:塑性材料因为有着较长的屈服阶段,所以当杆件孔边最大应力到达屈服极限时,若继续加力,则孔边缘材料的变形将继续增长,而应力保持不变,所增加的外力只使截面上屈服区域不断扩展,这样横截面上的应力将逐渐趋于均匀。所以说塑性材料对于应力集中并不敏感,如图 6-25 所示。而脆性材料则不然,随着外力的增加,孔边应力也急剧上升并始终保持最大值,当达到强度极限时,孔边首先产生裂纹,所以脆性材料对于应力集中就十分敏感,如图 6-26 所示。塑性材料在常温静荷作用时,可以不考虑应力集中的影响,而脆性材料则必须加以考虑。

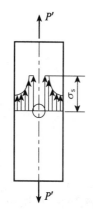

图 6-25 塑性材料对应力集中的反应

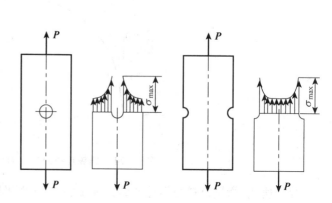

图 6-26 脆性材料对应力集中的反应

　　值得指出的是,对于塑性材料和脆性材料的划分,通常是依据在常温、静载下对材料拉伸试验所得延伸率的大小来判别的。但是,现代试验的结果表明,材料的性质在很大程度上随外界条件而转化,例如,塑性很好的低碳钢,在低温、高速加载时,也会发生脆性破坏;反之,高温也可以使脆性材料塑性化。另外,材料的力学行为还与状态有关,例如,大理石在三个方向同时压缩时,也会发生很大的塑性变形。因此,对材料塑性和脆性的分类是相对的、有条件的,比较确切的说法,应该是材料处于塑性状态或脆性状态。

6.5　轴向拉压杆的强度计算

6.5.1　极限应力、安全因数、许用应力

　　在工程中,引起构件断裂或产生显著的塑性变形都是不允许的。我们把材料破坏时的应力称为危险应力或极限应力,用 σ^0 表示。对于塑性材料,当应力到达屈服极限 σ_s 或 $\sigma_{0.2}$ 时,杆件将发生明显的塑性变形,影响其正常工作,一般认为这时材料已经破坏,因而把屈服极限 σ_s 或 $\sigma_{0.2}$ 作为塑性材料的极限应力;对于脆性材料,直到断裂也无明显的塑性变形,断裂是脆性材料破坏的唯一标志,因而断裂时的强度极限 σ_b 就是脆性材料的极限应力。即

　　塑性材料:　　$\sigma^0 = \sigma_s$,或 $\sigma^0 = \sigma_{0.2}$

　　脆性材料:　　$\sigma^0 = \sigma_b$

　　为了保证构件有足够的承载力,构件在荷载作用下的应力(工作应力)显然应低于极限应力,强度计算中,把极限应力 σ^0 除以一个大于 1 的安全因数 n,并将所得结果称为许用应力,用 $[\sigma]$ 来表示,即

$$[\sigma] = \frac{\sigma^0}{n} \tag{6-12}$$

对塑性材料

$$[\sigma] = \frac{\sigma_s}{n_s} \text{ 或} [\sigma] = \frac{\sigma_{0.2}}{n_s}$$

对脆性材料

$$[\sigma] = \frac{\sigma_b}{n_b}$$

式中,n_s 和 n_b 分别称为塑性材料和脆性材料的安全因数,表 6-3 中列出了常用材料的许用应力值。

　　安全因数(许用应力)的选定,涉及正确处理安全与经济之间的关系。因为从安全的角度考虑,应加大安全因数,降低许用应力,这就难免要增加材料的消耗,有损于经济。相反,如从经济的角度考虑,势必要减小安全系数,提高许用应力。这样虽可少用材料,减轻自重,但有损于安全。所以应合理地权衡安全与经济两个方面的要求,而不应片面地强调某一方面的需要。

表 6-3　　　　　　　　　　　　常用材料的许用应力

材料名称	许用应力 /MPa		材料名称	许用应力 /MPa	
	轴向拉伸	轴向压缩		轴向拉伸	轴向压缩
Q235 钢	160	160	铜	30 ～ 120	30 ～ 120
16Mn 钢	240	240	强铝	80 ～ 150	80 ～ 150
45 钢	190	190	松木(顺纹)	10 ～ 12	10 ～ 12
灰口铸铁	32 ～ 80	120 ～ 150			

至于确定安全因数时应考虑的因素,一般有以下几点:

(1) 材料的素质,包括材料组成的均匀程度,质地好坏,是塑性材料还是脆性材料等。

(2) 荷载情况,包括对荷载的估计是否准确,是静荷载还是动荷载等。

(3) 实际构件简化过程和计算方法的精确程度。

(4) 构件在工程中的重要性,工作条件,损坏后造成后果的严重程度,维修的难易程度等。

(5) 对减轻结构自重和提高结构机动性要求。上述这些因素都足以影响安全系数的确定。例如材料的均匀程度较差,分析方法的精度不高,荷载估计粗糙等都是偏于不安全的因素,这时就要适当地增加安全因数的数值,以补偿这些不利因素的影响。又如某些工程结构对减轻自重的要求高,材料质地好,而且不要求长期使用,这时就不妨适当地提高许用应力的数值。可见在确定安全因数时,要综合考虑到多方面的因素,对具体情况作具体分析,很难作出统一的规定。不过,人类对客观事物的认识总是逐步地从不完善趋向于完善,随着原材料质量的日益提高,制造工艺和设计方法的不断改进,对客观世界认识的不断深化,安全因数的选择必将日益趋向于合理。

许用应力和安全因数的具体数据,国家有相关行业规范可供参考。在静载的情况下,对塑性材料 n_s 可取 1.4 ～ 1.7。由于脆性材料均匀性较差,且破坏突然发生,有更大的危险性,所以 n_b 取 2 ～ 5。

6.5.2　强度条件

为确保轴向拉伸(压缩)杆件具有足够的强度,把许用应力作为杆件实际工作应力的最高限度,即要求工作应力不超过材料的许用应力。于是,得强度条件如下:

$$\sigma = \frac{N}{A} \leqslant [\sigma] \tag{6-13}$$

6.5.3　强度条件计算的三类问题

根据上述强度条件,可以解决以下三种类型的强度计算问题。

(1) 强度校核。若已知杆件尺寸、荷载数值和材料的许用应力,即可用强度条件验算杆件是否满足强度要求,即

$$\sigma = \frac{N}{A} \leqslant [\sigma]$$

(2) 设计截面。若已知杆件所承担的荷载及所用材料的许用应力,利用强度条件即可确定杆件所需的横截面的最小面积。

$$A \geqslant \frac{N}{[\sigma]}$$

(3) 确定许可荷载。若已知杆件的尺寸和材料的许用应力,由强度条件就可以确定杆件所能承担的最大轴力,根据杆件的最大轴力又可以确定工程结构的许可荷载。

$$N_{\max} \leqslant [\sigma]A$$

下面用例题说明上述三种类型的轴向拉压杆的强度计算问题。

例 6-7   圆木直杆的大、小头直径及所受轴向荷载如图 6-27(a) 所示,B 截面是杆件的中点截面。材料的容许拉应力 $[\sigma_l] = 6.5$ MPa,容许压应力 $[\sigma_c] = 10$ MPa。试对该杆作强度校核。

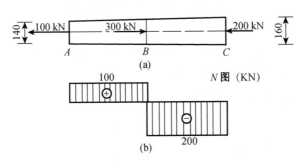

图 6-27   例 6-7 图

解:(1) 作 N 图,如图 6-27(b) 所示。

(2) 可判断 A 右邻截面和 B 右邻截面是危险截面;危险截面上的任一点是危险点。

(3) 截面几何参数为

$$A_A = \frac{\pi \cdot d_A^2}{4} = \frac{3.14 \times 140^2}{4} = 1.54 \times 10^4 \text{ mm}^2$$

$$A_B = \frac{\pi \cdot d_B^2}{4} = \frac{3.14 \times 150^2}{4} = 1.77 \times 10^4 \text{ mm}^2$$

(4) 计算危险点应力,并作强度校核。

A 右邻截面上:

$$\sigma_{\max} = \frac{N_{AB}}{A_A} = \frac{100 \times 10^3}{1.54 \times 10^4} = 6.5 \text{ MPa} > [\sigma_l]$$

B 右邻截面上:

$$|\sigma_{c\,\max}| = \frac{|N_{BC}|}{A_B} = \frac{200 \times 10^3}{1.77 \times 10^4} = 11.3 \text{ MPa} > [\sigma_c] = 10 \text{ MPa}$$

结论:强度不满足要求,不安全。

例6-8   如图6-28(a)所示,砖柱柱顶受轴向荷载 P 作用。已知砖柱横截面面积 $A = 0.3\ \text{m}^2$,自重 $G = 40\ \text{kN}$,材料容许压应力$[\sigma_c] = 1.05\ \text{MPa}$。试按强度条件确定柱顶的容许荷载$[P]$。

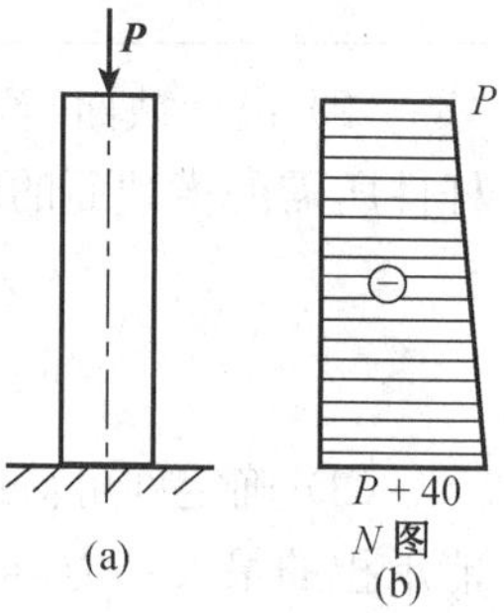

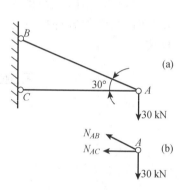

图6-28   例6-8图

解:(1)求得 N 图,如图6-28(b)所示。

(2)判断柱底截面是危险截面,其上任一点是危险点。

(3)由强度条件

$$\frac{|N|}{A} \leqslant [\sigma_c]$$

得 $|N_{\max}| \leqslant [\sigma_c]A = 1.05 \times 10^6 \times 0.3 = 3.15 \times 10^5\ \text{N} = 315\ \text{kN}$

即 $[P] + 40 = 315$

得 $[P] = 315 - 40 = 275\ \text{kN}$

例6-9   如图6-29(a)所示,三角支架的 AB 杆拟用直径 $d = 25\ \text{mm}$ 的圆钢,AC 杆拟用木材。已知钢材的$[\sigma] = 170\ \text{MPa}$,木材的$[\sigma_c] = 10\ \text{MPa}$。试校核 AB 杆的强度,并确定 AC 杆的横截面面积。

图6-29   例6-9图

解: (1)取节点 A,如图6-29(b)所示,求内力,得

$$N_{AB} = 60\ \text{kN}\quad N_{AC} = -52\ \text{kN}$$

(2)校核 AB 杆的强度为

$$\sigma_{\max} = \frac{N_{AB}}{A_{AB}} = \frac{4 \times 60 \times 10^3}{3.14 \times 25^2} = 122.3\ \text{MPa} < [\sigma]$$

AB 杆安全。

(3)确定 AC 杆的横截面面积

$$A_{AC} \geqslant \frac{|N_{AC}|}{[\sigma_c]} = \frac{52 \times 10^3}{10 \times 10^6} = 5.2 \times 10^{-3} = 52\ \text{cm}^2$$

例6-10   如图6-30所示,槽钢截面杆,两端受轴向荷载 $P = 330\ \text{kN}$ 作用,杆上需钻三个直径 $d = 17\ \text{mm}$ 的通孔,材料的容许应力$[\sigma] = 170\ \text{MPa}$。试确定所需槽钢的型号。

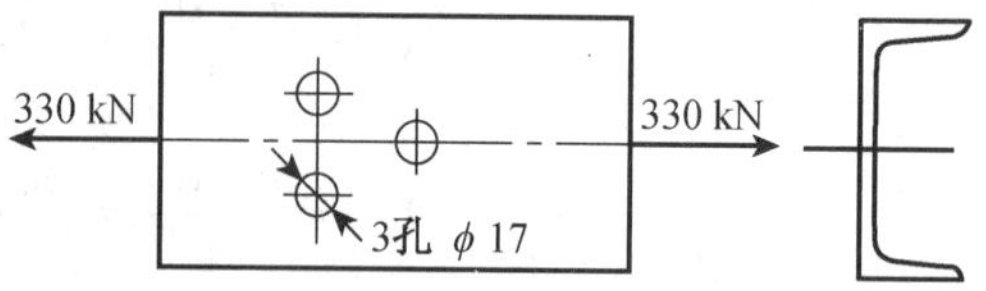

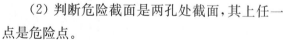

图6-30   例6-10图

解:(1)求内力: $N = 330\ \text{kN}$。

(2)判断危险截面是两孔处截面,其上任一点是危险点。

(3)由强度条件,有

$$A \geqslant \frac{N}{[\sigma]} = \frac{330 \times 10^3}{170} = 1.94 \times 10^3\ \text{mm}^2 = 19.4\ \text{cm}^2$$

查得槽钢14b的毛面积 $A_g = 21.31\ \text{cm}^2$,腰厚 $d = 8\ \text{mm}$,得净面积

$$A_n = 21.31 - 2 \times 0.8 \times 1.7 = 18.59 \text{ cm}^2$$

实际工作应力

$$\sigma_{max} = \frac{N}{A_n} = \frac{330 \times 10^3}{18.59 \times 10^2} = 177.5 \text{ MPa} < [\sigma] = 170 \text{ MPa}$$

超过许用应力 $\dfrac{177.5 - 170}{170} \times 100\% = 4.4\% < 5\%$

实际工程中,为了不至于改用高一号的型钢造成浪费,允许超过许用值的 5% 以内,所以这里可确定选用 14b 槽钢。

6.6   轴向拉压杆的超静定问题

前面所讨论的问题中,杆件支座反力和内力均可由平衡条件求得,这类问题属于静定问题,如图 6-31(a) 所示。有时为了提高杆系的强度和刚度,在中间会增加一根杆 3,如图 6-31(b) 所示,这时未知内力有三个,而节点 A 的平衡方程只有两个,因而不能解出,即仅仅根据平衡方程不能确定全部未知力,这类问题属于超静定问题。未知力个数与独立平衡方程数目之差称为超静定次数,如图 6-31(b) 所示为一次超静定问题。

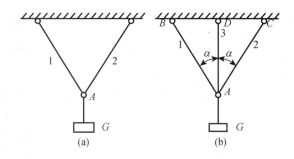

图 6-31   静定与超静定杆件

解超静定问题时,除列出静力平衡方程外,关键在于建立足够数目的补充方程,从而联立求得全部未知力。这些补充方程,可由结构变形的几何条件以及变形和内力间的物理规律来建立。

1. 装配应力

所有构件在制造中都会有一些误差,这种误差在静定结构中不会引起任何内力,而在超静定结构中则有不同的特点。如图 6-32 所示的三杆桁架结构,若杆 3 制造时短了 δ,为了能将三根杆装配在一起,则必须将杆 3 拉长,杆 1 和杆 2 压短,这种强行装配会在杆 3 中产生拉应力,而在杆 1 和杆 2 中产生压应力。如误差 δ 较大,这种应力会达到很大的数值,这种由于装配而引起杆内产生的应力,称为装配应力。

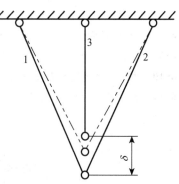

图 6-32   三杆桁架

装配应力是在荷载作用前结构中已经具有的应力,因而是一种初应力,在工程中,装配应力的存在有时是不利的,应予以避免,但有时我们也可有意识地利用它,如机械制造中的紧密配合和土木结构中的预应力钢筋混凝土等。

2. 温度应力

在工程实际中,杆件遇到温度的变化,其尺寸将有微小的变化。在超静定结构中,由于杆件能自由变形,不会在杆内产生应力,但在超静定结构中,由于杆件受到相互制约而不能自由变形,这将使其内部产生应力。这种因温度变化而引起杆内应力,称为温度应力。

温度应力也是一种初应力,对于两端固定的杆件,当温度升高 ΔT 时,在杆内引起的温度应力为

$$\sigma = E\alpha_1 \Delta T$$

式中　　E—— 材料的弹性模量;

　　　　α_1—— 材料的线胀系数。

在工程上,常采取一些措施来降低或消除温度应力,例如,蒸汽管道中的伸缩节、铁道两段钢轨间预留的适当空隙、钢桥桁架一端采用的活动铰链支座等,都是为了减少或预防产生温度应力而常用的方法。

思考题与习题

6-1 轴向拉压杆件的受力特点是什么?

6-2 胡克定律有几种形式,分别是什么?

6-3 两个压杆的轴力相等,横截面面积相等,但截面形状不同,杆件的材料不同,它们的应力是否相等?许用应力是否相等?

6-4 试述轴向拉压杆的受力及变形特点。并指出图示 6-33 结构中哪些部位属于轴向拉伸或压缩。

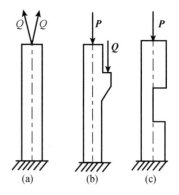

图 6-33　题 6-4 图

6-5 轴向拉压杆横截面上的应力分布如何?

6-6 轴向拉压杆中,最大正应力和最大切应力各发生在什么方位的截面上?

6-7 低碳钢单向拉伸的曲线可分为哪几个阶段?对应的强度指标是什么?其中哪一个指标是强度设计的依据?

6-8 叙述低碳钢单向拉伸试验中的屈服现象。

6-9 材料的两个延性指标是什么?

6-10 材料的弹性模量 E,标志材料的何种性能?

6-11 如图 6-34 所示结构,用低碳钢制造杆 ①,用铸铁制造杆 ②,是否合理?

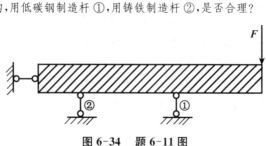

图 6-34　题 6-11 图

6-12 求图示 6-35 各杆指定截面上的轴力。

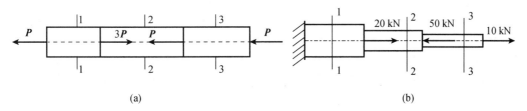

(a)   (b)

图 6-35 题 6-12 图

6-13 画出图 6-36 所示各杆的轴力图。

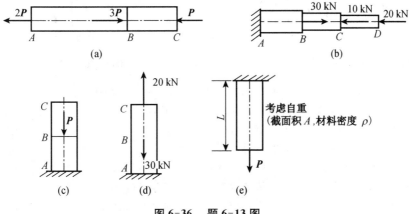

(a)   (b)

(c)   (d)   (e)

图 6-36 题 6-13 图

6-14 直杆受力如图 6-37 所示。它们的横截面面积为 A 及 $A_1 = \dfrac{A}{2}$,弹性模量为 E,试求:

(1) 各段横截面上的应力 σ;

(2) 杆的纵向变形 Δl。

6-15 横梁 AB 支承在支座 A,B 上,两支柱的横截面面积都是 $A = 9 \times 10^4 \ \text{mm}^2$,作用在梁上的荷载可沿梁移动,其大小如图 6-38 所示。求支座柱子的最大正应力。

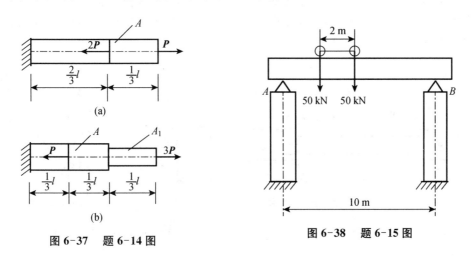

(a)

(b)

图 6-37 题 6-14 图

图 6-38 题 6-15 图

6-16 如图 6-39 所示板件,受轴向拉力 $P = 200 \ \text{kN}$ 作用,试求:

(1) 互相垂直的两斜面 AB 和 AC 上的正应力和切应力;

(2) 这两个斜面上的切应力有何关系?

6-17 拉伸试验时,Q300 钢试件直径 $d = 10$ mm,在标矩 $l = 100$ mm 内 的伸长 $\Delta l = 0.06$ mm。已知 Q300 钢的比例极限 $\sigma_p = 200$ MPa,弹性模量 $E = 200$ GPa,问此时试件的应力是多少?所受的拉力是多大?

6-18 平板拉伸试样如图 6-40 所示,宽 $b = 29.8$ mm,厚 $h = 4.1$ mm。拉伸试验时,每增加 3 kN 拉力,测得轴向应变 $\varepsilon = 120 \times 10^{-6}$,横向应变 $\varepsilon' = -38 \times 10^{-6}$。求材料的弹性模量 E 及泊松比 ν。

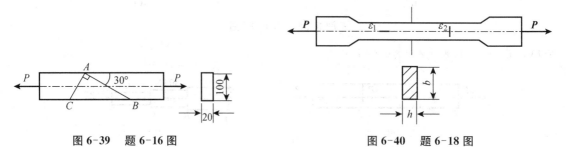

图 6-39　题 6-16 图　　　　　　　图 6-40　题 6-18 图

6-19 设低碳钢的弹性模量 $E_1 = 210$ GPa,混凝土的弹性模量局 $E_2 = 28$ GPa,求:

(1) 在正应力 a 相同的情况下,钢和混凝土的应变的比值;

(2) 在应变 ε 相同的情况下,钢和混凝土的正应力的比值;

(3) 当应变 $\varepsilon = -0.000 15$ 时,钢和混凝土的正应力。

6-20 截面为方形的阶梯砖柱如图 6-41 所示。上柱高 $H_1 = 3$ m,截面面积 $A_1 = 240$ mm×240 mm;下柱高 $H_2 = 4$ m,截面面积 $A_2 = 370$ mm×370 mm。荷载 $P = 40$ kN,砖砌体的弹性模量 $E = 3$ GPa,砖柱自重不计,试求:

(1) 柱子上、下段的应力;

(2) 柱子上、下段的应变;

(3) 柱子的总缩短。

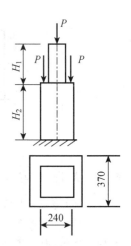

图 6-41　题 6-20 图

6-21 一矩形截面木杆,两端的截面被圆孔削弱,中间的截面被两个切口减弱,如图 6-42 所示。杆端承受轴向拉 $P = 70$ kN,已知 $[\sigma] = 7$ MPa,问杆是否安全?

6-22 如图 6-43 所示,杆 ① 为直径 $d = 50$ mm 的圆截面钢杆,许用应力 $[\sigma]_1 = 140$ MPa;杆 ② 为边长 $a = 100$ mm 的方形截面木杆,许用应力 $[\sigma]_2 = 4.50$ MPa。已知节点 B 处挂一重物 $Q = 36$ kN,试校核两杆的强度。

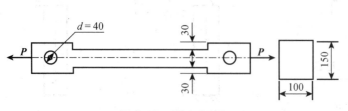

图 6-42　题 6-21 图

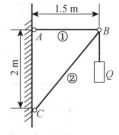

图 6-43　题 6-22 图

6-23 如图 6-44 所示雨篷结构简图,水平梁 AB 上受均匀荷载 $q = 10$ kN/m,B 端用斜杆 BC 拉住。试按下列两种情况设计截面:

(1) 斜杆由两根等边角钢制造,材料许用应力 $[\sigma]_1 = 160$ MPa;选择角钢的型号;

（2）若斜杆用钢丝绳代替，每根钢丝绳的直径 $d = 2$ mm，钢丝的许用应力 $[\sigma] = 160$ MPa，求所需钢丝绳的根数。

6-24 悬臂吊车如图 6-45 所示，小车可在 AB 梁上移动，斜杆 AC 的截面为圆形，许用应力 $[\sigma] = 170$ MPa，已知小车荷载 $P = 15$ kN，试求杆 AC 的直径 d。

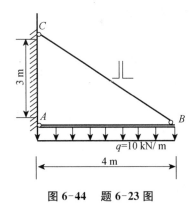
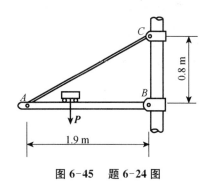

图 6-44　题 6-23 图　　　　　　图 6-45　题 6-24 图

6-25 如图 6-46 所示结构中，AC、BD 两杆材料相同，许用应力 $[\sigma] = 160$ MP，弹性模量 $E = 200$ GPa，荷载 $P = 60$ kN。试求两杆的横截面面积及变形。

6-26 如图 6-47 所示结构中，杆 ① 为钢杆，$A_1 = 1\,000$ mm²，$[\sigma]_1 = 160$ MPa，杆 ② 为木杆，$A_2 = 20\,000$ mm²，$[\sigma]_2 = 7$ MPa。求结构的许可荷载 $[P]$。

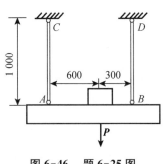
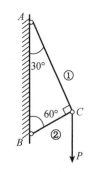

图 6-46　题 6-25 图　　　　　　图 6-47　题 6-26 图

习题参考答案

6-1—6-10　略。

6-11　不合理，因为低碳钢抗拉，而铸铁抗压。

6-12　（a）$N_1 = P$；$N_2 = -2P$；$N_3 = -P$
　　　　（b）$N_1 = -20$ kN；$N_2 = -40$ kN；$N_3 = 10$ kN

6-13　略。

6-14　（a）$\sigma = -P/A$；$\Delta l = -Pl/2EA$

6-15　$\sigma_{max} = 1$ MPa，$N_{max} = 90$ kN（有一个荷载移动到 A 或 B 位置时）

6-16　$\sigma_{AB} = 100$ MPa；$\tau_{AB} = 43.3$ MPa；$\sigma_{AC} = 75$ MPa；$\tau_{AC} = -43.3$ MPa

6-17　拉力为 9.4 kN

6-18　$E = 2.05 \times 10^5$ Pa；$\nu = -0.317$

6-19　(1) 0.133；(2) 7.5；(3) 31.5 MPa；4.2 MPa

6-20　(1) $\sigma_{下} = 87\,655$ Pa；(2) 2.31×10^{-5}；2.92×10^{-5}；(3) 1.86×10^{-4} m

6-21　$\sigma = 7.8$ MPa > 7 MPa，不安全。

6-22　$\sigma_1 = 13.75$ MPa < 140 MPa；$\sigma_2 = 4.5$ MPa $= 4.5$ MPa，两杆均安全。

6-23　(1) 2∟20×3；(2) 34 根。

6-24　17 mm

6-25　$A_{BD} = 250$ mm^2；$A_{AC} = 125$ mm^2

6-26　$[P] = 184.8$ kN

7 剪 切 变 形

学习目标与要求

❖ 了解工程构件受剪切与挤压变形的情况。

❖ 能够进行剪切与挤压的强度计算。

❖ 了解剪切变形的构件,熟悉其剪切面上切应力的分布规律及计算。

❖ 了解挤压变形构件,熟悉挤压应力的分布规律及计算。

工程上常用于连接钢板的铆钉、螺栓(图 7-1(a),(b))和连接齿轮与轴的键(图 7-1(c))等统称为连接件。在工作时,连接件两侧面受到一对大小相等、方向相反且作用线相距很近的力的作用。在这样的力的作用下,连接件的主要失效形式之一就是沿平行于这两个外力的作用线且位于这两个外力作用线之间的截面发生相对错动而产生剪切变形,构件的这种变形称为剪切。当外力较大时将产生剪切破坏,在日常生活中,剪刀剪纸、剪布等如图 7-1(d) 所示,也是剪切的例子。

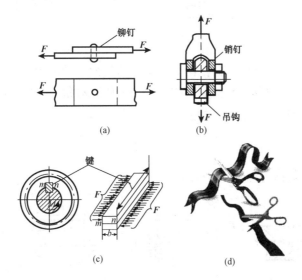

图 7-1　剪切工程实例

剪切的同时,连接件与被连接的构件因相互接触而压紧,这种局部受压的现象称为挤压。当这种挤压力过大时,在接触面的局部范围内将产生塑性变形,甚至被压溃,从而导致连接件与被连接构件的同时失效。

7.1 剪切变形与强度计算

7.1.1 剪切内力

剪切变形是杆件的基本变形之一,它是指杆件受到一对垂直于杆轴方向的大小相等、方向相反、作用线相距很近的外力作用所引起的变形,此时,截面 *cd* 相对于 *ab* 将发生相对错动,即剪切变形。若变形过大,杆件将在两个外力作用面之间的某一截面 m—m 处被剪断,被剪断的截面称为剪切面,如图 7-2 所示。只有一个剪切面的剪切变形称为单剪,具有两个剪切面的剪切变形称为双剪,如图 7-3 所示。

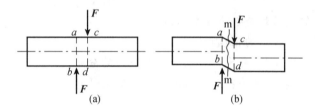

图 7-2 剪切变形

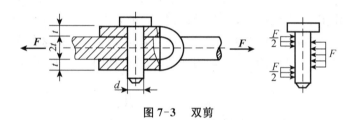

图 7-3 双剪

如图 7-4(a) 所示连接件中,铆钉(图 7-4(b)) 剪切面上的内力可用截面法求得。假想将铆钉沿剪切面截开分为上下两部分,任取其中一部分为研究对象(图 7-4(c)),由平衡条件可知,剪切面上的内力 V 必然与外力方向相反,大小由 $\sum F_x = 0, F - V = 0$,得

$$V = F$$

这种平行于截面的内力 V 称为剪力。

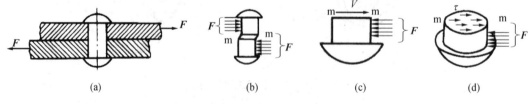

图 7-4 铆钉的受力分析

7.1.2 剪切应力

与剪力 V 相应,在剪切面上有切应力 τ 存在(图 7-4(d))。切应力在剪切面上的分布情况十

分复杂,工程上通常采用一种以试验及经验为基础的实用计算方法来计算:

一是,假定应力是均匀分布的,由此计算出各部分的"名义应力";

二是,在与实际构件受力极其类似的情况下进行实验,并用假设应力均匀分布的公式计算,得到连接件材料失效的极限应力;最后,由以上两个假定建立设计准则,作为连接件强度计算的依据。假定剪切面上的切应力 τ 是均匀分布的,因此,

$$\tau = \frac{V}{A} \qquad (7-1)$$

式中 A—— 剪切面的面积;

    V—— 剪切面上的剪力。

用"工程实用计算法"求解剪切变形的切应力,从理论上来讲,与切应力的实际分布规律有差异,但经工程实践已经证明,这种计算方法完全能够满足工程实践的要求。

7.1.3 剪切强度计算

为保证构件不发生剪切破坏,就要求剪切面上的平均切应力不超过材料的许用切应力,即剪切时的强度条件为

$$\tau = \frac{V}{A} \leqslant [\tau] \qquad (7-2)$$

式中,$[\tau]$ 为许用切应力。许用切应力可以通过与构件实际受力情况相似的剪切实验测出试件的破坏载荷,然后计算出剪切强度极限,再除以安全因数 n 而得到。

对于材料的许用切应力 $[\tau]$,工程中通常采用对照法取值($[\sigma]$ 为材料的许用拉应力):

对塑性材料: $[\tau] = (0.6 \sim 0.8)[\sigma]$

对脆性材料: $[\tau] = (0.8 \sim 1.0)[\sigma]$

各种材料的许用切应力可在有关手册中查得。

剪切强度条件同样可以解决三类强度问题:

(1) 校核剪切强度;

(2) 计算剪切面面积;

(3) 确定剪切许用载荷。

在计算中,要注意确定存在几个剪切面、剪切面的位置和大小,以及每个剪切面上的剪力和切应力。

7.2   挤压变形与强度计算

连接件除剪切强度需计算外,还要进行挤压强度计算。

7.2.1 挤压内力

构件在受剪切的同时,在两构件的接触面上,因互相压紧会产生局部受压,称为挤压。如图7-4所示的铆钉连接中,作用在钢板上的拉力 F,通过钢板与铆钉的接触面传递给铆钉,接触面上产生了挤压。两构件的接触面称为挤压面,作用于接触面的压力称挤压力,挤压力如图7-4所示。

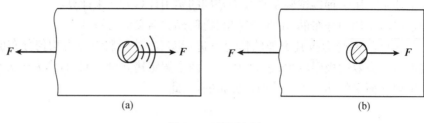

图 7-5 挤压变形

$$F_c = F$$

当挤压力过大时,孔壁边缘将受压起"皱"如图 7-5(a) 所示,铆钉局部压"扁",使圆孔变成椭圆,连接松动如图 7-5(b) 所示,这就是挤压破坏。

7.2.2 挤压应力

挤压面上的压应力称为挤压应力,挤压应力在挤压面上的分布也很复杂,如图 7-6(a) 所示。在受挤压区域,其变形是不均匀的,在过钉孔轴线且与外力作用线平行的部位,变形量较大,两侧的变形在逐渐地减小,这表明挤压应力在挤压面上的分布也不均匀,而且情况较复杂。为了便于计算,工程中也采用实用计算法,即假定挤压应力均匀地分布在计算挤压面上,这样,平均挤压应力为

$$\sigma_c = \frac{F_c}{A_c} \tag{7-3}$$

式中,A_c 为挤压面的计算面积,确定计算面积时,要看具体挤压面的情况而定:当接触面为平面时,接触面的面积就是计算挤压面积,当接触面为半圆柱面时,取圆柱体的直径平面作为计算挤压面面积如图 7-6(b) 所示,这样计算所得的挤压应力和实际最大挤压应力值十分接近。

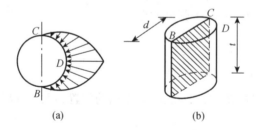

图 7-6 挤压应力与计算挤压面

7.2.3 挤压强度计算

连接件要保证具有足够的挤压强度而不因挤压而破坏,就应满足挤压强度条件:

$$\sigma_c = \frac{F_c}{A_c} \leqslant [\sigma_c] \tag{7-4}$$

式中,$[\sigma_c]$ 为材料的许用挤压应力,由试验测得。许用挤压应力通常对照许用压应力的大小进行取值:

对塑性材料：$[\sigma_c] = (1.5 \sim 2.5)[\sigma]$

对脆性材料：$[\sigma_c] = (0.9 \sim 1.5)[\sigma]$

许用挤压应力$[\sigma_c]$比许用压应力$[\sigma]$高，因为挤压时只在局部范围内引起塑性变形，周围没有发生塑性变形的材料将会阻止变形的扩展，从而提高了抗挤压的能力。

必须指出，如果相互挤压的两构件材料不同，则只对许用挤压应力$[\sigma_c]$值较小的材料进行挤压强度核算。挤压强度条件也同样可以解决三类强度问题，难点是有效挤压面积的确定。

例 7-1   如图 7-7(a) 所示一铆钉连接件，受轴向拉力 F 作用。已知：$F = 100$ kN，钢板厚 $\delta = 8$ mm，宽 $b = 100$ mm，铆钉直径 $d = 16$ mm，许用切应力 $[\tau] = 140$ MPa，许用挤压应力 $[\sigma_c] = 340$ MPa，钢板许用拉应力 $[\sigma] = 170$ MPa。试校核该连接件的强度。

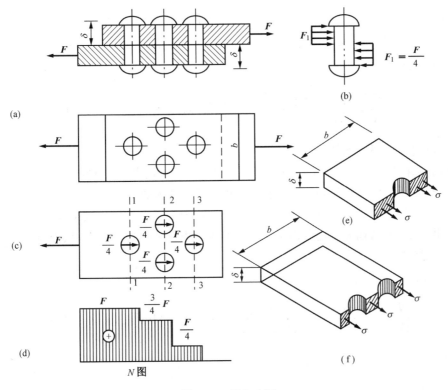

图 7-7   例 7-1 图

解： 连接件存在三种破坏的可能：(1) 铆钉被剪断；(2) 铆钉或钢板发生挤压破坏；(3) 钢板由于钻孔，断面受到削弱，在削弱截面处被拉断。要使连接件安全可靠，必须同时满足以上三方面的强度条件。

(1) 铆钉的剪切强度条件。连接件有 n 个直径相同的铆钉时，且对称于外力作用线布置，则可设各铆钉所受的力相等：

$$F_1 = \frac{F}{n}$$

现取一个铆钉作为计算对象，画出其受力图如图 7-7(b) 所示，每个铆钉所受的作用力为

$$F_1 = \frac{F}{n} = \frac{F}{4}$$

用截面法求得剪切面上的剪力 $V = F_1$，根据式(7-2)，得

$$\tau = \frac{V}{A} = \frac{F_1}{A} = \frac{F/4}{\frac{\pi d^2}{4}} = \frac{100 \times 10^3}{\pi \times 16^2} = 124 \ \text{MPa} < [\tau] = 140 \ \text{MPa}$$

所以铆钉满足剪切强度条件。

（2）挤压强度校核。每个铆钉所受的挤压力

$$F_c = F_1 = \frac{F}{4}$$

根据式(7-4)，得

$$\sigma_c = \frac{F_c}{A_c} = \frac{F/4}{d\delta} = \frac{100 \times 10^3}{4 \times 16 \times 8} = 195 \ \text{MPa} < [\sigma_c] = 340 \ \text{MPa}$$

所以连接件满足挤压强度条件。

（3）板的抗拉强度校核。两块钢板的受力情况及开孔情况相同，只要校核其中一块即可。现取下面一块钢板为研究对象，画出其受力图（图 7-7(c)）和轴力图(7-7(d))。

截面 1—1 和 3—3 的净面积相同（图 7-7(e)），而截面 3—3 的轴力较小，故截面 3—3 不是危险截面。截面 2—2 的轴力虽比截面 1—1 小，但净面积也小（图 7-6(f)），故需对截面 1—1 和 2—2 进行强度校核。

截面 1—1：

$$\sigma_1 = \frac{N_1}{A_1} = \frac{F}{(b-d)\delta} = \frac{100 \times 10^3}{(100-16) \times 8} = 149 \ \text{MPa} < [\sigma] = 170 \ \text{MPa}$$

截面 2—2：

$$\sigma_2 = \frac{N_2}{A_2} = \frac{3F/4}{(b-2d)\delta} = \frac{3 \times 100 \times 10^3}{4(100-2 \times 16) \times 8} = 138 \ \text{MPa} < [\sigma] = 170 \ \text{MPa}$$

所以钢板满足抗拉强度条件。

经以上三方面的校核，该连接件满足强度要求。

例 7-2 有一如图 7-8 所示的连接，已知 $a = 40 \ \text{mm}$，$b = 100 \ \text{mm}$，$c = 20 \ \text{mm}$，$F = 250 \ \text{kN}$，许用切应力$[\tau] = 80 \ \text{MPa}$，许用挤压应力$[\sigma_c] = 100 \ \text{MPa}$，试校核构件的剪切、挤压强度。

解：（1）分析物体的受力，由图 7-8(a) 可知，该连接由完全相同的两部分组成。当整体受图示两等值、反向外力作用时，组成连接的两部分就相互作用，产生剪切和挤压变形。由于构件两部分的受力情况相同，所以只需要研究其中一部分即可。现取右半部分为研究对象，剪切面、挤压面如图 7-8(b) 所示。

（2）剪切强度校核。由图 7-8(b) 可知，剪切面积：$A = ab = 40 \times 100 = 4\ 000 \ \text{mm}^2$

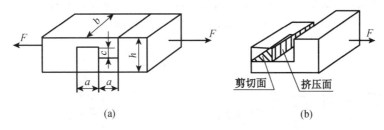

图 7-8　例 7-2 图

$$剪力:V = F = 250 \text{ kN}$$

根据剪切强度计算的公式(7-3),校核剪切强度

$$\tau = \frac{V}{A} = \frac{250 \times 10^3}{4\,000} = 62.5 \text{ MPa} < [\tau] = 80 \text{ MPa}$$

所以满足剪切强度条件。

(3) 挤压强度校核。由图 7-8(b)可知,挤压面积:$A_c = bc = 100 \times 20 = 2\,000 \text{ mm}^2$

$$挤压力:F_c = F = 250 \text{ kN}$$

根据挤压强度计算的公式(7-4),校核挤压强度

$$\sigma_c = \frac{F_c}{A_c} = \frac{250 \times 10^3}{2\,000} = 125 \text{ MPa} > [\sigma_c] = 100 \text{ MPa}$$

所以此连接的挤压强度不足。

思考题与习题

7-1　剪切变形的受力特点和变形特点是什么?

7-2　剪切变形在哪个截面上容易产生破坏?

7-3　挤压变形与轴向压缩变形有什么区别?

7-4　挤压面与计算挤压面有何不同?

7-5　如图 7-9 所示,正方形的混凝土柱,其横截面边长为 $b = 200 \text{ mm}$,其基底为边长 $a = 1 \text{ m}$ 的正方形混凝土板。柱受轴向压力 $F = 100 \text{ kN}$,假设地基对混凝土板的反力为均匀分布,混凝土的许用切应力 $[\tau] = 1.5 \text{ MPa}$,试问若使柱不致穿过混凝土板,所需的最小厚度 δ 应为多少?

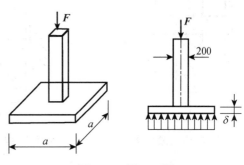

图 7-9　题 7-5 图

7-6　如图 7-10 所示,厚度 $t = 6 \text{ mm}$ 的两块钢板用三个铆钉连接,已知 $F = 50 \text{ kN}$,已知连接件的许用切应力 $[\tau] = 100 \text{ MPa}$,$[\sigma_c] = 280 \text{ MPa}$,试确定铆钉直径 d。

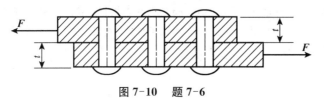

图 7-10　题 7-6

7-7 两块厚度为 10 mm 的钢板,若用直径为 17 mm 的铆钉接在一起,如图 7-11 所示。已知钢板拉力 $F = 60$ kN,铆钉的$[\tau] = 40$ MPa,$[\sigma] = 280$ MPa,试确定所需的铆钉数(假设每只铆钉的受力相等)。

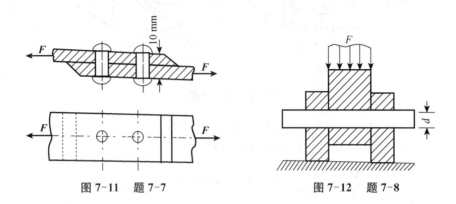

图 7-11　题 7-7   图 7-12　题 7-8

7-8 测定材料剪切强度的剪切器的示意图如图 7-12 所示,设圆试件的直接 $d = 15$ mm。当压力 $F = 31.5$ kN 时,试件被剪断,试求材料的名义剪切极限应力。若许用切应力为$[\tau] = 80$ MPa,试问安全因数等于多大?

7-9 试校核如图 7-13 所示销钉的剪切强度。已知 $F = 120$ kN,销钉直径 $d = 30$ mm,材料的许用切应力$[\tau] = 70$ MPa,若强度不够,应改用多大直径的销钉?

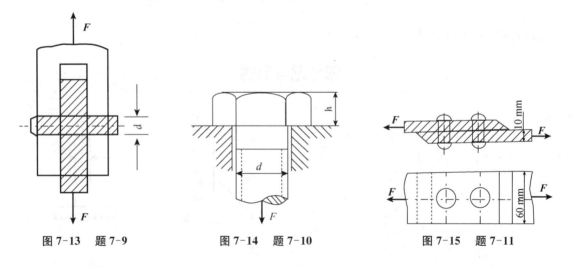

图 7-13　题 7-9   图 7-14　题 7-10   图 7-15　题 7-11

7-10 如图 7-14 所示,一直径 $d = 40$ mm 的螺栓受拉力 $F = 100$ kN,已知$[\tau] = 60$ MPa,求螺母所需的高度 h。

7-11 如图 7-15 所示,两块厚度为 10 mm 的钢板,用两个直径为 17 mm 的铆钉搭接在一起,钢板受拉力 $F = 60$ kN。已知$[\tau] = 140$ MPa,$[\sigma_c] = 280$ MPa,$[\sigma] = 280$ MPa。试校核该铆接件的强度(假定每个铆钉的受力相等)。

7-12 如图 7-16 所示,一螺栓将拉杆与厚度为 8 mm 的两块盖板相连接。各构件材料相同,其许用应力均为$[\tau] = 60$ MPa,$[\sigma_c] = 160$ MPa,$[\sigma] = 80$ MPa。若拉杆的厚度 $t = 15$ mm,拉力 $F = 120$ kN。试设计螺栓直接 d 和拉杆宽度 b。

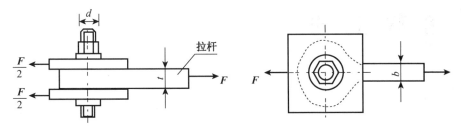

图 7-16 题 7-12

习题参考答案

7-1—7-4 略。

7-5 $\delta = 80$ mm

7-6 $d = 15$ mm(取 $d = 16$ mm)

7-7 $n = 7$

7-8 $\tau_u = 89.13$ MPa, $n = 1.11$

7-9 $\tau = 84.88$ MPa,强度不足;$d = 33$ mm

7-10 $h = 14$ mm

7-11 $\tau = 132.2$ MPa $< [\tau] = 140$ MPa

$[\sigma_c] = 176.4$ MPa $< [\sigma_c] = 280$ MPa

$\sigma = 139.5$ MPa $< [\sigma] = 160$ MPa

7-12 $d = 50$ mm, $b = 100$ mm

8 扭 转 变 形

学习目标与要求

❖ 了解圆轴扭转变形的概念。

❖ 能够计算外力偶矩及圆轴横截面上的内力——扭矩,并绘制扭矩图。

❖ 熟悉薄壁圆筒扭转时的应力及剪切胡克定律。

❖ 掌握扭转变形构件横截面上切应力的分布规律及切应力的计算方法。

❖ 掌握扭转变形的强度和刚度条件并能用其解决工程实际中的相关问题。

在日常生活和工程实际中,有很多承受扭转变形的构件。例如,汽车转向轴如图 8-1 所示,当汽车转向时,驾驶员在方向盘上施加主动力偶的作用,转向器则在转向轴的下端施加一阻力偶的作用,使转向轴产生扭转变形;汽车传动轴如图 8-2 所示,在汽车运动过程中,发动机给传动轴施加一个主动力偶的作用,而后桥则给传动轴施加一个阻力偶的作用,从而使传动轴产生扭转变形;攻丝锥的锥杆(图 8-3),当钳工攻螺纹孔时,两手所加的外力偶作用在丝锥杆的上端,工件的约束力偶作用在丝锥杆的下端,使得丝锥杆发生扭转变形。此外,还有钻探过程中钻杆的扭转、搅拌机轴、两手拧毛巾、用钥匙开门等。

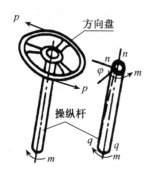

图 8-1 汽车转向轴

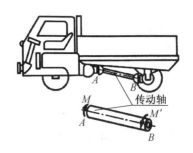

图 8-2 汽车传动轴

扭转是杆件的基本变形之一,上述杆件的受力情况,可以简化为如图 8-4 所示的计算简图,可以看出,受扭转变形的杆件,其受力特点是在垂直于杆件轴线的两个平面内,杆件受到一对大小相等、方向相反的外力偶作用,各横截面绕杆的轴线发生了相对转动这种变形称为扭转变形。工程中将以扭转变形为主的杆件统称为轴。圆轴(横截面为圆形或圆环形)被广泛地应用在工程实践中,其变形也较复杂,本章只讨论圆轴扭转时的强度和刚度计算。

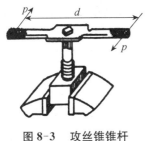

图 8-3 攻丝锥锥杆

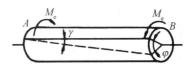

图 8-4 扭转变形

8.1 圆轴扭转变形时的内力

1. 圆轴的外力

在研究圆轴扭转变形的诸多问题时,首先要明确作用在轴上的外力偶矩的大小。工程中作用于传动轴上的外力偶矩大小 M_e 一般不直接给出,而是给出轴所传递的功率 P 和轴的转数 n,如图 8-5 所示的传动轴 AB,由此我们可以推出作用于轴上的外力偶矩 M_e 的计算公式,它们之间的换算关系为

$$M_e = 9\ 549 \frac{P}{n} \qquad (8-1)$$

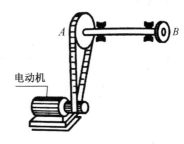

图 8-5 电动机传动轴

式中 M_e—— 传动轴上某处的外力偶矩($N \cdot m$);

　　　P—— 传动轴上某处的输人或输出功率(kW);

　　　n—— 传动轴每分钟的转速(r/min)。

可以看出,轴所承受的外力偶矩与所传递的功率成正比,因此,在传递同样大的功率时,低速轴所受的外力偶矩比高速轴大,所以在传动系统中,低速轴的直径要比高速轴的直径大一些。

2. 圆轴横截面上的内力

圆轴在外力偶矩作用下产生扭转变形时,横截面上必将产生内力,求内力的基本方法仍是截面法。如图 8-6(a) 所示圆轴,在垂直于轴线的两个平面内,受一对外力偶矩 M_e 作用,现求任一截面 m—m 的内力。

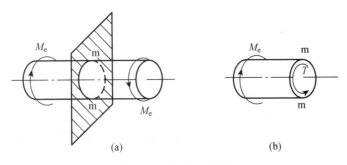

(a)　　　　　　　　　　　　(b)

图 8-6 截面法求扭矩

用一个假想横截面在轴的任意位置m—m处将轴截开,取左段为研究对象,如图8-6(b)所示。由于左端作用一个外力偶M_e作用,为了保持左段轴的平衡,截面m—m的平面内必然存在一个与外力偶相平衡的内力偶矩,这个内力偶矩称为扭矩,用符号T表示,单位与力矩相同,常用N·m或kN·m。大小由$\sum M_x = 0$,得

$$T = M_e \tag{8-2}$$

如取m—m截面右段轴为研究对象,也可得到同样的结果,但转向相反,它们是作用与反作用的关系。当有多个外力偶同时作用时,由截面法分析不难发现:某一所求截面上的扭矩 T 等于所求截面任一侧(左侧或右侧)所有外力偶的力偶矩的代数和。

为了使由截面的左、右两段轴求得的扭矩具有相同的正负号,对扭矩的正、负作如下规定:采用右手螺旋法则,以右手四指表示扭矩的转向,当拇指的指向与截面外法线方向一致时,扭矩为正号;反之,为负号,如图8-7所示,简称"背离截面取正,指向截面取负"。

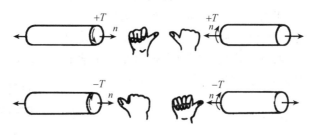

图 8-7　扭矩的正负号规定

3. 扭矩图

当一根轴上同时受到多个外力偶作用时,各段轴的扭矩可用截面法分段计算。为了直观表示各段轴的扭矩变化规律,用平行于轴线的横坐标表示截面位置,以垂直于轴线的纵坐标表示扭矩的大小。正扭矩画在横坐标轴的上方;负扭矩画在横坐标轴的下方。这种表示扭矩沿轴线变化规律的图形,称为扭矩图。

例8-1　如图 8-8(a) 所示一圆轴,A,B,C 处各作用有外力偶,试画出该轴的扭矩图。

解:(1) 计算各段轴的扭矩

AB 段:用1—1截面将轴在 AB 段内截开,取左段为脱离体,用T_1表示截面上的扭矩,并假设转向为正如图 8-8(b) 所示。由平衡方程

$$\sum M_x = 0, \ T_1 - M_A = 0$$

得

$$T_1 = M_A = 3 \text{ kN} \cdot \text{m}$$

正值表示扭矩的转向与假设一致。故 T_1 是正扭矩。

BC 段:用2—2截面将轴在 BC 段内截开,取左段为脱离体,用T_2表示截面上的扭矩,并假设转向为正如图 8-8(c) 所示。由平衡方程

$$\sum M_x = 0 \ \ T_2 - M_A + M_B = 0$$

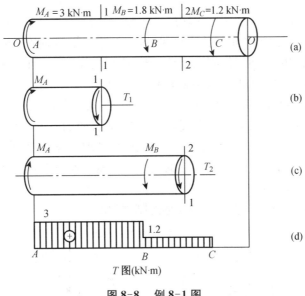

图 8-8　　例 8-1 图

得

$$T_2 = M_A - M_B = 3 - 1.8 = 1.2 \text{ kN} \cdot \text{m}$$

正值表示扭矩的转向与假设一致。故 T_2 是正扭矩。

（2）画扭矩图。取平行于轴线的横坐标 x 表示截面位置，纵坐标表示扭矩。T_1 和 T_2 均为正值，应画在 x 轴上方，按一定比例量取各段轴的扭矩值，画出扭矩图，如图 8-8(d) 所示。

8.2　圆轴扭转变形时的切应力

8.2.1　切应力分布规律

当进行圆轴强度计算时，求出横截面上的扭矩后，还应进一步研究横截面上的应力分布规律，以便求出最大应力。和杆件拉伸与压缩变形的正应力分析过程类似，也要从三方面进行考虑：首先，根据实验结果，分析出圆轴扭转变形时，其横截面上的应力是正应力还是切应力；其次，由应变规律找出应力的分布规律，也就是建立应力和应变间的物理关系；最后，根据扭矩和应力之间的静力学关系，分析出扭转变形应力的计算公式。

为了观察圆轴的扭转变形，实验前在圆轴表明上画出许多间距很小且相等的纵向线和垂直于杆轴线的圆周线，如图 8-9 所示。在两端外力偶矩 M_e 的作用下，使圆轴产生扭转变形，可以观察到下列现象：

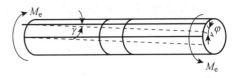

图 8-9　圆轴扭转实验

（1）各圆周线均绕轴线相对旋转过一个角度，但形状、大小及相邻两圆周线之间的距离均无变化。

（2）所有纵向线仍保持为直线，但都倾斜了一个微小角度 γ，使圆轴表面的小矩形变为平行四边形。

根据上述现象,可得出关于圆轴扭转的平面假设:圆轴扭转变形后,轴的横截面仍保持为平面,形状和大小均不变,半径也保持为直线。这就是圆轴扭转时的平面假设。按照这一假设,在扭转变形中,圆轴的横截面就像刚性圆盘一样,绕轴线旋转了一个角度。由此可见:

(1)横截面上各点都无轴向变形,故横截面上没有正应力 σ。

(2)由于各圆周线均绕轴线相对旋转过一个角度,故横截面上存在切应力 τ。各横截面半径不变,所以切应力方向与截面半径垂直,且沿着截面直径的不同位置上,各点绕轴线转过的弧线长度是不同的。如图8-10(a)所示,试在横截面上任取一点 C,则弧线长度与 C 点圆心 O 的距离 ρ 成正比例关系,则 C 点的切应力 τ_ρ 的大小也与该点到圆心的距离 ρ 成正比,故扭转切应力分布规律如图8-10(b)所示。

(3)纵向线倾斜的角度 γ 表达了轴变形的剧烈程度。

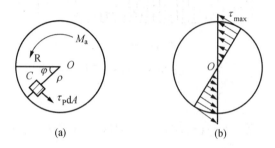

图8-10 圆轴扭转时的应力及其分布规律

8.2.2 圆轴横截面切应力计算公式

从图8-10可知,被扭转的圆轴横截面上切应力分布规律为:圆心处的切应力为零,离圆心越远处,切应力越大,在圆周处达到最大值 τ_{max},沿截面直径呈线性分布,有

$$\frac{\tau_\rho}{\tau_{max}} = \frac{\rho}{R} \tag{8-3}$$

即

$$\tau_\rho = \frac{\rho}{R}\tau_{max}$$

若在 C 点取一个为面积 $\mathrm{d}A$,圆轴横截面上微面积 $\mathrm{d}A$ 上的微内力 $F_i = \tau_\rho \mathrm{d}A$,它对截面中心的微力矩 $M_i = \tau_\rho \mathrm{d}A\rho$。整个横截面上所有微力矩之和应等于该截面上的扭矩 T,即有

$$T = \int_A \tau_\rho \mathrm{d}A\rho \tag{8-4}$$

则

$$\tau_\rho = \frac{T}{\int_A \mathrm{d}A\rho} \tag{8-5}$$

由极惯性矩公式(平面图形几何性质): $I_P = \int_A \rho^2 \, dA$

则获得切应力计算公式

$$\tau_\rho = \frac{T\rho}{I_P} \tag{8-6}$$

因 $\rho_{max} = R$, 故 $\tau_{max} = \dfrac{TR}{I_P}$

现再令 $\dfrac{I_P}{R} = \dfrac{I_P}{\rho_{max}} = W_P$, 则

$$\tau_{max} = \frac{T}{W_P} \tag{8-7}$$

I_P 称为截面对形心的极惯性矩, 常用单位为 m^4 或 mm^4; W_P 称为抗扭截面因数, 单位为 m^3 或 mm^3。

实心圆轴截面(图 8-11) 的极惯性矩为

$$I_P = \frac{\pi D^4}{32} \tag{8-8}$$

空心圆轴截面(图 8-12) 的极惯性矩为

$$I_P = \frac{\pi (D^4 - d^4)}{32} \tag{8-9}$$

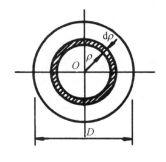

图 8-11 圆截面

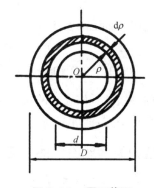

图 8-12 圆环截面

实心圆截面的抗扭截面因数为

$$W_P = \frac{I_P}{\rho_{max}} = \frac{\dfrac{\pi D^4}{32}}{\dfrac{D}{2}} = \frac{\pi D^3}{16} \tag{8-10}$$

空心圆截面的抗扭截面因数为

$$W_P = \frac{\pi D^3}{16}(1 - \alpha^4) \tag{8-11}$$

式中,$\alpha = d/D$。

例8-2 如图 8-13 所示,实心圆轴与空心圆轴通过牙嵌式离合器相连,传递功率 $P = 7.5$ kW,转速 $n = 100$ r/min,实心圆轴直径 $d_1 = 45$ mm,空心圆轴内外直径比 $\alpha = d_2/D_2 = 0.5$,$D_2 = 46$ mm,求:① 两轴横截面上的最大切应力;② 求两轴横截面面积之比。

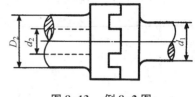

图 8-13   例 8-2 图

解:(1)求横截面上的扭矩。

由于两传动轴的转速与传递的功率相等,故二者承受相同的外力偶矩,横截面上的扭矩也因而相等。根据外力偶矩与轴所传递的功率以及转速之间的关系,求得横截面上的扭矩:

$$T = M_e = 9\,549 \times \frac{7.5}{100} = 716.2 \text{ N} \cdot \text{m}$$

(2)求两轴横截面最大切应力。

实心圆轴:

$$\tau_{\max} = \frac{T}{W_P} = \frac{T}{\dfrac{\pi d_1^3}{16}} = \frac{716.2 \times 10^3}{\dfrac{\pi \cdot 45^3}{16}} = 40 \text{ MPa}$$

空心圆轴:

$$\tau_{\max} = \frac{T}{W_P} = \frac{T}{\dfrac{\pi D_2^3 (1 - \alpha^4)}{16}} = \frac{716.2 \times 10^3}{\dfrac{\pi \cdot 46^3 (1 - 0.5^4)}{16}} = 40 \text{ MPa}$$

(3)求两轴横截面面积之比。

$$\frac{A_1}{A_2} = \frac{d_1^2}{D_2^2 (1 - \alpha^2)} = \left(\frac{45 \times 10^{-3}}{46 \times 10^{-3}}\right)^2 \times \frac{1}{1 - 0.5^2} = 1.28$$

上述计算结果表明,如果轴的长度相同,在最大切应力相同的情形下,实心轴所用材料要比空心轴多,自重要大,造价要高。

8.2.3 薄壁圆筒横截面上的切应力

壁厚远小于半径的圆筒称为薄壁圆筒。如图 8-14(a) 所示一薄壁圆筒,在其表面等间距地画上一些纵向线和圆周线,组成许多大小相等的矩形方格。在圆筒两端施加一对方向相反、力偶矩为 M_e 的外力偶。由图 8-14(b) 可见,扭转时圆筒表上的各纵向线均倾斜了相同的角度 γ,而圆周线的形状、大小及相互间的距离均保持不变,只是绕轴线作相对转动。实验表明,受扭的薄壁圆筒横截面上只有切应力,而无正应力,且切应力方向垂直于半径,沿圆周大小不变。对于薄壁圆筒可近似地认为切应力沿壁厚方向均匀分布(图 8-15),因此,横截面上各点的切应力 τ 为常数。由静力条件得,薄壁圆筒扭转时横截面上的切应力 τ 计算公式为

$$\tau = \frac{T}{2\pi R^2 t} \tag{8-12}$$

式中 T——扭矩;

R—— 薄壁圆筒的平均半径；

t—— 壁厚。

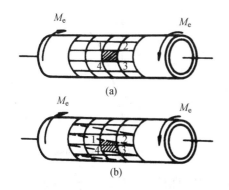

图 8-14　薄壁圆筒的扭转变形

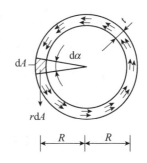

图 8-15　薄壁圆筒的应力分布图

8.2.4　切应力互等定理

现在进一步研究单元体的受力情况。设单元体的边长分别为 dx，dy，dz，如图 8-16 所示。已知单元体左右两侧面上，无正应力，只有切应力 τ。这两个面上的切应力数值相等，但方向相反。于是这两个面上的剪力组成一个力偶，其力偶矩为 $(\tau dzdy)dx$。单元体的前、后两个面上无任何应力。因为单元体是平衡的，所以它的上、下两个面上必存在大小相等、方向相反的切应力 τ'，它们组成的力偶矩为 $(\tau'dzdx)dy$，应与左、右面上的力偶平衡，即

$$(\tau'dzdx)dy = (\tau dzdy)dx$$

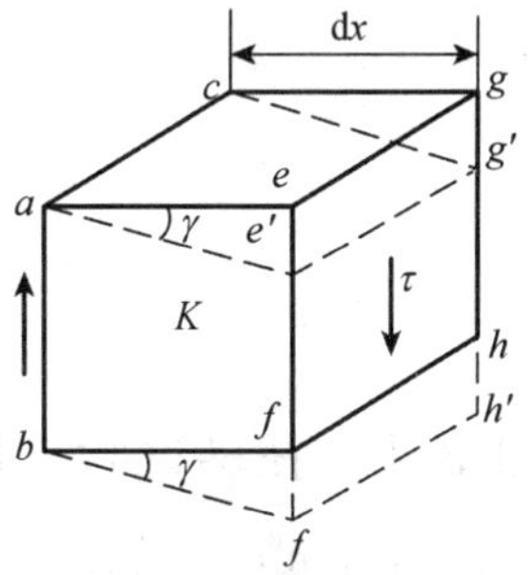

由此可得

图 8-16　剪应变

$$\tau' = \tau \tag{8-13}$$

上式表明，在单元体相互垂直的两个平面上，切应力必然成对存在，且数值相等；方向垂直于这两个平面的交线，且同时指向或同时背离这一交线，这一规律称为切应力互等定理。

上述单元体上的两个侧面上只有切应力，而无正应力，这种受力状态称为纯剪切应力状态。切应力互等定理对于纯剪切应力状态或其他应力状态都是适用的。

8.2.5　剪应变及剪切胡克定律

在受扭的薄壁圆筒中某点取一微小的正六面体（单元体），把它放大，如图 8-17 所示。在切应力 τ 作用下，与横截面平行的左右截面发生相对错动，致使正六面体变为斜平行六面体。原来的直角有了微小的变化，这个直角的改变量称为剪应变，用 γ 表示，其单位为（rad）。

τ 与 γ 的关系，如同 σ 与 ε 一样。实验证明：当切应力 τ 不超过材料的比例极限 τ_ρ 时，切应力与剪应变成正比，如图 8-18 所示，即

$$\tau = G\gamma \tag{8-14}$$

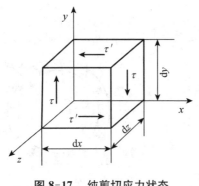

图 8-17 纯剪切应力状态

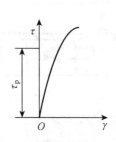

图 8-18 $\tau - \gamma$ 曲线

式(8-14)称为剪切胡克定律,式中 G 称为材料的剪切弹性模量,它是表示材料抵抗剪切变形能力的物理量,其单位与应力相同,常采用 GPa。各种材料的 G 值均由实验测定。钢材的 G 值约为 80 GPa,G 值越大,表示材料抵抗剪切变形的能力越强,它是材料的弹性指标之一。对于各向同性的材料,其弹性模量 E、剪变模量 G 和泊松比 ν 三者之间的关系为:

$$G = \frac{E}{2(1+\nu)} \tag{8-15}$$

8.3 圆轴扭转的强度计算

8.3.1 扭转试验与扭转破坏现象

为了测定扭转时材料的力学性能,需将材料制成扭转试样在扭转试验机上进行试验。对于低碳钢,采用薄壁圆管或圆筒进行试验,使薄壁截面上的切应力接近均匀分布,这样才能得到反映切应力与剪应变关系的曲线。对于铸铁这样的脆性材料,由于基本上不发生塑性变形,所以采用实心圆截面试样也能得到反映切应力与剪应变关系的曲线。扭转时,塑性材料(低碳钢)和脆性材料(铸铁)的试验应力 — 应变曲线分别如图 8-19(a),(b)所示。

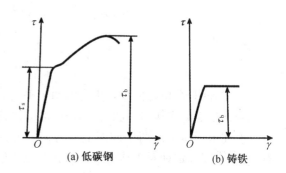

图 8-19 扭转试验的应力应变曲线

试验结果表明,低碳钢的切应力与剪应变关系曲线,类似于拉伸正应力与正应变关系曲线,也存在线弹性、屈服、断裂三个主要阶段。屈服强度和强度极限分别用 τ_s 和 τ_b 表示。对于铸铁,整个扭转过程,都没有明显的线弹性阶段和塑性阶段,最后发生脆性断裂,其强度极限用 τ_b 表示。

塑性材料与脆性材料扭转破坏时,其试样断口有着明显的区别,塑性材料试样最后沿横截面剪断,断口比较光滑平整,如图 8-20(a)所示;铸铁试样扭转破坏时沿 45° 螺旋面断开,断口呈细小颗粒状,如图 8-20(b)所示。

(a)　　　　　　　　　　　　(b)

图 8-20　扭转试验的破坏现象

8.3.2　圆轴扭转时的强度条件

圆轴扭转时,产生最大切应力的横截面称为扭转危险截面。考虑轴横截面上切应力的分布情况,可知危险截面上的应力大小和该点到圆心的距离成正比,所以在横截面上存在危险点,即应力值最大的点。为了保证圆轴具有足够的扭转强度,轴内最大切应力不应超过材料的许用切应力$[\tau]$,所以圆轴扭转时的强度条件为:

$$\tau_{\max} = \frac{T_{\max}}{W_{\text{P}}} \leqslant [\tau] \tag{8-16}$$

式中,$[\tau]$ 为材料的许用切应力,各种材料的许用切应力可查阅有关手册。

对于阶梯轴,由于 W_{P} 各处不相等,所以最大的工作切应力 $\tau_{\max}$ 不一定发生在最大扭矩 T 所在的截面上,因此需综合考虑扭矩 T 和 W_{P} 两个因素来确定。

8.3.3　圆轴扭转时的强度计算

根据强度条件,可以对轴进行三方面计算,即强度校核、设计截面和确定许用荷载。

应用扭转强度条件解决问题的基本思路是:先由扭矩图、截面尺寸确定危险点,然后考虑材料的力学性质,应用强度条件进行计算。

例 8-3　图 8-21 所示一钢制圆轴,受一对外力偶的作用,其力偶矩 $M_{\text{e}} = 2.5 \text{ kN} \cdot \text{m}$,已知轴的直径 $d = 60 \text{ mm}$,许用切应力$[\tau] = 60 \text{ MPa}$。试对该轴进行强度校核。

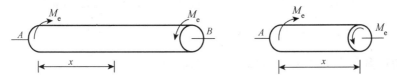

图 8-21　例 8-3 图

解:(1) 计算扭矩 $T = M_{\text{e}}$

(2) 校核强度。圆轴受扭时最大切应力发生在横截面的边缘上,按式(8-16)计算,得

$$\tau_{\max} = \frac{T}{W_{\text{P}}} = \frac{T}{\frac{\pi D^3}{16}} = \frac{2.5 \times 10^6 \times 16}{3.14 \times 60^3} = 59 \text{ MPa} < [\tau] = 60 \text{ MPa}$$

故轴满足强度要求。

例 8-4　如图 8-22 所示两圆轴用法兰上的 8 个螺栓连接。已知法兰边厚 $t = 20 \text{ mm}$,平均直径 $D = 200 \text{ mm}$,圆轴直径 $d = 100 \text{ mm}$,圆轴扭转时能承受的最大剪应力 $\tau_{\max} = 70 \text{ MPa}$,螺栓的许用切应力$[\tau] = 60 \text{ MPa}$,许用挤压应力$[\sigma_{\text{c}}] = 120 \text{ MP}$。试求螺栓直径 d_1。

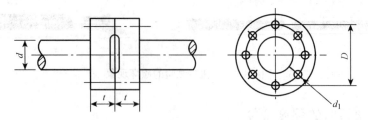

图 8-22 例 8-4 图

解: 两圆轴扭转时要靠法兰上的 8 个螺栓传递扭矩,使螺栓受剪。

通过已知的圆轴扭转时所能承受的最大剪应力 τ_{max},可求出传递扭矩 T,通过 T 可求出每个螺栓所承受的剪力 V,最后通过剪切强度条件和挤压强度条件确定螺栓直径 d_1。

(1) 求扭矩 T。

$$\tau_{max} = \frac{T}{W_P}$$

将 $\tau_{max} = 70$ MPa 和 $W_P = \frac{\pi d^3}{16}$ 代入上式,得

$$T = \tau_{max}W_P = 70 \times \frac{\pi 100^3}{16} = 13.8 \times 10^6 \text{ N} \cdot \text{mm} = 13.8 \text{ kN} \cdot \text{m}$$

(2) 求每个螺栓承受的剪力 V 和挤压力 P_c。

根据静力关系,圆轴传递的扭矩等于每个螺栓所受剪力对法兰圆心力矩的代数和,即

$$T = 8V \times \frac{D}{2}$$

$$V = \frac{T}{4D} = \frac{13.8 \times 10^6}{4 \times 200} = 17.25 \times 10^3 \text{ N} = 17.25 \text{ kN}$$

$$P_c = V = 17.25 \text{ kN}$$

(3) 按剪切强度条件和挤压强度条件确定螺栓直径 d_1。

由剪切强度条件 $\tau = \frac{V}{A} \leqslant [\tau]$ 确定直径,即

$$A = \frac{\pi d^2}{4} \geqslant \frac{V}{[\tau]}$$

得

$$d_1 \geqslant \sqrt{\frac{4V}{\pi[\tau]}} = \sqrt{\frac{4 \times 17.25 \times 10^3}{\pi \times 60}} = 19.1 \text{ mm}$$

由挤压强度条件 $\sigma_c = \frac{P_c}{A_c} \leqslant [\sigma_c]$ 确定直径 d_1。

即

$$A_c = d_1 t \geqslant \frac{P_c}{[\sigma_c]}$$

得

$$d_1 \geqslant \frac{P_c}{t[\sigma_c]} = \frac{17.25 \times 10^3}{20 \times 120} = 7.18 \text{ mm}$$

故选用 $d_1 = 20$ mm 能同时满足剪切强度条件和挤压强度条件。

8.4　圆轴扭转时的变形及刚度计算

8.4.1　圆轴扭转时的变形

在圆轴扭转时,事先在轴的右端面圆周上做一个标记 A,则在如图 8-23 所示受力情况下, A 点将绕轴线转到 B 点,若把 AB 弧所对应的圆心角记作 φ,那么 φ 角即表示圆轴的右端面在变形前后转过的角度,同时 φ 角也可表示右端面相对于左端面所转过的角度的大小(左端面在变形前后转过的角度为零)。所以扭转变形的变形量大小是用扭转变形后两个横截面间绕轴线的相对扭转角 φ 来度量的。

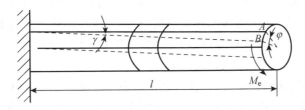

图 8-23　扭转变形

对于长为 l,扭矩 T 为常数的等截面圆轴两端截面间的相对扭转角 φ 为

$$\varphi = \frac{Tl}{GI_P} \tag{8-17}$$

式(8-17)就是扭转角的计算公式。扭转角的单位为弧度(rad)。由上式可见,扭转角 φ 与扭矩 T、轴长 l 成正比;与 φ 成反比。在 T,l 一定时,GI_P 越大,变形 φ 就越小。GI_P 反映了圆轴抵抗扭转变形的能力,称为圆轴的抗扭刚度。

如果两截面之间的扭矩 T 值有变化,或轴的直径以及材料不同,那么应该分段计算各段的扭转角,然后叠加求和。

8.4.2　圆轴扭转的刚度计算

轴类零件除了应满足强度要求外,还应满足刚度要求,即不允许轴有过大的扭转变形,例如,发动机的凸轮轴扭转角过大,会影响气门开关的时间;镗床的主轴或磨床的传动轴若扭转角过大,将引起扭转振动,影响工件的加工精度和表面粗糙度;车床的丝杠若扭转角过大,会影响车刀进给,从而降低加工精度。工程中常采用单位长度的相对扭转角 θ 来限制轴的扭转变形

的程度,从而使扭转变形量的表达式中消除长度 l 的影响,即

$$\theta = \frac{\varphi}{l} = \frac{T}{GI_P}$$

这样求得的 θ 的单位为弧度／米(rad/m),在工程中,θ 的单位习惯上用度／米(°/m)表示,所以把公式中的弧度换算为度,得

$$\theta = \frac{\varphi}{l} = \frac{T}{GI_P} \times \frac{180}{\pi} \tag{8-18}$$

工程机械中,为了保证轴的刚度,通常规定单位长度相对扭转角的最大值 θ_{max} 不超过轴单位长度的许用扭转角$[\theta]$,于是得到扭转变形的刚度条件为

$$\theta = \frac{\varphi}{l} = \frac{T}{GI_P} \times \frac{180}{\pi} \leqslant [\theta] \tag{8-19}$$

θ 的值按轴的工作条件、各机器的精密程度来确定,具体可查阅工程手册,一般规定:

精密机器的轴: $[\theta] = (0.25° \sim 0.5°)/m$

一般的传动轴: $[\theta] = (0.5° \sim 1.0°)/m$

精度较低的轴: $[\theta] = (1.0° \sim 2.5°)/m$

要提高圆轴扭转时的强度和刚度,可以从降低扭矩和增大极惯性矩或扭转截面因数等方面来考虑。为了降低扭矩,当轴传递的外力偶矩一定时,可以通过合理地布置主动轮与从动轮的位置来实现。为了增大极惯性矩或扭转截面因数,工程上常采用空心轴,这样既可节约原材料,又能使轴的强度和刚度有较大的提高。

工程上还可能遇到非圆截面杆的扭转,如正多边形截面和方形截面的传动轴。非圆截面杆扭转时,横截面不再保持平面,即横截面要发生翘曲。因此,之前根据平面假设导出的扭转圆轴的应力、变形公式,对非圆截面杆均不适用。

例 8-5 如图 8-24 所示为装有四个皮带轮的一根实心圆轴的计算简图,已知 $M_{e1} = 1.5\ kN \cdot m$, $M_{e2} = 3\ kN \cdot m$, $M_{e3} = 9\ kN \cdot m$, $M_{e4} = 4.5\ kN \cdot m$;材料的剪切弹性模量为 $G = 80\ GPa$,许用切应力$[\tau] = 80\ MPa$,单位长度许用扭转角$[\theta] = 0.005\ rad/m$。求:

(1) 设计轴的直径;

(2) 若轴的直径 $D_0 = 105\ mm$,试计算全轴的相对扭转角。

解:(1)画轴的扭矩图。由扭矩图可知,圆轴中的最大扭矩发生在 AB 和 BC 段,其绝对值为 4.5 kN·m。

(2) 设计轴的直径,根据强度条件

$$\tau_{max} = \frac{T_{max}}{W_P} = \frac{T_{max}}{\dfrac{\pi D^3}{16}} \leqslant [\tau]$$

可以得到轴的直径为

$$D \geqslant \sqrt[3]{\frac{16 T_{max}}{\pi [\tau]}} = \sqrt[3]{\frac{16 \times 4.5 \times 10^3}{\pi \times 80 \times 10^6}} = 0.066\ m = 66\ mm$$

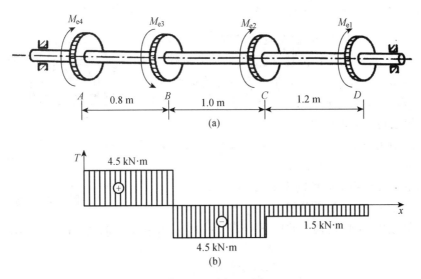

图 8-24   例 8-5 图

根据刚度条件式(8-18),得

$$\theta = \frac{T_{\max}}{GI_P} = \frac{T_{\max}}{\dfrac{G\pi D^4}{32}} \leqslant [\theta]$$

可以得到轴的直径为

$$D \geqslant \sqrt[4]{\frac{32T_{\max}}{\pi G[\theta]}} = \sqrt[4]{\frac{32 \times 4.5 \times 10^3}{\pi \times 80 \times 10^9 \times 0.005}} = 0.103 \text{ m} = 103 \text{ mm}$$

根据上述强度计算和刚度计算的结果可知,该轴的直径应选用 $D = 103$ mm。

(3) 全轴的相对扭转角的计算。若选用轴的直径 $D_0 = 105$ mm,其惯性矩为

$$I_P = \frac{\pi D_0^4}{32} = \frac{\pi \times 0.105^4}{32} = 1\,190 \times 10^{-8} \text{ m}^4$$

(4) 各分段轴的相对扭转角分别为

$$\varphi_{CD} = \frac{T_{CD}l_{CD}}{GI_P} = \frac{-1.5 \times 10^3 \times 1.2}{80 \times 10^9 \times 1\,190 \times 10^{-8}} = -1.89 \times 10^{-3} \text{ rad}$$

$$\varphi_{BC} = \frac{T_{BC}l_{BC}}{GI_P} = \frac{-4.5 \times 10^3 \times 1}{80 \times 10^9 \times 1190 \times 10^{-8}} = -4.73 \times 10^{-3} \text{ rad}$$

$$\varphi_{AB} = \frac{T_{AB}l_{AB}}{GI_P} = \frac{4.5 \times 10^3 \times 0.8}{80 \times 10^9 \times 1190 \times 10^{-8}} = 3.78 \times 10^{-3} \text{ rad}$$

全轴的相对扭转角为

$$\varphi_{AD} = \varphi_{AB} + \varphi_{BC} + \varphi_{CD} = -1.89 \times 10^{-3} - 4.73 \times 10^{-3} + 3.78 \times 10^{-3} = -2.84 \times 10^{-3} \text{ rad}$$

例 8-6 如图 8-25 所示,汽车发动机将功率通过主传动轴 AB 传给后桥,驱动车轮行驶。设主传动轴所承受的最大外力偶矩为 $M_e = 1.5 \text{ kN} \cdot \text{m}$,轴由 45 钢无缝钢管制成,外直径 $D = 90 \text{ mm}$,壁厚 $\delta = 2.5 \text{ mm}$,$[\tau] = 60 \text{ MPa}$。求:

(1) 校核主传动轴的强度;

(2) 若改用实心轴,在具有与空心轴相同的最大切应力的前提下,试确定实心轴的直径;

(3) 确定空心轴与实心轴的重量比。

解:(1) 校核主传动轴的强度。

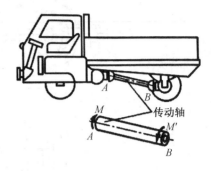

图 8-25 例 8-6 图

根据已知条件,主传动轴上的扭 $T = M_e = 1.5 \text{ kN} \cdot \text{m}$,轴的内、外直径之比

$$\alpha = \frac{d}{D} = \frac{D - 2\delta}{D} = \frac{90 - 2 \times 2.5}{90} = 0.944$$

因为轴只在两端承受外加力偶,所以轴各横截面的危险程度相同,轴的所有横截面最大切应力均为 $\tau_{\max} = \dfrac{T}{W_P} = \dfrac{T}{\dfrac{\pi D_2^3 (1 - \alpha^4)}{16}} = \dfrac{1.5 \times 10^6}{\dfrac{\pi \cdot 90^3 (1 - 0.944^4)}{16}} = 50.9 \text{ MPa} < [\tau] = 60 \text{ MPa}$

所以主传动轴强度是安全的。

(2) 确定实心轴直径。

根据实心轴与空心轴具有同样数值的最大切应力的要求,实心轴横截面上的最大切应力也必须等于 50.9 MPa,设实心轴直径为 d_2,则有

$$\tau_{\max} = \frac{T}{W_P} = \frac{T}{\dfrac{\pi d_2^3}{16}} = \frac{1.5 \times 10^6}{\dfrac{\pi \cdot d_2^3}{16}} = 50.9 \text{ MPa}$$

据此,实心轴的直径为

$$d_2 = \sqrt[3]{\frac{1.5 \times 10^6 \times 16}{50.9\pi}} = 53.1 \text{ mm}$$

(3) 计算实心轴与空心轴的重量比。

由于二者长度相等,材料相同,所以重量比即为横截面的面积比,即

$$\frac{W_1}{W_2} = \frac{A_1}{A_2} = \frac{D^2 - d^2}{d_2^2} = \frac{90^2 - 85^2}{53.1^2} = 0.31$$

上述结果表明,空心轴远比实心轴轻,即采用空心圆轴远比采用实心圆轴合理,这是由于圆轴扭转时横截面上的切应力沿半径方向非均匀分布,截面中心附近区域的切应力比截面边缘各点的切应力小得多,当最大切应力达到许用切应力时,中心附近的切应力远小于许用切应

力值。故将受扭杆件做成空心圆轴,可使横截面中心附近的材料得到充分利用。但是,空心轴价格昂贵,一般情况下不采用。

思考题与习题

8-1 试述切应力互等定理及剪切胡克定律。

8-2 在圆轴扭转时,横截面上的切应力沿半径方向如何分布?

8-3 若直径和长度相同,而材料不同的两根轴,在相同的扭矩作用下,它们的最大切应力是否相同?扭转角是否相同?

8-4 横截面面积相同的空心圆轴与实心圆轴,哪一个的强度、刚度较好?工程中为什么实心轴较多?

8-5 两直径不同的钢轴和铜轴,若两轴上的外力偶矩相同,其扭矩图是否相同?

8-6 轴线与木纹平行的木质圆杆试样进行扭转试验时,试样最先出现什么样的破坏?为什么?

8-7 一传动轴如图 8-26 所示,转速 $n = 300$ r/min,主动轮输入的功率 $P_1 = 500$ kW,三个从动轮输出的功率分别为 $P_2 = 150$ kW,$P_3 = 150$ kW,$P_4 = 200$ kW,试作轴的扭矩图。

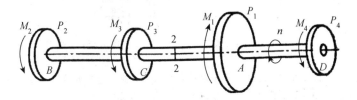

图 8-26 题 8-7 图

8-8 试求如图 8-27 所示各轴的扭矩,画出扭矩图。

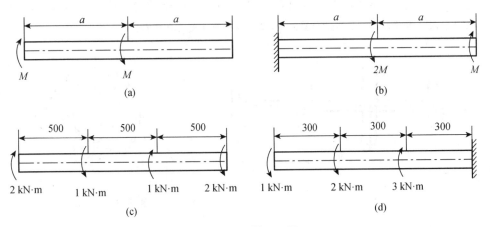

图 8-27 题 8-8 图

8-9 如图 8-28 所示,一直径 $d = 60$ mm 的圆杆,其两端受外力偶矩 $T = 2$ kN·m 的作用而发生扭转,试求横截面 1,2,3 点处的切应力和最大切应变,并在此三点处画出切应力的方向($G = 80$ GPa)。

8-10 如图 8-29 所示,空心圆轴外径 $D = 80$ mm,内径 $d = 62$ mm,两端承受扭矩 $T = 1$ kN·m 的作用,试求:(1)最大切应力和最小切应力;(2)在如图 8-29(b)所示横截面上绘制切应力的分布图。

8-11 一钢轴长 $l = 1$ m,承受扭矩 $T = 18$ kN·m 的作用,材料的许用切应力 $[\tau] = 40$ MPa,试校核强度条件确定圆轴的直径 d。

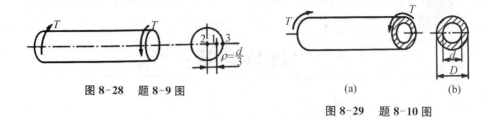

图 8-28　题 8-9 图

(a)　　　　(b)

图 8-29　题 8-10 图

8-12 如图 8-30 所示一圆轴,直径 $D = 110$ mm,力偶矩 $M_e = 1.4$ kN·m,材料的许用切应力 $[\tau] = 70$ MPa, 试校核轴的强度。

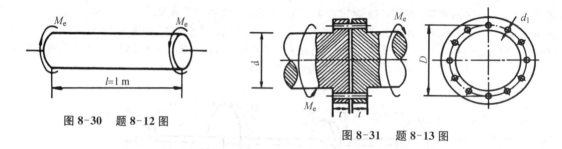

图 8-30　题 8-12 图

图 8-31　题 8-13 图

8-13 如图 8-31 所示两圆轴由法兰上的 12 个螺栓联结。已知轴传递扭矩 $M_e = 50$ kN·m,法兰边厚 $t = 20$ mm,平均直径 $D = 300$ mm,轴的许用切应力 $[\tau] = 40$ MPa,螺栓的许用切应力 $[\tau] = 60$ MPa,许用 挤压应力 $[\sigma_c] = 120$ MPa。试求轴的直径 d 和螺栓的直径 d_1。

8-14 某传动轴如图 8-32 所示,转速 $n = 300$ r/min,轮 1 为主动轮,输入的功率 $P_1 = 50$ kW,轮 2、轮 3、轮 4 为从动轮,输出的功率分别为:$P_2 = 10$ kW,$P_3 = P_4 = 20$ kW。试求:(1) 作轴的扭矩图,并求轴的最 大扭矩;(2) 若将轮 1 和轮 3 的位置对调,轴的最大扭矩变为何值?对轴的受力是否有利?

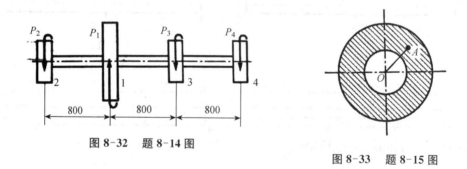

图 8-32　题 8-14 图

图 8-33　题 8-15 图

8-15 如图 8-33 所示空心圆轴,外径 $D = 40$ mm,内径 $d = 20$ mm,扭矩 $T = 1$ kN·m,试计算 A 点处($\rho_A = 15$ mm)的扭转切应力 τ_A,以及横截面上的最大与最小扭转切应力。

8-16 有一受扭钢轴,已知其横截面直径 $d = 25$ mm,剪切弹性模量 $G = 79$ GPa,当扭转角为 6° 时的最大切 应力为 95 MPa,试求此轴的长度。

8-17 如图 8-34 所示,传动轴的转速为 $n = 500$ r/min,主动轮 A 输入的功率 $P_1 = 367.5$ kW,从动轮 B,C 输出的功率分别为:$P_2 = 147$ kW,$P_3 = 220.5$ kW。已知 $[\tau] = 70$ MPa,$[\theta] = 1°$/m,$G = 8 \times 10^4$ MPa, 试求:(1) 确定 AB 段的直径 d_1 和 BC 段的直径 d_2。(2) 若 AB 和 BC 两段选用同一直径,试确定直径 d。

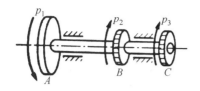

图 8-34 题 8-17 图

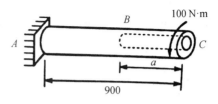

图 8-35 题 8-18 图

8-18 如图 8-35 所示圆轴 AC，AB 段为实心，直径为 50 mm；BC 段为空心，外径为 50 mm，内径为 35 mm。要使杆的总扭转角为 $1.02°$，试确定 BC 段的长度 a。(设 $G = 80$ GPa。)

8-19 如图 8-36 所示圆截面轴，AB 与 BC 段直径分别为 d_1 与 d_2，且 $d_1 = 4d_2/3$，试求轴内的最大切应力与截面 C 的转角，并画出轴表明母线的位移情况(材料的剪切弹性模量为 G)。

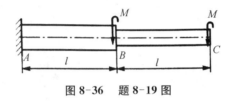

图 8-36 题 8-19 图

8-20 如图 8-37 所示为两端固定的圆截面轴，直径为 d，材料的剪切弹性模量为 G，截面 B 的转角为 φ_B，试求所加外力偶矩 M 的值。

图 8-37 题 8-20 图

8-21 为了使实心圆轴的重量减轻 20%，用外径为内径两倍的空心圆轴代替，如实心圆轴内最大切应力等于 60 MPa，则在空心圆轴内最大切应力等于多少?

习题参考答案

8-1—8-7 略。

8-8 (a) $T_1 = M$, $T_2 = 0$

(b) $T_1 = M$, $T_2 = -M$

(c) $T_1 = 2$ kN·m, $T_2 = 1$ kN·m, $T_3 = 2$ kN·m

(d) $T_1 = -1$ kN·m, $T_2 = -3$ kN·m, $T_3 = 0$

8-9 $\tau_1 = 31.4$ MPa, $\tau = 0$, $\tau = 47.2$ MPa, $\gamma = 0.59 \times 10^3$ MPa

8-10 $\tau_{max} = 15.6$ MPa, $\tau_{min} = 12.1$ MPa

8-11 $d = 131.9$ mm

8-12 $\tau_{max} = 53.6$ MPa，安全

8-13 $d = 185$ mm, $d_1 = 24$ mm

8-14 (1) $T_{max} = 1\,273.4$ kN·m; (2) $T_{max} = 955$ kN·m，对轴的受力有利。

8-15 $\tau_A = 63.7$ MPa, $\tau_{max} = 84.9$ MPa, $\tau_{min} = 42.4$ MPa

8-16 $l = 1\ 088$ mm

8-17   (1) $d_1 = 85$ mm, $d_2 = 75$ mm; (2) $d = 85$ mm

8-18 $a = 402$ mm

8-19 $\tau_{max} = \dfrac{16M}{\pi d_2^3}, \varphi_c = \dfrac{16.6Ml}{Gd_2^4}$

8-20 $M = \dfrac{3G\pi d^4 \varphi_B}{64a}$

8-21 $\tau_{max} = 56.9$ MPa

9 弯曲变形

学习目标与要求

❖ 掌握弯曲变形的概念,并能求出弯曲内力—— 剪力和弯矩。

❖ 熟练掌握绘制剪力图和弯矩图的方法。

❖ 理解正应力、切应力的概念以及其分布规律。

❖ 熟练掌握梁的强度计算方法。

❖ 理解挠度和转角的概念,掌握梁的刚度校核方法。

弯曲变形是工程中最常见的一种基本变形。当直杆受到垂直于杆轴的外力作用或在纵向平面内受到力偶作用时,杆轴线由直线变为曲线,这种变形称为弯曲变形。以弯曲变形为主的杆件通常称为梁。例如:阳台挑梁如图 9-1(a) 所示,在挑梁自重和阳台板传来的荷载作用下,梁轴线由直线变为曲线;桥式起重机的大梁如图 9-1(b) 所示,在梁自重和起吊重物的荷载作用下,梁轴线由直线变为曲线;跳水跳板如图 9-1(c) 所示、水闸立柱如图 9-1(d) 所示,以上构件都是以弯曲变形为主的构件。

工程中常见的梁的横截面至少有一根对称轴(图 9-2),因而整个梁有一包含轴线的纵向对称面(图 9-3)。如果作用在梁上的外力(包括荷载和支座反力)和外力偶都位于同一纵向对称平面内,则变形后的梁轴线也在此纵向对称平面内(图 9-3),这种弯曲称为平面弯曲或对称弯曲。平面弯曲是弯曲问题中最常见的情况,本章将主要讨论等截面直梁的平面弯曲问题。

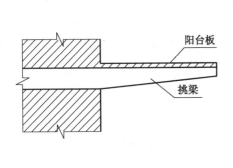

(a)

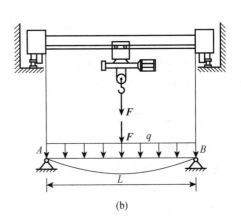

(b)

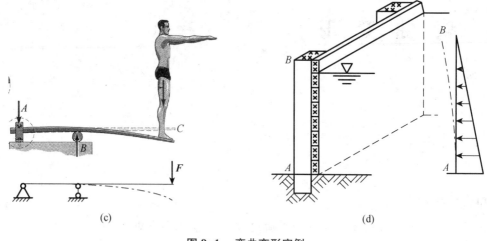

(c)　　　　　　　　　　　　　　(d)

图 9-1　弯曲变形实例

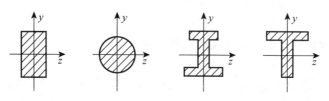

图 9-2　梁截面的对称轴

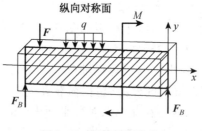

图 9-3　梁的平面弯曲

9.1　梁的弯曲内力

梁的弯曲内力分析是对梁进行强度和刚度计算的基础。工程上梁的截面形状、荷载及支承情况都比较复杂,为了便于分析和计算,必须对梁进行简化。

9.1.1　梁的计算简图

1. 梁的简化

本章主要讨论等截面直梁的平面弯曲问题,外力为作用在梁纵对称面内的平面力系,因此,梁的计算简图中就用梁的轴线代表梁。

2. 载荷简化

作用于梁上的外力,可以简化为集中力、集中力偶和分布载荷。当载荷的作用范围很小时,可将其简化为集中力或集中力偶;若载荷连续作用于梁上,则可将其简化为分布载荷。如图9-1(b)中的吊车大梁,若考虑大梁自身重量对梁强度及刚度的影响,则可将梁自身重量简化为作用于全梁上的均布载荷;起吊重物对梁的作用简化为集中力。

3. 支座简化

根据支座对梁的约束不同,单跨静定梁可分为下列三种形式:

(1) 悬臂梁,梁的一端为固定端,另一端为自由端(图9-4(a))。

(2) 简支梁,梁的一端为固定铰支座,另一端为可动铰支座(图9-4(b))。

(3) 外伸梁,梁的一端或两端伸出支座的简支梁(图9-4(c))。

如果梁的支座反力数目大于静力学平衡方程式的数目,这种梁称为超静定梁(图9-4(d),(e))。本章主要讨论静定梁的平面弯曲问题。

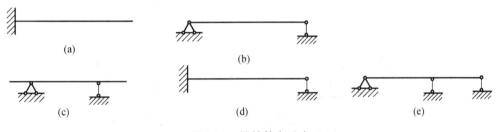

图 9-4　梁的基本形式

9.1.2　梁的内力计算 —— 剪力和弯矩

如图9-5(a)所示为一简支梁,F_1,F_2,F_3为作用于梁上的荷载,根据平衡方程,可以求得支座反力 F_A 和 F_B,然后用截面法求梁的内力。

假想将梁沿 m—m 截面分为两段,现取左段为研究对象,如图 9-5(b)所示。由平衡条件可得

$$\sum F_y = 0, F_A - F_1 - V = 0$$

得

$$V = F_A - F_1$$

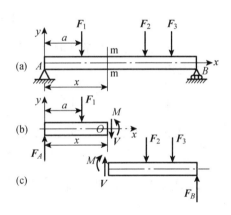

图 9-5　截面法求梁的内力

若把左段上的所有外力和内力对截面 m—m 的形心 O 取矩,则

$$\sum M_O = 0 \Rightarrow M + F_1(x - a) - F_A \cdot x = 0,$$

得

$$M = F_A \cdot x - F_1(x - a)$$

这个作用于截面上,且平行于截面侧边的内力 V,称为剪力;作用于纵向对称平面上的内力偶矩 M 称为弯矩。

如果取梁的右段作为研究对象(图9-5(c)),同样可求得截面 m—m 上的 V 和 M,它们与从左段梁求出 m—m 截面上的内力大小相等,方向相反。

为使从左、右两段梁求得同一截面上的剪力 V 和弯矩 M 具有相同的正负号,对剪力和弯矩的正负号作如下规定:

(1) 剪力的正负号:使梁段有顺时针转动趋势的剪力为正(图 9-6(a));反之,为负(图 9-6(b))。

(2) 弯矩的正负号:使梁段产生上凹下凸的弯曲变形,即下侧受拉的弯矩为正(图 9-6(c));反之,为负(图 9-6(d))。

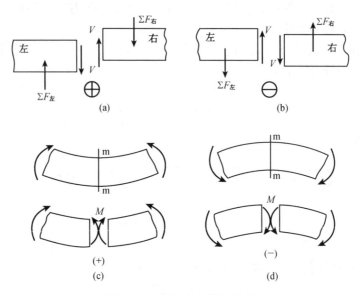

图 9-6 剪力、弯矩的正负号

例 9-1 简支梁如图 9-7(a) 所示。已知 $F_1 = 30$ kN, $F_2 = 30$ kN,试求截面 1—1 上的剪力和弯矩。

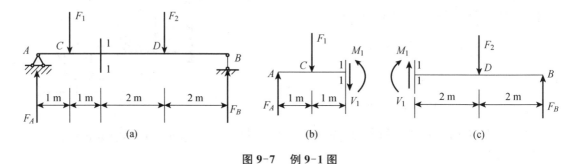

图 9-7 例 9-1 图

解:(1) 求支座反力。根据平衡条件,可得

$$\sum M_B = 0, \quad F_1 \times 5 + F_2 \times 2 - R_A \times 6 = 0$$

$$\sum M_A = 0, \quad -F_1 \times 1 - F_2 \times 4 - R_A \times 6 = 0$$

则

$$F_A = 35 \text{ kN}(\uparrow), \quad F_B = 25 \text{ kN}(\uparrow)$$

校核 $\sum F_y = F_A + F_B - F_1 - F_2 = 35 + 25 - 30 - 30 = 0$,计算无误。

（2）求截面 1—1 上的内力。

假想将梁沿截面 1—1 处分成两段，取左段梁为研究对象，画出其受力图。假设内力 V 和 M 为正（图 9-7(b)），列平衡方程

$$\sum F_y = 0, \quad F_A - F_1 - V_1 = 0$$

$$\sum M_1 = 0, \quad -F_A \times 2 + F_1 \times 1 + M_1 = 0$$

得 $$V_1 = F_A - F_1 = 35 - 30 = 5 \text{ kN}$$

$$M_1 = F_A \times 2 - F_1 \times 1 = 35 \times 2 - 30 \times 1 = 40 \text{ kN} \cdot \text{m}$$

V_1 和 M_1 均为正值，截面 1—1 上内力的实际方向与假定的方向相同。

如取 1—1 截面右段梁为研究对象（图 9-7(c)），可得出同样的结果。

总结以上例题中对剪力和弯矩的计算，可以得出：

（1）任一横截面上的剪力在数值上等于该截面左段（或右段）梁上所有外力的代数和，即

$$V = \sum F_y$$

（2）任一横截面上的弯矩在数值上等于该截面左段（或右段）梁上所有外力对该截面形心 C 的力矩的代数和，即

$$M = \sum M_C$$

以上两式中：横截面上剪力和弯矩的正负号可以直接根据梁上的外力和外力矩直接判定。若外力对所求截面产生顺时针方向转动趋势时，等式右方取正号（图 9-6(a)），即剪力为正；反之，取负号（图 9-6(b)）。若外力矩使所考虑的梁段产生上凹下凸的弯曲变形，即上部受压，下部受拉，等式右方取正号（图 9-6(c)），即弯矩为正；反之，取负号（图 9-6(d)）。此规律可记为"顺转剪力正，下凸弯矩正"，现举例说明。

例 9-2   一悬臂梁，其尺寸及梁上荷载如图 9-8(a) 所示，求截面 1—1 上的剪力和弯矩。

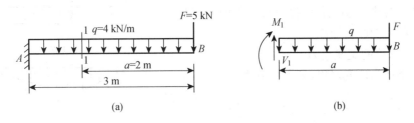

图 9-8   例 9-2 图

解： 对于悬臂梁不需求支座反力，可取右段梁为研究对象，其受力图如图 9-8(b) 所示。

根据"顺转剪力正，下凸弯矩正"的规律，可得

$$V_1 = qa + F = 4 \times 2 + 5 = 13 \text{ kN}$$

$$M_1 = -\frac{qa^2}{2} - Fa = \frac{4 \times 2^2}{2} - 5 \times 2 = -18 \text{ kN} \cdot \text{m}$$

9.1.3 剪力图和弯矩图

一般情况下,梁的不同截面上的内力不同,即剪力与弯矩随截面位置变化而变化。为了全面了解梁的内力与其位置之间的变化关系,图象表示法始终是最直观、最常用的方法,通常按剪力方程和弯矩方程绘制出剪力图和弯矩图。

1. 剪力方程和弯矩方程

若横截面的位置用沿梁轴线的坐标 x 来表示,则各横截面上的剪力和弯矩都可以表示为坐标 x 的函数,即

$$V = V(x), \, M = M(x)$$

以上两个函数式分别称为剪力方程和弯矩方程,表示梁内剪力和弯矩沿梁轴线的变化规律。

2. 剪力图和弯矩图

为了形象地表明梁的各横截面上剪力和弯矩沿梁轴线的变化规律,可以根据剪力方程和弯矩方程,以沿梁轴线的横坐标 x 表示梁横截面的位置,以纵坐标表示相应横截面上的剪力或弯矩,分别绘制剪力图和弯矩图。

在土建工程中,习惯上把正剪力画在 x 轴上方,负剪力画在 x 轴下方;把弯矩图画在梁受拉的一侧,即正弯矩画在 x 轴下方,负弯矩画在 x 轴上方。如图 9-9 所示。

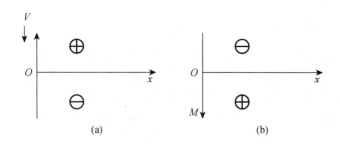

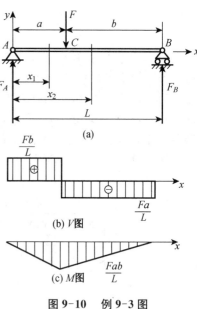

(a)

(b) V 图

(c) M 图

图 9-10 例 9-3 图

图 9-9 画剪力图和弯矩图的规定

例 9-3 如图 9-10 所示,简支梁受集中力 F 作用,试画出梁的剪力图和弯矩图。

解:(1)求梁的支座反力。

取梁的整体为研究对象,列平衡方程

$$\sum M_B = 0, \, -F_A L + Fb = 0,$$

得

$$F_A = \frac{Fb}{L}(\uparrow)$$

$$\sum M_A = 0, \, -Fa + F_B L = 0,$$

得

$$F_B = \frac{Fa}{L}(\uparrow)$$

校核：$\sum F_y = F_A + F_B - F = \dfrac{Fb}{L} + \dfrac{Fa}{L} - F = 0$ 计算无误。

（2）列剪力方程和弯矩方程。梁在 C 处有集中力作用，故 AC 段和 CB 段的剪力方程和弯矩方程不相同，需要分别列出。

AC 段：假想一截面距 A 端为 x_1 处将梁截开，取左段梁为研究对象，列出剪力方程和弯矩方程

$$V(x_1) = F_A = \frac{Fb}{L} \qquad (0 < x_1 < a) \qquad (a)$$

$$M(x_1) = F_A \times x_1 = \frac{Fbx_1}{L} \quad (0 \leqslant x_1 \leqslant a) \qquad (b)$$

CB 段：假想一截面距 A 端为 x_2 处将梁截开，取左段梁为研究对象，列出剪力方程和弯矩方程

$$V(x_2) = F_A - F = Fb/L - F = \frac{-Fa}{L} \qquad (a < x_2 < L) \qquad (c)$$

$$M(x_2) = F_A \times x_2 - F(x_2 - a) = \frac{Fa(L-x_2)}{L} \quad (a \leqslant x_2 \leqslant L) \qquad (d)$$

（3）画剪力图和弯矩图。根据剪力方程和弯矩方程画剪力图和弯矩图。

V 图：由式（a）可知，AC 段剪力方程 $V(x_1)$ 为常数，剪力图是一条平行于 x 轴的直线，且在 x 轴上方。由式（c）可知，CB 段剪力方程 $V(x_2)$ 也为常数，剪力图也是一条平行于 x 轴的直线，但在 x 轴下方。如图 9-10（b）所示。

M 图：由式（b）、式（d）可知，AC 段弯矩 $M(x_1)$、CB 段弯矩 $M(x_2)$ 分别是 x_1 和 x_2 的一次函数，弯矩图是一条斜直线，只要计算两个端点的弯矩值，就可以画出弯矩图。

AC 段：当 $x_1 = 0$ 时，$M_A = 0$

当 $x_1 = a$ 时，$M_c = \dfrac{Fab}{L}$

CB 段：当 $x_2 = a$ 时，$M_c = \dfrac{Fab}{L}$

当 $x_2 = L$ 时，$M_B = 0$

梁的弯矩图如图 9-10（c）所示。

从上例的剪力图和弯矩图可以得出：简支梁受集中荷载作用，剪力图为平行线，在集中荷载作用处发生突变，其突变值等于该集中荷载的大小，突变方向与该集中荷载的方向一致；弯矩图在无荷载梁段为斜直线，集中荷载作用处直线斜率发生变化，出现尖点，尖点方向与该集中荷载方向一致。

例 9-4　如图 9-11（a）所示简支梁受集中力偶 m 作用，试画出梁的剪力图和弯矩图。

解：（1）求梁的支座反力。取梁的整体为研究对象，列平衡方程

$$\sum M_B = 0, \ -F_A l + m = 0, 得 F_A = m/l (\uparrow)$$

$$\sum M_A = 0, \ m + F_B l = 0, 得 F_B = -m/l (\downarrow)$$

校核：$\sum F_y = F_A + F_B = m/l - m/l = 0$

（2）列剪力方程和弯矩方程。梁在 C 处有集中力偶 m 作用,弯矩发生突变,故 AC 段和 CB 段需要分段列方程。

AC 段:假想一截面距 A 端为 x_1 处将梁截开,取左段梁为研究对象,列出剪力方程和弯矩方程

$$V(x_1) = F_A = m/l \qquad (0 < x_1 \leqslant a) \qquad (a)$$

$$M(x_1) = F_A \times x_1 = mx_1/l \quad (0 \leqslant x_1 < a) \qquad (b)$$

CB 段:假想一截面距 A 端为 x_2 处将梁截开,取左段梁为研究对象,列出剪力方程和弯矩方程

$$V(x_2) = F_A = m/l \qquad\qquad (a \leqslant x_2 < l)$$
$$(c)$$

$$M(x_2) = F_A \times x_2 - m = -m(l-x_2)/l \quad (a < x_2 \leqslant l)$$
$$(d)$$

图 9-11　例 9-4 图

（3）画剪力图和弯矩图

V 图:由式(a)、式(c)可知,梁在 AC 段和 CB 段剪力都是常数,其值相等,剪力图是一条平行于 x 轴的直线,且在 x 轴上方。剪力图如图 9-11(b) 所示。

M 图:由式(b)、式(d)可知,AC 段弯矩 $M(x_1)$、CB 段弯矩 $M(x_2)$ 分别是 x_1 和 x_2 的一次函数,弯矩图是两段斜直线。

AC 段:当 $x_1 = 0$ 时,$M_A = 0$

　　　　当 $x_1 = a$ 时,$M_c = ma/l$

CB 段:当 $x_2 = a$ 时,$M_c = -mb/l$

　　　　当 $x_2 = l$ 时,$M_B = 0$

画出弯矩图如图 9-11(c) 所示。

从上例的剪力图和弯矩图中可以得出:简支梁受一个集中力偶作用时,剪力图是一条平行于 x 轴的直线,且值不变;弯矩图是两段斜率相同的斜直线;弯矩在集中力偶作用处出现突变.其突变值等于该集中力偶矩。

例 9-5　简支梁受均布荷载作用如图 9-12(a) 所示,试画出梁的剪力图和弯矩图。

解:（1）求梁的支座反力。取梁的整体为研究对象,列平衡方程,可得

$$F_A = F_B = \frac{1}{2}ql \; (\uparrow)$$

（2）列剪力方程和弯矩方程。假想一截面距 A 端为 x 处将梁截开,取左段梁为研究对象,列出剪力方程和弯矩方程

$$V(x) = F_A - qx = \frac{1}{2}ql - qx \quad (0 < x < l) \qquad (a)$$

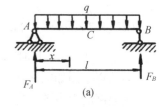
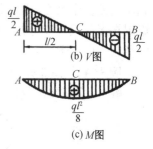

图 9-12　例 9-5 图

$$M(x) = F_A \cdot x - \frac{1}{2}qx^2 = \frac{1}{2}qlx - \frac{1}{2}qx^2 \quad (0 \leqslant x \leqslant l) \tag{b}$$

（3）画剪力图和弯矩图。由式（a）知，$V(x)$ 是 x 的一次函数，剪力图是一条斜直线。

当 $x = 0$ 时，$V_{A右} = \dfrac{ql}{2}$

当 $x = l$ 时，$V_{B左} = -\dfrac{ql}{2}$

剪力图如图 9-12（b）所示。

由式（b）知，$M(x)$ 是 x 的二次函数，说明弯矩图是一条二次抛物线，应至少计算三个截面的弯矩值，才可描绘出曲线的大致形状。

当 $x = 0$ 时，$M_A = 0$

当 $x = \dfrac{l}{2}$ 时，$M_c = \dfrac{ql^2}{8}$

当 $x = l$ 时，$M_B = 0$

弯矩图如图 9-12（c）所示。

从剪力图和弯矩图中可以得出：简支梁受均布荷载作用时，其剪力图为斜直线，最大剪力发生在两端支座处，值为 $|V|_{max} = \dfrac{1}{2}ql$；弯矩图为二次抛物线，在剪力等于零的截面上弯矩有极值，其值为 $|M|_{max} = \dfrac{1}{8}ql^2$。

例 9-6   如图 9-13（a）所示，悬臂梁自由端受一集中荷载 F 作用，试画出梁的剪力图和弯矩图。

解：（1）悬臂梁不需求支座反力，取梁的左半部分为研究对象。

（2）列剪力方程和弯矩方程。

$$V(x) = -F \qquad (0 < x < L) \tag{a}$$

$$M(x) = -Fx \qquad (0 \leqslant x \leqslant L) \tag{b}$$

（3）画剪力图和弯矩图。

由式（a）可知，$V(x)$ 是常数，剪力图为一平行于 x 轴且在 x 轴下方的直线。

剪力图如图 9-13（b）所示。

由式（b）可知，$M(x)$ 是 x 的一次函数，弯矩图是一条斜直线。

当 $x = 0$ 时，$M_A = 0$

当 $x = L$ 时，$M_B = -FL$

弯矩图如图 9-13（c）所示。

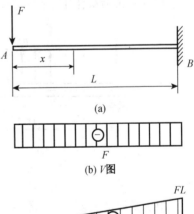

（b）V 图

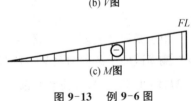

（c）M 图

图 9-13   例 9-6 图

例 9-7   如图 9-14（a）所示，悬臂梁受均布荷载 q 作用，试画出梁的剪力图和弯矩图。

解：（1）悬臂梁不需求支座反力。

（2）列剪力方程和弯矩方程。

$$V(x) = qx \qquad (0 < x \leqslant l) \qquad (a)$$

$$M(x) = -\frac{1}{2}qx^2 \quad (0 < x \leqslant l) \qquad (b)$$

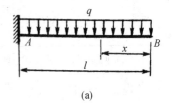

（3）画剪力图和弯矩图。

由式（a）知，$V(x)$ 是 x 的一次函数，剪力图是一条斜直线。

当 $x = 0$ 时，$V_B = 0$；当 $x = l$ 时，$V_A = ql$

剪力图如图 9-14（b）所示。

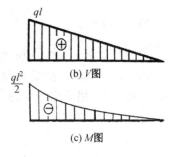

由式（b）知，$M(x)$ 是 x 的二次函数，说明弯矩图是一条二次抛物线，应至少计算三个截面的弯矩值，才可描绘出曲线的大致形状。

当 $x = l$ 时，$M_A = -\dfrac{ql^2}{2}$；当 $x = \dfrac{l}{2}$ 时，$M_c = -\dfrac{ql^2}{8}$；当 $x = 0$ 时，$M_B = 0$

图 9-14　例 9-7 图

弯矩图如图 9-14（c）所示。

9.1.4　应用荷载集度、剪力和弯矩之间的微分关系作梁的内力图

1. 荷载集度、剪力和弯矩之间的微分关系

如图 9-15（a）所示，以梁轴线为 x 轴，且向右为正，y 轴向上为正。梁上作用有任意的分布荷载 $q(x)$，设 $q(x)$ 以向上为正。

现取分布荷载作用下的一微段 $\mathrm{d}x$ 放大作为研究对象，如图 9-15（b）所示。

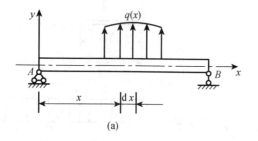

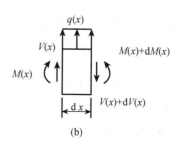

图 9-15　微分关系

由于微段的长度 $\mathrm{d}x$ 非常小，因此，在微段上作用的分布荷载 $q(x)$ 可以认为是均布的。微段左侧横截面上的剪力是 $V(x)$、弯矩是 $M(x)$；微段右侧横截面上的剪力是 $V(x) + \mathrm{d}V(x)$、弯矩是 $M(x) + \mathrm{d}M(x)$，并设它们都为正值。由微段的平衡方程 $\sum F_y = 0$，$\sum M_C = 0$ 可得

$$V(x) + q(x)\mathrm{d}x - [V(x) + \mathrm{d}V(x)] = 0$$

$$-M(x) - V(x)\mathrm{d}x - q(x)\mathrm{d}x\frac{\mathrm{d}x}{2} + [M(x) + \mathrm{d}M(x)] = 0$$

省略二阶微量 $q(x)\mathrm{d}x\dfrac{\mathrm{d}x}{2}$ 后,可得

$$\frac{\mathrm{d}V(x)}{\mathrm{d}x} = q(x) \tag{9-1}$$

$$\frac{\mathrm{d}M(x)}{\mathrm{d}x} = V(x) \tag{9-2}$$

将式(9-2)两边求导,可得

$$\frac{\mathrm{d}^2 M(x)}{\mathrm{d}x^2} = \frac{\mathrm{d}V(x)}{\mathrm{d}x} = q(x) \tag{9-3}$$

以上三式表示了 $q(x)$、$V(x)$ 和 $M(x)$ 之间的导数关系,并可以得出以下结论:

(1) 式(9-1)表明,梁上任一横载面上的剪力对 x 的一阶导数等于作用在该截面处的分布荷载集度 q。这一微分关系的几何意义是,剪力图上某点切线的斜率等于相应截面处的分布荷载集度。

(2) 式(9-2)表明,梁上任一横截面上的弯矩对 x 的一阶导数等于该截面上的剪力。这一微分关系的几何意义是,弯矩图上某点切线的斜率等于相应截面上剪力。

(3) 式(9-3)表明,梁上任一横截面上的弯矩对 x 的二阶导数等于该截面处的分布荷载集度。这一微分关系的几何意义是,弯矩图上某点的曲率等于相应截面处的荷载集度,即由分布荷载集度的正负可以确定弯矩图的凹凸方向。

表 9-1　　　　　　　　　　　　　　　　剪力图、弯矩图规律

载荷类型	无载荷段 $q(x)=0$		均布载荷 $q(x)=$ 常数		集中力		集中力偶	
			$q<0$　$q>0$		F（下）　C（上）		M　M	
V图	水平线		倾斜线		产生突变		无影响	
					F　F			
M图	>0	$=0$	<0	二次抛物线 $V=0$ 有极值		有 C 处有折角	产生突变	
	倾斜线	水平线	倾斜线			C	M　M	

2. 用微分关系法绘制剪力图和弯矩图

利用弯矩、剪力与荷载集度之间的微分关系及其几何意义,可总结出梁的剪力图和弯矩图的一些规律。

(1) 在无荷载梁段,即 $q(x)=0$ 时,由于 $q(x)=0$,由式(9-1)可知,$V(x)=$ 常数,剪力图是一条平行于 x 轴的直线;又由式(9-2)可知该段弯矩图上各点切线的斜率为常数,因此,弯矩图是一条斜直线。

（2）均布荷载梁段，即 $q(x)=$ 常数时，由式（9-1）可知，剪力图上各点切线的斜率为常数，即 $V(x)$ 是 x 的一次函数，剪力图是一条斜直线；又由式（9-2）可知，该段弯矩图上各点切线的斜率为 x 的一次函数，因此，$M(x)$ 是 x 的二次函数，即弯矩图为二次抛物线。

（3）弯矩的极值。由 $\dfrac{\mathrm{d}M(x)}{\mathrm{d}x}=V(x)=0$ 可知，在 $V(x)=0$ 的截面处，$M(x)$ 具有极值。即剪力等于零的截面上，弯矩具有极值；反之，弯矩具有极值的截面上，剪力一定等于零。

（4）图形变化

在集中力作用截面处，剪力 V 有突变，突变值等于集中力的大小，弯矩图的斜率也发生突变，出现尖点；在集中力偶作用截面处，弯矩发生突变，突变值等于集中力偶矩的大小，剪力图无变化。

3. 绘制剪力图和弯矩图的步骤

利用上述规律，可更简捷地绘制梁的剪力图和弯矩图，其步骤如下：

（1）分段，即根据梁上外力及支承等情况将梁分成若干段。

（2）根据各段梁上的荷载情况，判断其剪力图和弯矩图的大致形状。

（3）计算出控制截面（分界点、极值点所在的截面位置）的 V 值和 M 值。

（4）逐段直接绘出梁的 V 图和 M 图。

例 9-8　一外伸梁如图 9-16(a) 所示，已知 $l=4\ \mathrm{m}$，$q=4\ \mathrm{kN/m}$，$F=16\ \mathrm{kN}$，利用微分系绘出外伸梁的剪力图和弯矩图。

解：（1）求梁的支座反力。

$$\sum M_B=0,\ F_D=6\ \mathrm{kN}(\uparrow)$$

$$\sum F_y=0,\ F_B=18\ \mathrm{kN}(\uparrow)$$

（2）根据梁上的外力情况，将梁分为 AB、BC 和 CD 三段。

（3）画剪力图。AB 段梁上有均布荷载，该段梁的剪力图为一斜直线，其控制截面剪力为

$$V_A=0$$

$$V_{B左}=-\frac{1}{2}ql^2=-\frac{1}{2}\times4\times4=-8\ \mathrm{kN}$$

BC 段为无荷载区段，剪力图为一水平线，则

$$V_{B右}=-\frac{1}{2}ql+F_B=10\ \mathrm{kN}$$

CD 段为无荷载区段，剪力图为一水平线，则

$$V_D=-F_D=-6\ \mathrm{kN}$$

剪力图如图 9-16(b) 所示。

（4）画弯矩图。AB 段梁上有均布荷载，因 q 向下，该段梁的弯矩图为向下凸二次抛物线。

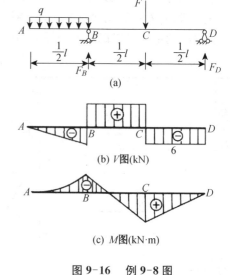

(a)

(b) V 图(kN)

(c) M 图(kN·m)

图 9-16　例 9-8 图

其控制截面弯矩为

$$M_A = 0$$

$$M_B = -\frac{1}{2}ql \cdot \frac{l}{4} = -8 \text{ kN} \cdot \text{m}$$

BC 段与 CD 段均为无荷载区段，弯矩图均为斜直线，其控制截面弯矩为

$$M_B = -8 \text{ kN} \cdot \text{m}$$

$$M_C = F_D \cdot \frac{l}{2} = 6 \times 2 = 12 \text{ kN} \cdot \text{m}$$

$$M_D = 0$$

弯矩图如图 9-16(c) 所示。

例 9-9　一简支梁，尺寸及梁上荷载如图 9-17(a) 所示，利用微分关系绘出此梁的剪力图和弯矩图。

解：（1）求支座反力：

$$F_A = 3 \text{ kN}(\uparrow)$$

$$F_B = 7 \text{ kN}(\uparrow)$$

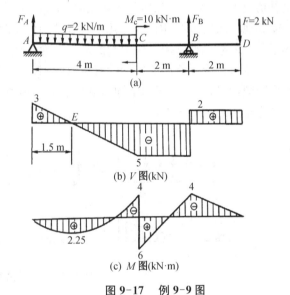

图 9-17　例 9-9 图

（2）根据梁上的荷载情况，将梁分为 AC，CB，BD 三段，逐段画出内力图。

（3）画剪力图。AC 为均布荷载段，剪力图为斜直线，其控制截面剪力为

$$V_A = 3 \text{ kN}$$

$$V_C = F_A - ql = 3 - 2 \times 4 = -5 \text{ kN}$$

CB 段为无荷载区段，剪力图为水平线，$V_C = -5$ kN。

BD 段为无荷载区段，剪力图为水平线，$V_D = F = 2$ kN。

剪力图如图 9-17(b) 所示。

（4）画弯矩图。AC 为均布荷载段，由于 q 向下，弯矩图为向下凸的二次抛物线，在 E 点（$V_E = 0$），弯矩有极值。设弯矩具有极值的截面距 A 点的距离为 x，由该截面上剪力等于零的条件可求得

$$V_E(x) = F_A - qx = 0, x = 1.5 \text{ m}$$

则弯矩的极值为

$$M_E = F_A \cdot x - \frac{1}{2}qx^2 = 3 \times 1.5 - \frac{2 \times 1.5^2}{2} = 2.25 \text{ kN} \cdot \text{m}$$

$$M_A = 0$$

$$M_{C左} = F_A \times 4 - \frac{1}{2} \times 2 \times 4^2 = -4 \text{ kN} \cdot \text{m}$$

CB 段为无荷载区段,弯矩图为斜直线,C 点有集中力偶,弯矩有突变,因此

$$M_{C右} = -4 + 10 = 6 \text{ kN} \cdot \text{m}$$
$$M_B = -F \times 2 = -4 \text{ kN} \cdot \text{m}$$

BD 段为无荷载区段,弯矩图为斜直线,其控制截面弯矩

$$M_B = -4 \text{ kN} \cdot \text{m}$$
$$M_C = 0$$

9.1.5　用叠加法画弯矩图

当梁在荷载作用下的变形为微小变形时,其跨长的改变可略去不计,因而在求梁的支座反力、剪力和弯矩时,均可按其原始尺寸进行计算,而所得到的结果均与梁上荷载呈线性关系。在这种情况下,当梁上有几项荷载作用时,由每一项荷载所引起的梁的支座反力、剪力和弯矩将不受其他荷载的影响。因此,由几个荷载共同作用时所引起的某一参数(内力、应力或变形),就等于各个荷载单独作用时所引起的某一参数的代数和,这种关系称为叠加原理。

本章只讨论用叠加法作梁的弯矩值图。其方法为:先分别作出梁在每一个荷载单独作用下的弯矩图,然后将各弯矩图中同一截面上的弯矩值代数相加,即可得到梁在所有荷载共同作用下的弯矩图,如图 9-18 所示。

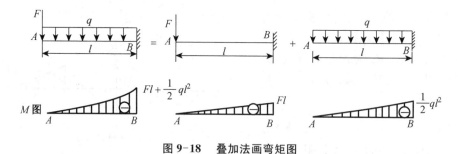

图 9-18　叠加法画弯矩图

表 9-2　　　　　　　　　　　　　单跨梁在简单荷载作用下的弯矩图

荷载形式	弯矩图	荷载形式	弯矩图	荷载形式	弯矩图
(悬臂梁端部集中力 F,长 l)	Fl	(悬臂梁均布荷载 q,长 l)	$\dfrac{ql^2}{2}$	(悬臂梁端部力偶 M_C,长 l)	M_0
(简支梁集中力 F,a、b,长 l)	$\dfrac{Fab}{l}$	(简支梁均布荷载 q,长 l)	$\dfrac{ql^2}{8}$	(简支梁力偶 M_0,a、b)	$\dfrac{b}{l}M_0$, $\dfrac{a}{l}M_0$
(外伸梁端部集中力 F,l、a)	F_a	(外伸梁均布荷载 q,l、a)	$\dfrac{1}{2}qa^2$	(外伸梁力偶 M_0,l、a)	M_0

例 **9-10** 试用叠加法画出图 9-19(a) 所示简支梁的弯矩图。

解: (1) 画均布荷载作用下,梁的弯矩图。从表9-2 可知,简支梁在均布荷载作用下的弯矩图,如图 9-19(b) 所示。

(2) 画集中力偶作用下的弯矩图。AB 段为无荷载区段,弯矩图为斜直线,如图 9-19(c) 所示。

$$M_A = -m, M_B = 0, M_C = -\frac{m}{2}$$

(3) 按叠加原理进行弯矩叠加,如图 9-19(a) 所示。

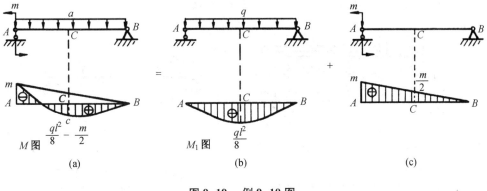

图 9-19　例 9-10 图

例 **9-11** 用叠加法画出图 9-20 所示悬臂梁的弯矩图。

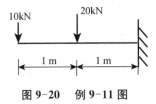

图 9-20　例 9-11 图

解: 该悬臂梁上同时受两个集中力作用,可视为每一集中力分别作用的叠加。其叠加过程及结果如图 9-21 所示。

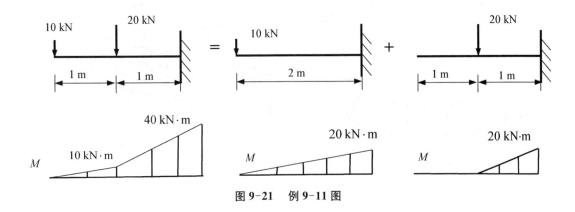

图 9-21　例 9-11 图

9.2 梁的弯曲应力

第 9.1 节详细讨论了梁横截面上的剪力和弯矩。弯矩是垂直于横截面的内力系的合力偶矩；而剪力是切于横截面的内力系的合力。因此,弯矩 M 与横截面上的正应力 σ 有关,而剪力 V 与切应力 τ 有关。

一般情况下,梁横截面上既有剪力 V 又有弯矩 M,如图 9-22 所示,简支梁在荷载作用下的内力图。从图中可以看出,在 AC 和 CB 段,梁横截面上既有剪力 V 又有弯矩 M,因而既有正应力 σ 又有切应力 τ,这种弯曲称为横力弯曲或剪切弯曲;在 CD 段内,只有弯矩而无剪力,因而横截面上只有正应力 σ 而无切应力 τ,这种弯曲称为纯弯曲。

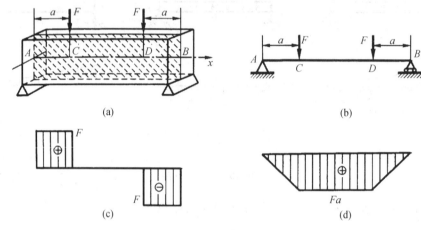

图 9-22 梁的内力图

9.2.1 梁弯曲时横截面上的正应力

纯弯曲容易在试验时实现,为了观察梁的变形规律,取一弹性较好的矩形截面梁,在其表面上画上纵向线 aa 和 bb,并作与它们垂直的横线 mm 和 nn,然后使梁发生纯弯曲变形(图 9-23),可以观察到:

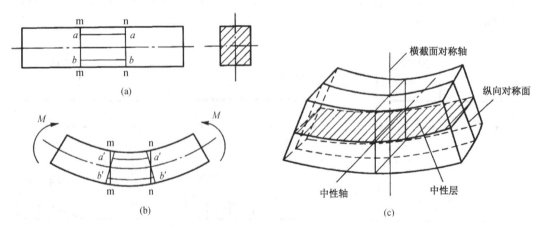

图 9-23 梁纯弯曲变形

（1）纵向线 aa 和 bb 变为曲线,上部纵向线缩短,下部纵向线伸长。

（2）横向线 mm 和 nn 仍为直线,它们相对旋转一个角度后,仍然垂直于变形后的纵向线。

根据这样的试验结果,可以作出如下的假设:

（1）弯曲变形的平面假设:变形前原为平面的梁的横截面变形后仍保持为平面,且仍垂直于变形后的梁轴线。

（2）单向受力假设:将梁看成由无数纤维组成,梁内各纵向纤维只受到轴向拉伸或压缩,相互之间无挤压。

根据平面假设,梁弯曲变形后,从上部各层纤维缩短到下部各层纤维伸长的连续变化中,必有一层纤维既不缩短也不伸长,这层纤维称为中性层。中性层与横截面的交线称为中性轴,变形时横截面绕中性轴转动,如图9-23(c)所示,中性轴上面纤维受压而缩短,下面纤维受拉而伸长。

由于变形是连续的,各层纵向纤维的线应变沿截面高度应为线性变化规律,从而由虎克定律可推出,梁弯曲时横截面上的正应力沿截面高度呈线性分布规律变化,如图9-24所示。

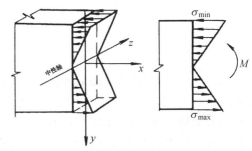

图 9-24　梁的正应力分布

根据理论推导(推导从略),梁弯曲时横截面上任一点正应力的计算公式为

$$\sigma = \frac{M \cdot y}{I_z} \qquad (9\text{-}4)$$

由式(9-4)可知,梁弯曲时横截面上任一点的正应力与弯矩 M 和该点到中性轴距离 y 成正比,与 I_z 成反比,正应力沿截面高度呈线性分布;中性轴上各点处的正应力为零,在离中性轴最远的梁上、下边缘处正应力最大,即

$$\sigma_{\max} = \frac{My_{\max}}{I_z}$$

由于 $W_z = \dfrac{I_z}{y_{\max}}$,则

$$\sigma_{\max} = \frac{M}{W_z} \qquad (9\text{-}5)$$

式中　　M——横截面上的弯矩;

$\quad\quad y$——所计算应力点到中性轴的距离;

$\quad\quad I_z$——截面对中性轴的惯性矩;

$\quad\quad W_z$——抗弯截面系数。

矩形截面抗弯截面系数 $W_z = \dfrac{I_z}{h/2} = \dfrac{bh^3/12}{h/2} = \dfrac{bh^2}{6}$;

圆形截面抗弯系数 $W_z = \dfrac{I_z}{d/2} = \dfrac{\pi d^4/64}{d/2} = \dfrac{\pi d^3}{32}$;

圆环形截面抗弯系数 $W_z = \dfrac{I_z}{D/2} = \dfrac{\pi D^3(1-\alpha^4)}{32}$（$D$ 为圆环的外径，$\alpha = d/D$，d 为圆环的内径）。

型钢截面的抗弯截面系数，可从型钢规格表中查得。

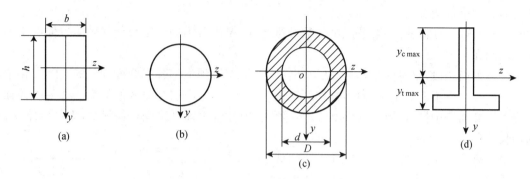

图 9-25

当梁弯曲时，在其横截面上既有拉应力也有压应力，两者各自有最大值。对于中性轴为对称轴的横截面，例如矩形、圆形和工字形等截面（图 9-25(a)，(b)，(c)），其最大拉应力和最大压应力在数值上相等；对于中性轴不是对称轴的某些横截面，例如 T 形截面（图 9-25(d)），其上拉应力和压应力的最大值不相等，这时应分别以横截面上受拉和受压部分距中性轴最远的距离 $y_{t\,max}$ 和 $y_{c\,max}$ 直接代入公式（9-4），求得相应的最大应力。

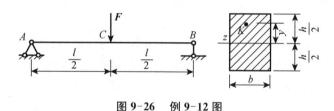

图 9-26　例 9-12 图

例 9-12　一矩形截面简支梁，跨中作用集中力 F，如图 9-26 所示，已知 $F = 4$ kN，$l = 4$ m，$b = 120$ mm，$h = 180$ mm，$y = 60$ mm，求：(1)C 截面上 K 点的正应力；(2)C 截面上的最大正应力。

解：(1) 计算支座反力。

$$F_A = F_B = \frac{F}{2} = 2 \text{ kN}(\uparrow)$$

(2) 计算 C 截面的弯矩。

$$M_C = F_A \times l/2 = 2 \times 2 = 4 \text{ kN·m}$$

(3) 计算截面对中性轴的惯性矩。

$$I_z = \frac{bh^3}{12} = \frac{120 \times 180^3}{12} = 58.32 \times 10^6 \text{ mm}^4$$

（4）计算 C 截面上 K 点的正应力。将 M_C，y（均取绝对值）及 I_z 代入正应力公式（9-4），得

$$\sigma_K = \frac{M_C y}{I_z} = \frac{4 \times 10^6 \times 60}{58.32 \times 10^6} = 4.16 \text{ MPa}$$

由于 C 截面的弯矩为正，K 点位于中性轴上方，所以 K 点的应力为压应力。

（5）计算 C 截面上的最大正应力。

$$\sigma_{max} = \frac{M y_{max}}{I_z} = \frac{4 \times 10^6 \times 90}{58.32 \times 10^6} = 6.17 \text{ MPa}$$

最大拉应力在截面下边缘，最大压应力在截面上边缘，其数值相等。

9.2.2 梁横截面上的切应力

1. 矩形截面梁的切应力

梁横截面上的剪力 V 沿 y 轴方向，如图 9-27(a) 所示，关于横截面上切应力的分布规律，作以下两个假设：

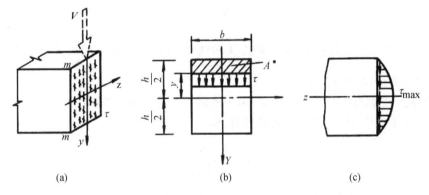

图 9-27 矩形截面梁切应力分布规律

（1）横截面上各点处的切应力方向都与剪力方向一致（图 9-27(a)）；

（2）切应力沿截面宽度均匀分布（图 9-27(b)）。

根据以上假设，可以推导出矩形截面梁横截面上任意一点处切应力的计算公式为

$$\tau = \frac{V S_z^*}{I_z b} \tag{9-6}$$

式中 V——横截面上的剪力；

I_z——整个截面对中性轴的惯性矩；

b——需求切应力处的横截面宽度；

S_z^*——横截面上需求切应力点处的水平线以上（或以下）部分的面积 A^* 对中性轴的静矩。

用上式计算时，V 与 S_z^* 均用绝对值代入即可。

从式（9-6）可以看出：对于同一截面，V，I_z 及 b 都为常量，因此，截面上的切应力 τ 是随静矩 S_z^* 的变化而变化的。

现求如图 9-27(b) 所示矩形截面上任意一点的切应力,设该点至中性轴的距离为 y,该点水平线以上横截面面积 A^* 对中性轴的静矩为

$$S_z^* = A^* y_0 = b\left(\frac{h}{2} - y\right)\left[y + \frac{1}{2}\left(\frac{h}{2} - y\right)\right] = \frac{bh^2}{8}\left(1 - \frac{4y^2}{h^2}\right)$$

又 $I_z = \dfrac{bh^2}{12}$,代入式(9-6),得

$$\tau = \frac{3V}{2bh}\left(1 - \frac{4y^2}{h^2}\right) \tag{9-7}$$

从式(9-7)可以看出,切应力沿截面高度按抛物线规律分布(图9-27(c))。在上、下边缘处,即 $y = \pm\dfrac{h}{2}$ 时,$\tau = 0$;随着离中性轴的距离 y 减小,τ 逐渐增大,在中性轴上,即 $y = 0$ 时,切应力 τ 最大,其值为

$$\tau_{\max} = \frac{3V}{2bh} = 1.5\frac{V}{A} \tag{9-8}$$

式中,$\dfrac{V}{A}$ 为截面上的平均切应力,矩形截面梁横截面上的最大切应力是平均应力的1.5倍。

2. 工字形截面梁的切应力

工字形截面梁翼缘部分的切应力很小,一般情况不必计算。腹板是一个狭长的矩形,所以它的切应力可按矩形截面的切应力公式计算,即

$$\tau = \frac{VS_z^*}{I_z d} \tag{9-9}$$

式中 d——腹板的宽度;

S_z^*——横截面上所求切应力处的水平线以下(或以上)至边缘部分面积 A^* 对中性轴的静矩。

由式(9-8)可求得切应力 τ 沿腹板高度按抛物线规律变化,如图 9-28(b) 所示。在中性轴上,即 $y = 0$ 时,切应力 τ 最大,其值为

$$\tau_{\max} = \frac{V_{\max} S_{z\ \max}^*}{I_z d} = \frac{V_{\max}}{(I_z / S_{z\max}^*)d} \tag{9-10}$$

式中,$S_{z\max}^*$ 为工字形截面中性轴(或以上)面积对中性轴的静矩。对于工字钢,$I_z / S_{z\max}^*$ 可由型钢表中查得。

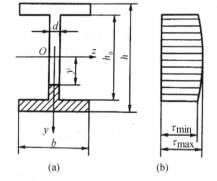

图 9-28　工字形截面梁切应力分布规律

例 9-13　一矩形截面简支梁,跨中作用集中力 F,如图 9-29 所示,已知 $F = 4$ kN,$b = 120$ mm,$h = 180$ mm,$l = 4$ m,$h_1 = 50$ mm,求:(1)m—m 截面上 K 点的切应力;(2)m—m 截面上的最大切应力。

解:(1) 计算支座反力:

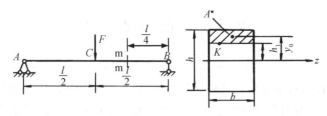

图 9-29　例 9-13 图

$$F_A = F_B = F/2 = 2 \text{ kN}(\uparrow)$$

（2）计算 m—m 截面上的剪力：

$$V = -F_B = -2 \text{ kN}$$

（3）计算截面的惯性矩及面积 A^* 对中性轴的静矩分别为

$$I_z = \frac{bh^3}{12} = \frac{120 \times 180^3}{12} = 58.32 \times 10^6 \text{ mm}^4$$

$$S_z^* = A^* y_0 = 120 \times 40 \times 70 = 336 \times 10^3 \text{ mm}^3$$

（4）计算 m—m 截面上 K 点的切应力：

$$\tau_K = \frac{V S_z^*}{I_z b} = \frac{2 \times 10^3 \times 336 \times 10^3}{58.32 \times 10^6 \times 120} = 0.096 \text{ MPa}$$

（5）计算 m—m 截面上的最大切应力：

由式(9-8)，可得 $\tau_{max} = 1.5 \dfrac{V}{A} = 1.5 \times \dfrac{2 \times 10^3}{120 \times 180} = 0.139 \text{ MPa}$，最大切应力在中性轴上。

例 9-14　一工字形钢梁，在跨中作用集中力 F，如图 9-30 所示。已知 $l = 6 \text{ m}$，$F = 20 \text{ kN}$，工字钢的型号为 20a，求梁中的最大正应力和最大切应力。

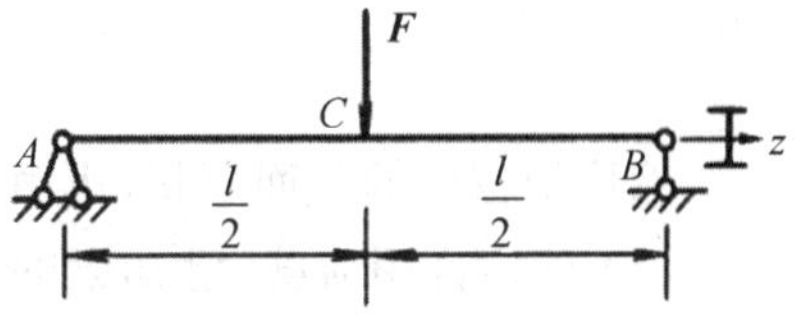

解：（1）计算支座反力：

$$F_A = F_B = F/2 = 10 \text{ kN}(\uparrow)$$

图 9-30　例 9-14 图

（2）由型钢规格表查得 20a 工字钢 W_z 为

$$W_z = 237 \text{ cm}^3, \quad I_z / S_{z\,max}^* = 17.2 \text{ cm}$$

（3）计算最大弯矩和最大剪力绝对值：

$$M_{max} = F_A \times l/2 = 10 \times 3 = 30 \text{ kN} \cdot \text{m}, \quad V_{max} = F_A = 10 \text{ kN}$$

（4）计算最大正应力和最大切应力：

$$\sigma_{max} = \frac{M_{max}}{W_z} = \frac{30 \times 10^6}{237 \times 10^3} = 126.58 \text{ MPa}$$

$$\tau_{max} = \frac{V_{max} S_{z\,max}^*}{I_z d} = \frac{V_{max}}{(I_z / S_{z max}^*) d} = \frac{10 \times 10^3}{17.2 \times 10 \times 10 \times 7} = 8.3 \text{ MPa}$$

9.3　梁的强度计算

为了保证梁能安全工作,必须使梁具备足够的强度。对于"纯弯曲"梁,由于截面内无剪力出现,因而不存在剪应力,也无所谓剪应力强度问题,只需进行正应力强度计算。但在实际工程结构中,大多数梁发生剪力弯曲,因此,梁的强度问题,除了正应力强度计算外,还包括切应力强度计算。当然,在正应力强度条件和剪应力强度条件构成的弯曲强度计算中,通常由正应力强度条件控制,这也是进行剪应力强度计算时还必须进行正应力强度计算的原因。

9.3.1　梁的正应力强度条件

计算梁横截面上的最大正应力,是进行正应力强度计算的关键。由上节内容可知,等直梁的最大正应力发生在最大弯矩的横截面上距中性轴最远的上、下边缘处,该处的剪应力都等于零。

为了保证梁具有足够的强度,必须使最大弯矩截面上的最大正应力不超过材料的许用正应力$[\sigma]$,即

$$\sigma_{\max} = \frac{M_{\max}}{W_z} \leqslant [\sigma] \tag{9-11}$$

式(9-11)为梁的正应力强度条件。

根据强度条件可解决工程中有关强度方面的三类问题。

(1)强度校核。在已知梁的横截面形状和尺寸、材料及所受荷载的情况下,可校核梁是否满足正应力强度条件,即是否满足式(9-11)。

(2)设计截面。当已知梁的荷载和所用的材料时,可根据强度条件,先计算出所需的最小抗弯截面系数

$$W_z \geqslant \frac{M_{\max}}{[\sigma]}$$

然后根据梁的截面形状,再由W_z值确定截面的具体尺寸或型钢号。

(3)确定许用荷载。已知梁的材料、横截面形状和尺寸,根据强度条件先算出梁所能承受的最大弯矩,即

$$M_{\max} \leqslant W_z[\sigma]$$

然后由$M_{\max}$与荷载的关系,算出梁所能承受的最大荷载。

9.3.2　梁的切应力强度条件

弯曲变形的等直梁,其横截面上一般既有弯矩又有剪力。在弯矩最大的横截面上距中性轴最远处有最大正应力,而在剪力最大的横截面上中性轴的各点处有最大剪应力。

梁除保证正应力强度外,还需满足切应力强度,即梁剪力最大的横截面上的最大切应力不应超过材料的许用切应力$[\tau]$。

$$\tau = \frac{V_{\max} S_{\max}^*}{I_z b} \leqslant [\tau] \tag{9-12}$$

式(9-12) 称为梁的切应力强度条件。

在选择梁的截面时,必须同时满足正应力和切应力两个强度条件。通常先按正应力强度条件设计出截面尺寸,再按切应力强度条件进行校核。由于梁的强度大多由正应力控制,故按正应力强度条件设计的梁一般都能满足切应力强度要求,不必进行切应力校核。

例 9-15 如图 9-31(a) 所示,一简易起重设备起重量(包括电葫芦自重)$P = 30$ kN,吊车大梁 AB 由 20a 工字钢制成,其许用弯曲正应力$[\sigma] = 170$ MPa,许用剪应力$[\tau] = 100$ MPa,试校核此梁的强度。

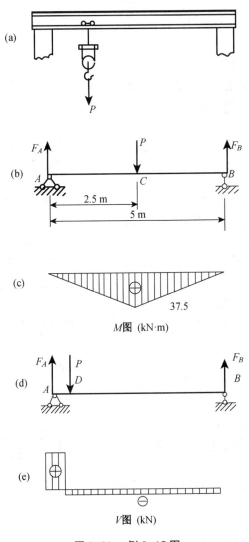

图 9-31 例 9-15 图

解: 由于吊车在梁上是移动的,因此,须先确定荷载的最不利位置。

(1) 校核正应力强度。

计算最大正应力时,应取荷载 P 在跨中位置(图 9-31(b)),弯矩图如图(图 9-31(c))所示,最大弯矩在跨中,弯矩绝对值为

$$|M_{max}| = F_A \times \frac{l}{2} = \frac{30}{2} \times 2.5 = 37.5 \text{ kN} \cdot \text{m}$$

由型钢规格表查得 20a 工字钢 W_z 为

$$W_z = 237 \text{ cm}^3$$

将 M_{max} 和 W_z 代入式(9-5)，得

$$\sigma_{max} = \frac{M_{max}}{W_z} = \frac{37.5 \times 10^6}{237 \times 10^3} = 158.22 \text{ MPa} < [\sigma]$$
$$= 170 \text{ MPa}$$

（2）校核剪应力强度。

计算最大剪应力时，最不利荷载位置应取吊车紧靠任一支座，例如支座 A（图9-31(d)），因为荷载 P 很靠近支座 A，因此，支座反力 F_A 约等于 P，即 $V_{max} = F_A \approx P = 30$ kN。

由型钢规格表查得 20a 工字钢 $I_z/S^*_{zmax} = 17.2$ cm，$d = 7$ mm。

代入式(9-10)，得

$$\tau_{max} = \frac{V_{max}}{(I_z/S^*_{zmax})d} = \frac{30 \times 10^3}{17.2 \times 10 \times 7} = 24.9 \text{ MPa} < [\tau] = 100 \text{ MPa}$$

由此可知，吊车梁的正应力强度和剪应力强度均满足要求，此梁是安全的。

例9-16　一热轧普通工字钢截面简支梁，如图9-32(a)所示，已知：$l = 6$ m，$F_1 = 15$ kN，$F_2 = 21$ kN，钢材的许用应力$[\sigma] = 170$ MPa，试选择工字钢的型号。

解：（1）画弯矩图，确定 M_{max}。

计算支座反力 $F_A = 17$ kN（↑）

$$F_B = 19 \text{ kN}（↑）$$

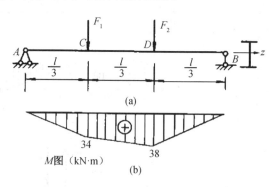

图 9-32　例 9-16 图

绘制弯矩图(9-32(b))，最大弯矩发生在集中荷载 F_2 作用处的截面 D 上，其值为

$$M_{max} = 19 \times 2 = 38 \text{ kN} \cdot \text{m}$$

（2）计算工字钢梁所需的抗弯截面系数为

$$W'_z \geqslant \frac{M_{max}}{[\sigma]} = \frac{38 \times 10^6}{170} = 223.5 \times 10^3 \text{ mm}^3 = 223.5 \text{ cm}^3$$

（3）选择工字钢型号。

由附录查型钢表得 20a 工字钢的 W_z 值为 237 cm^3，略大于所需的 W'_z，故采用 20a 号工字钢。

例9-17　如图9-33所示，一吊车梁由40a号工字钢制造，跨度 $L = 10.5$ m，材料的许用正应力$[\sigma] = 140$ MPa，考虑自重，试求梁能承受的最大载荷 F。

解：（1）由型钢表查得：

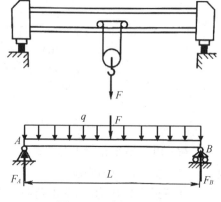

图 9-33　例 9-17 图

40a 号工字钢每米长自重 $q = 67.6 \text{ kgf/m} \approx 676 \text{ N/m}$；

抗弯截面因数 $W_z = 1\,090 \text{ cm}^3$。

（2）计算梁的最大弯矩，最大弯矩值在跨中：

$$M_{\max} = \frac{qL^2}{8} + \frac{FL}{4} = \frac{1}{8} \times 676 \times 10.5^2 + \frac{1}{4} \times F \times 10.5$$

$$= (9\,316 + 2.625F) \text{N} \cdot \text{m}$$

（3）根据正应力强度条件计算梁能承受的最大载荷 F：

$$[M_{\max}] \leqslant W_z[\sigma]$$

$$9\,316 + 2.625F \leqslant 1\,090 \times 10^{-6} \times 140 \times 10^6$$

解得

$$F = 54.58 \times 10^3 \text{ N} = 54.58 \text{ kN}$$

9.3.3 提高梁弯曲强度的措施

如前所述，正应力强度条件：

$$\sigma_{\max} = \frac{M_{\max}}{W_z} \leqslant [\sigma] \tag{9-13}$$

是设计梁的主要依据。由上式可见，降低最大弯矩，提高抗弯截面系数，可以降低梁的最大正应力。工程中经常采用以下几种措施：

（1）合理配置梁的荷载和支座。合理配置梁的荷载，可以降低梁的最大弯矩值。如图 9-34 所示，简支梁在跨中受集中荷载作用时，梁的最大弯矩为 $M_{\max} = Pl/4$（图 9-34(a)）；若采用一个辅梁，使集中荷载通过辅梁再作用到梁上，则梁的最大弯矩降低为为 $M_{\max} = Pl/8$（图 9-34(b)）。

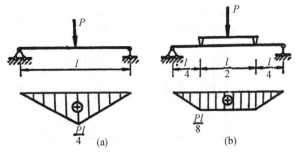

图 9-34 集中荷载梁的弯矩图

合理的设置支座位置，也可降低最大弯矩值。如图 9-35(a) 所示简支梁跨中弯矩 $M_{\max} = \dfrac{ql^2}{8}$，若将两端支座各向里移动 $0.2l$（图 9-35(b)），则最大弯矩降低为 $M_{\max} = \dfrac{ql^2}{40}$。

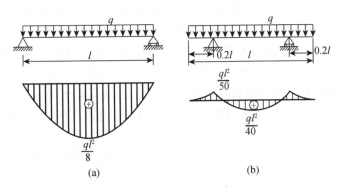

图 9-35 均布荷载梁的弯矩图

（2）合理选择梁截面。当弯矩一定时，横截面上的最大正应力 σ_{max} 与抗弯截面因数 W_z 成反比，W_z 越大就越有利。当使用材料的多少和自重大小，与截面面积 A 成正比时，面积越小越经济。因而，合理的截面形状应是截面面积较小，而抗弯截面因数 W_z 较大。可以用比值 $\dfrac{W_z}{A}$ 来衡量截面形状的合理性和经济性。

由于在一般截面中，W_z 与其高度的平方成正比，所以尽可能地使横截面面积分布在距中性轴较远的地方，这样在截面面积一定的情况下可以得到尽可能大的抗弯截面因数 W_z，而使最大正应力 σ_{max} 减少；或者在抗弯截面因数 W_z 一定的情况下，减少截面面积以节省材料和减轻自重。所以，工字形、槽形截面比矩形截面合理，矩形截面立放比平放合理，正方形截面比圆形截面合理。

梁的截面形状的合理性，也可从正应力分布的角度来说明。当梁弯曲时，正应力沿截面高度呈直线分布，在中性轴附近正应力很小，这部分材料没有充分发挥作用。如果将中性轴附近的材料尽可能减少，而把大部分材料布置在距中性轴较远的位置处，则材料就能充分发挥作用，截面形状就显得合理。所以，工程上常采用工字形、圆环形、箱形等截面形式。工程中常用的空心板、薄腹梁等就是根据这个道理设计的。

在讨论截面的合理形状时，还应考虑材料的特性。如对抗拉和抗压强度相等的材料，宜采用中性轴对称的截面（圆形、矩形、工字形等），这样可使截面上、下边缘处的最大拉应力和最大压应力数值相等，同时接近许用应力。对抗拉和抗压强度不相等的材料，宜采用中性轴偏于受拉一侧的截面形状（图9-36）。

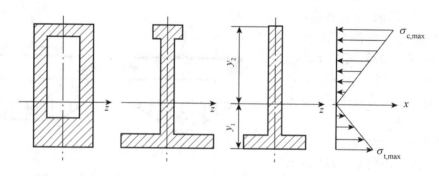

图 9-36　中性轴对称的截面

（3）采用变截面梁。梁弯曲变形的最大正应力发生在最大弯矩横截面上距中性轴最远的上、下边缘处，也就是说，当最大弯矩横截面上的最大正应力达到材料的许用应力时，其余各横截面上的最大正应力都还小于材料的许用应力。因此，为了充分发挥材料的潜力，节约材料并减轻自重，有时还为了降低梁的刚度，可以将梁设计成变截面，如在弯矩较大的部分进行局部加强（图9-37）。

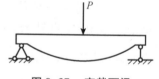

图 9-37　变截面梁

9.4　梁的变形及刚度计算

为保证梁在荷载作用下能正常工作，除满足强度要求外，还要求有足够的刚度。梁如果变形过大,会影响结构的正常使用。例如,桥梁的变形过大,在机车通行时将会引起很大的振动;楼板梁变形过大,将会使下面的灰层开裂、脱落;吊车梁的变形过大时,将影响梁上吊车的正常运行;建筑物的地基基础变形过大,将影响建筑物的正常使用,特别是发生不均匀变形(沉降)甚至还可能引起建筑结构整体性失稳等。

梁的变形计算是对梁进行刚度计算的基础,而梁的变形,主要包括梁的挠度与转角两个基本量。

9.4.1 挠度与转角

梁变形的主要特征是轴线由轴线变为曲线,梁的变形曲线称为挠曲线。如图 9-38 所示,AB 表示悬臂梁变形前的轴线,AB' 表示梁变形后的挠曲线。梁轴线上任一点的竖向位移称为 CC' 称为挠度,用 y 表示,单位为 mm,并规定向下为正。横截面绕中性轴转过的角度称为该截面的转角,用 θ 表示,单位为 rad(弧度),并规定顺时针转为正。

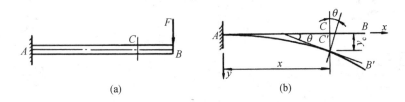

图 9-38   梁的挠曲线

根据平面假设,弯曲变形前垂直于轴线的横截面,变形后仍垂直于挠曲线,因此,截面转角就等于挠曲线的倾角,即等于 x 轴与挠曲线切线的夹角。在小变形条件下,转角很小,所以

$$\theta = \frac{\mathrm{d}y}{\mathrm{d}x} \tag{9-14}$$

即挠度曲线上任一点处切线的斜率等于该横截面的转角。

9.4.2 挠曲线的微分方程

经理论推导,可得出梁的挠度与内力、抗弯刚度之间的关系为

$$\frac{\mathrm{d}^2 y}{\mathrm{d}x^2} = -\frac{M(x)}{EI} \tag{9-15}$$

式中 $M(x)$ —— 梁的弯矩;

EI —— 梁的抗弯刚度;

$\dfrac{\mathrm{d}^2 y}{\mathrm{d}x^2}$ —— 挠曲线的二阶导数。

公式(9-14)称为梁弯曲时挠曲线的近似微分方程,该方程适用于在线弹性范围内和小变形条件下的平面弯曲梁。

9.4.3 用叠加法求梁的变形

在弯曲变形很小,且材料服从胡克定律的情况下,挠曲线的微分方程是线性的。由于梁的

变形与荷载成线性关系,所以,可以用叠加法计算梁的变形。即先分别计算每一种荷载单独作用时所引起梁的挠度或转角,然后再将它们代数相加,就得到梁在几种荷载共同作用下的挠度或转角。这就是计算弯曲变形的叠加法。

梁在简单荷载作用下的挠度和转角可从表 9-3 中查得。

表 9-3 　　　　　　　　　　　　梁在简单荷载作用下的挠度和转角

支承和荷载情况	梁端转角	最大挠度	挠曲线方程式
	$\theta_B = \dfrac{Fl^2}{2EI_z}$	$y_{\max} = \dfrac{Fl^3}{3EI_z}$	$y = \dfrac{Fx^2}{6EI_z}(3l - x)$
	$\theta_B = \dfrac{Fa^2}{2EI_z}$	$y_{\max} = \dfrac{Fa^2}{6EI_z}(3l - a)$	$y = \dfrac{Fx^2}{6EI_z}(3a - x), 0 \leqslant x \leqslant a$ $y = \dfrac{Fa^2}{6EI_z}(3x - a), a \leqslant x \leqslant l$
	$\theta_B = \dfrac{ql^3}{6EI_z}$	$y_{\max} = \dfrac{ql^4}{8EI_z}$	$y = \dfrac{qx^2}{24EI_z}(x^2 + 6l^2 - 4lx)$
	$\theta_B = \dfrac{M_e l}{EI_z}$	$y_{\max} = \dfrac{M_e l^2}{2EI_z}$	$y = \dfrac{M_e x^2}{2EI_z}$
	$\theta_A = -\theta_B = \dfrac{Fl^2}{16EI_z}$	$y_{\max} = \dfrac{Fl^3}{48EI_z}$	$y = \dfrac{Fx}{48EI_z}(3l^2 - 4x^2),$ $0 \leqslant x \leqslant \dfrac{l}{2}$
	$\theta_A = -\theta_B = \dfrac{ql^3}{24EI_z}$	$y_{\max} = \dfrac{5ql^4}{384EI_z}$	$y = \dfrac{qx}{24EI_z}(l^3 - 2lx^2 + x^3)$
	$\theta_A = \dfrac{Fab(1+b)}{6lEI_z}$ $\theta_B = \dfrac{-Fab(l+a)}{6lEI_z}$	$y_{\max} = \dfrac{Fb}{9\sqrt{3}\,lEI_z}(l^2 - b^2)^{3/2}$ 在 $x = \dfrac{\sqrt{l^2 - b^2}}{3}$ 处	$y = \dfrac{Fbx}{6lEI_z}(l^2 - b^2 - x^2)x,$ $0 \leqslant x \leqslant a$ $y = \dfrac{F}{EI_z}\left[\dfrac{b}{6l}(l^2 - b^2 - x^2)x + \dfrac{1}{6}(x - a)^3\right], a \leqslant x \leqslant l$
	$\theta_A = \dfrac{M_e l}{6EI_z}$ $\theta_B = \dfrac{M_e l}{3EI_z}$	$y_{\max} = \dfrac{M_e l^2}{9\sqrt{3}\,EI_z}$ 在 $x = \dfrac{l}{\sqrt{3}}$ 处	$y = \dfrac{M_e x}{6lEI_z}(l^2 - x^2)$

例9-18 如图9-39所示,简支梁自重为均布荷载 q,作用于支座 A 的集中力偶为 m,试用叠加法计算梁的跨中挠度 y_c 与 A 截面的转角 θ_A。

解： 梁的变形由均布荷载 q 和集中力偶 m 共同引起。由表9-3查得 q 与 m 单独作用下的跨中挠度 y_{c1} 和 y_{c2},θ_{A_1} 和 θ_{A2}。

q,F 共同作用下的梁跨中挠度为

$$y_c = y_{c1} + y_{c2} = \frac{5ql^4}{384EI} + \frac{ml^2}{16EI}(\downarrow)$$

A 截面的转角为

$$\theta_A = \theta_{A1} + \theta_{A2} = \frac{ql^3}{24EI} + \frac{ml}{3EI}(\text{顺时针})$$

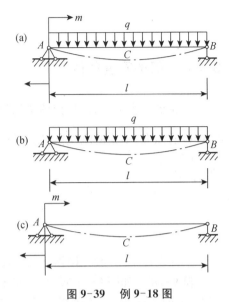

图9-39　例9-18图

例9-19 如图9-40所示,悬臂梁受集中荷载 F_1 和 F_2 作用,试用叠加法计算梁端挠度 y_c。

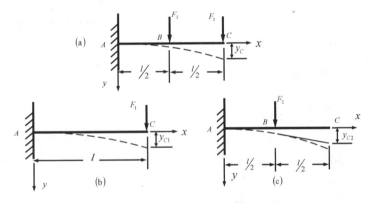

图9-40　例9-19图

解： 梁的变形由集中力 F_1 和 F_2 共同引起。由表9-3查得 F_1 和 F_2 单独作用下自由端截面的挠度 y_{c1} 和 y_{c2}。

F_1 作用下自由端截面的挠度为

$$y_{c1} = \frac{F_1 l^3}{3EI}$$

F_2 作用下自由端截面的挠度为

$$y_{c2} = \frac{F_2}{6EI} \times \left(\frac{l}{2}\right)^2 \times \left(3l - \frac{l}{2}\right) = \frac{5F_2 l^3}{48EI}$$

F_1 和 F_2 共同作用下自由端截面的挠度为

$$y_c = y_{c1} + y_{c2} = \frac{5F_1 l^3}{3EI} + \frac{5F_2 l^3}{48EI} (\downarrow)$$

9.4.4 梁的刚度条件

在建筑工程中,通常只校核梁的最大挠度。以梁的许用挠度$[f]$与梁跨长l的比值$\left[\dfrac{f}{l}\right]$作为校核的标准。则梁的刚度条件为:梁在荷载作用下产生的最大挠度f与跨长l的比值不能超过$\left[\dfrac{f}{l}\right]$,即

$$\frac{f}{l} = \frac{y_{\max}}{l} \leqslant \left[\frac{f}{l}\right] \qquad (9-16)$$

工程设计中,一般先按强度条件设计,再用刚度条件校核。

例 9-20 如图 9-41 所示,一简支梁由 20b 号工字钢制造,跨度 $l = 6$ m,跨中受集中荷载作用 $F = 10$ kN,$\left[\dfrac{f}{l}\right] = \dfrac{1}{400}$,$E = 210$ GPa,$q = 4$ kN/m,试校核梁的刚度。

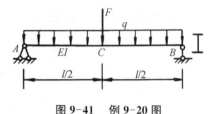

图 9-41 例 9-20 图

解: 由型钢表查得

$$I_z = 2\,500 \text{ cm}^4$$

$$\frac{f}{l} = \frac{5ql^3}{384EI} + \frac{Fl^2}{48EI}$$

$$= \frac{5 \times 4 \times (6 \times 10^3)^3}{384 \times 210 \times 10^3 \times 2\,500 \times 10^4} + \frac{10 \times 10^3 \times (6 \times 10^3)^2}{48 \times 210 \times 10^3 \times 2\,500 \times 10^4}$$

$$= \frac{1}{280} > \left[\frac{f}{l}\right] = \frac{1}{400}$$

不满足刚度条件。

例 9-21 如图 9-42 所示,由 32a 号工字钢制成的悬臂梁,长 $l = 3.5$ m,荷载 $F = 12$ kN,已知材料的许用应力 $[\sigma] = 170$ MPa,弹性模量 $E = 210$ MPa,梁的许用挠跨比 $\left[\dfrac{f}{l}\right] = \dfrac{1}{400}$ 试校核梁的强度和刚度。

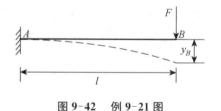

图 9-42 例 9-21 图

解:(1)求梁的最大弯矩和最大挠度。

$$M_{\max} = M_A = Fl = 42 \text{ kN} \cdot \text{m}$$

查表 9-3,梁最大挠度发生在自由端 B 截面处,其值为 $y_B = \dfrac{Fl^3}{3EI}$。

(2)校核梁的强度。

$$\sigma_{\max} = \frac{M_{\max}}{W_z} = \frac{42 \times 10^3 \, \text{N} \cdot \text{m}}{692.2 \times 10^{-6} \, \text{m}^3} = 60.68 \times 10^6 \, \text{Pa}$$

$$= 60.68 \, \text{MPa} < [\sigma] = 170 \, \text{MPa}$$

梁满足强度条件。

（3）校核梁的刚度。

$$\frac{y_{\max}}{l} = \frac{Fl^2}{3EI} = \frac{12 \times 10^3 \times 3.5^2}{3 \times 210 \times 10^9 \times 11\,075.5 \times 10^{-8}} = 2.1 \times 10^{-3} < \left[\frac{f}{l}\right] = \frac{1}{400}$$

梁也满足刚度条件。

9.4.5 提高梁刚度的措施

梁的挠度和转角与梁的支承和荷载情况、材料、截面和跨长等因素有关，因此为了减少梁的位移，可采取以下措施。

1. 增大梁的抗弯刚度 EI

梁的变形与 EI 反比，增大梁的 EI 将使梁的变形减小。由于同类材料的 E 值都相差不多，因而只能设法增大梁横截面的惯性矩 I。在面积不变的情况下，采用合理的截面形状，例如采用工字形、箱形及圆环形等截面，可提高惯性矩 I，从而也提高了 EI。

2. 减小梁的跨度

梁的变形与梁的跨长 l 的 n 次幂成正比。设法减小梁的跨度，将会有效地减小梁的变形。例如桥式起重机的钢梁通常采用两端外伸的结构（图9-43），其原因之一就是为了缩短跨长从而减小梁的最大挠度值。悬臂梁的自由端或者简支梁的跨中增加一个支座，都可以使梁的挠度减小。

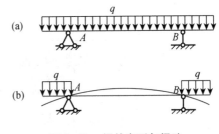

图 9-43　梁的变形与梁跨

3. 合理布置梁的荷载

在结构允许的条件下，合理地调整荷载的作用位置及分布情况，以降低最大弯矩，从而减小梁的变形。例如在9.3节内容中提高梁强度的措施中提到的，受集中荷载作用的简支梁（图9-34），采用一个辅梁，使集中荷载通过辅梁再作用到梁上，则将集中力分散，起到减小变形的作用。

思考题与习题

9-1　什么是梁的平面弯曲？

9-2　梁的剪力和弯矩的正负号是如何规定的？这些正负号与静力平衡方程中的正负号有何区别？

9-3　叙述梁的内力图简便画法。

9-4　弯矩、剪力与荷载集度间的微分关系的意义是什么？

9-5　在集中力和集中力偶作用处，剪力图和弯矩图有何特点？

9-6　什么是纯弯曲变形？什么是梁的中性层、中性轴？

9-7 梁弯曲时横截面上的正应力的分布规律是什么?切应力的分布规律是什么?

9-8 梁的合理截面形状应具备哪些条件?试举例说明。

9-9 什么是挠曲线、挠度和转角?

9-10 如何用叠加法计算梁的挠度和转角?

9-11 如何提高梁的强度和刚度?

9-12 如图 9-44 所示,试求图示各梁中截面 1—1,2—2,3—3 上的剪力和弯矩,这些截面无限接近于 C 点和 D 点。

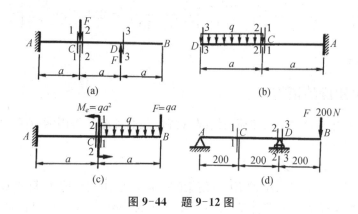

图 9-44　题 9-12 图

9-13 如图 9-45 所示,试用截面法求下列梁中 n—n 截面上的剪力和弯矩。

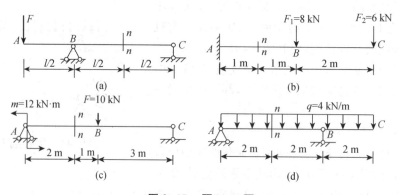

图 9-45　题 9-13 图

9-14 如图 9-46 所示,(1) 列出梁的剪力方程和弯矩方程;(2) 画出剪力图和弯矩图。

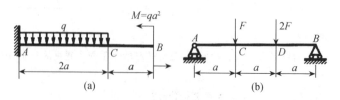

图 9-46　题 9-14 图

9-15 用简便方法绘制图 9-47 中各梁的剪力图和弯矩图。

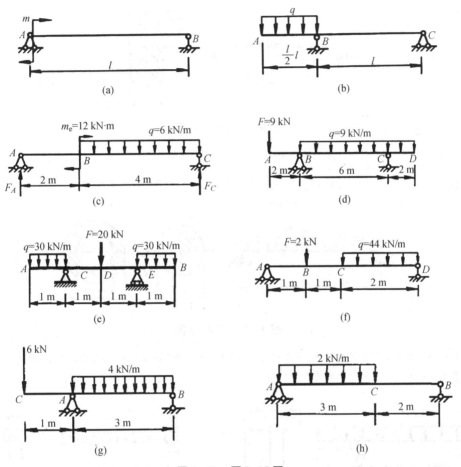

图 9-47 题 9-15 图

9-16 用叠加法绘制如图 9-48 所示各梁和弯矩图。

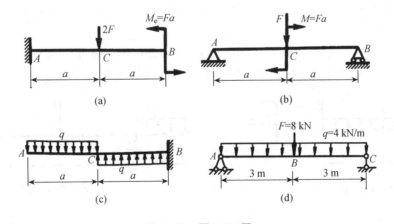

图 9-48 题 9-16 图

9-17 如图9-49所示,计算矩形截面简支梁1—1截面上a, b两点的正应力和切应力。

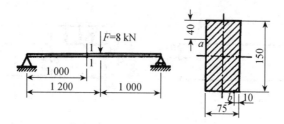

图 9-49　题 9-17 图

9-18 如图9-50所示,简支梁承受均布荷载,若分别采用截面面积相等的实心和空心圆截面,且 $D_1 = 40$ mm, $\dfrac{d_2}{D_2} = \dfrac{3}{5}$,试分别计算它们的最大正应力,空心截面比实心截面的最大正应力减小了百分之几?

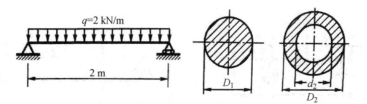

图 9-50　题 9-18 图

9-19 一对称 T 形截面的外伸梁,梁上作用均布荷载,梁的尺寸如图9-51所示,已知 $l = 1.5$ m, $q = 8$ kN/m,求梁中横截面上的最大拉应力和最大压应力。

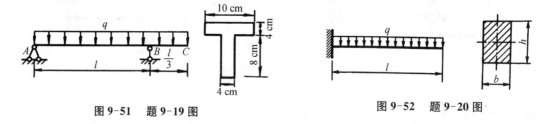

图 9-51　题 9-19 图　　　　　　　　**图 9-52　题 9-20 图**

9-20 矩形截面悬臂梁受力如图9-52所示,已知 $q = 10$ kN/m, $l = 4$ m, $\dfrac{b}{h} = \dfrac{2}{3}$, $[\sigma] = 10$ MPa。试确定此梁横截面尺寸。

9-21 如图9-53所示,一悬臂梁长 $l = 1.5$ m,自由端受集中力 $F = 32$ kN 作用,梁由 22a 工字钢制成,自重按 $q = 0.33$ kN/m 计算, $[\sigma] = 160$ MPa。试校核梁的正应力强度。

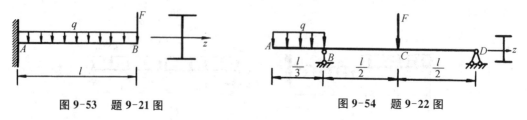

图 9-53　题 9-21 图　　　　　　　　**图 9-54　题 9-22 图**

9-22 如图9-54所示,一外伸工字形钢梁,工字钢的型号为 22a,已知 $l = 6$ m, $F = 30$ kN, $q = 6$ kN/m, $[\sigma] = 170$ MPa, $[\tau] = 100$ MPa,检查此梁是否安全。

9-23 如图 9-55 所示,工字钢的型号为 20a,若$[\sigma]=160$ MPa,求许用荷载$[F]$。

9-24 如图 9-56 所示,阳台挑梁为 22a 工字钢,已知 $F=2$ kN,$l=2.5$ m,许用应力$[\sigma]=100$ MPa,求许用均布荷载$[q]$。

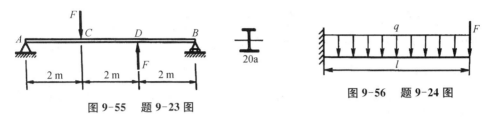

图 9-55 题 9-23 图

图 9-56 题 9-24 图

9-25 一工字型钢简支梁,承受荷载如图 9-57 所示,已知 $l=6$ m,$q=6$ kN/m,$F=20$ kN,钢材的$[\sigma]=170$ MPa,$[\tau]=100$ MPa,试选择工字钢的型号。

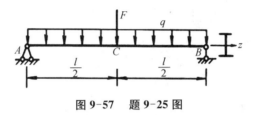

图 9-57 题 9-25 图

9-26 试用叠加法求图 9-58 中各梁指定截面的挠度和转角。

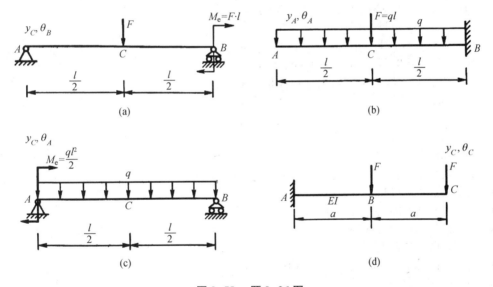

(a)

(b)

(c)

(d)

图 9-58 题 9-26 图

9-27 一简支梁用型号为 28b 的工字钢制成,承受荷载如图 9-59 所示,已知 $l=9$ m,$F=20$ kN,$\left[\dfrac{f}{l}\right]=\dfrac{1}{500}$,$[\sigma]=170$ MPa,$E=210$ GPa,试校核梁的强度和刚度。

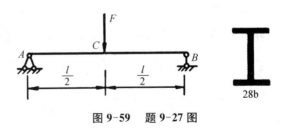

图 9-59 题 9-27 图

习题参考答案

9-1—9-11 略。

9-12 (a) $V_1 = 0$, $M_1 = Fa$; $V_2 = -F$, $M_2 = Fa$; $V_3 = 0$, $M_3 = 0$

(b) $V_1 = -qa$, $M_1 = -\dfrac{qa^2}{2}$; $V_2 = -qa$, $M_2 = -\dfrac{qa^2}{2}$; $V_3 = 0$, $M_3 = 0$

(c) $V_1 = 2qa$, $M_1 = -\dfrac{3qa^2}{2}$; $V_2 = 2qa$, $M_2 = -\dfrac{qa^2}{2}$

(d) $V_1 = -100$ N, $M_1 = -20$ N・m; $V_2 = -100$ N, $M_2 = -40$ N・m; $V_3 = 200$ N, $M_3 = -40$ N・m

9-13 (a) $V_n = F/2$, $M_n = -Fl/4$

(b) $V_n = 14$ kN, $M_n = -26$ kN・m

(c) $V_n = 7$ kN, $M_n = 2$ kN・m

(d) $V_n = -2$ kN, $M_n = 4$ kN・m

9-14 (a) $|V_{max}| = 2qa$, $|M_{max}| = qa^2$

(b) $|V_{max}| = \dfrac{5F}{3}$, $|M_{max}| = \dfrac{5Fa}{3}$

9-15 (a) $|V_{max}| = \dfrac{m}{l}$, $|M_{max}| = m$

(b) $|V_{max}| = \dfrac{ql}{2}$, $|M_{max}| = \dfrac{ql^2}{8}$

(c) $|V_{max}| = 18$ kN, $|M_{max}| = 27$ kN・m

(d) $|V_{max}| = 19$ kN, $|M_{max}| = 18$ kN・m

(e) $|V_{max}| = 30$ kN, $|M_{max}| = 15$ kN・m

(f) $|V_{max}| = 6.5$ kN, $|M_{max}| = 5.28$ kN・m

(g) $|V_{max}| = 8$ kN, $|M_{max}| = 6$ kN・m

(h) $|V_{max}| = 4.2$ kN, $|M_{max}| = 4.41$ kN・m

9-16 (a) $|M_{max}| = Fa$

(b) $|M_{max}| = Fa$

(c) $|M_{max}| = qa^2$

(d) $|M_{max}| = 30$ kN・m

9-17 $\sigma_a = 6.04$ MPa, $\tau_a = 0.379$ MPa, $\sigma_b = 12.9$ MPa, $\tau_a = 0$

9-18 实心 $\sigma_{max} = 159$ MPa, 空心 $\sigma_{max} = 93.6$ MPa

9-19 $\sigma_{tmax} = 15.1$ MPa, $\sigma_{c\,max} = 9.6$ MPa

9-20 $b \geqslant 277$ mm, $h \geqslant 416$ mm

9-21 $\sigma_{max} = 157$ MPa$[\sigma]$

9-22 $\sigma_{max} = 126$ MPa$\ll [\sigma]$　$\tau_{max} = 12$ MPa$\ll [\tau]$

9-23 $[F] = 56.8$ kN

9-24 $[q] = 160$ kN/m

9-25 22b 号工字钢

9-26 (a) $y_C = \dfrac{Fl^3}{24EI}$, $\theta_B = \dfrac{13Fl^2}{48EI}$; (b) $y_A = \dfrac{11ql^4}{48EI}$, $\theta_A = \dfrac{7ql^3}{24EI}$

(c) $y_C = \dfrac{17ql^4}{384EI}$, $\theta_A = \dfrac{5ql^3}{24EI}$; (d) $y_C = \dfrac{7Fa^3}{2EI}$, $\theta_C = \dfrac{5Fa^2}{2EI}$

9-27 $\sigma_{max} = 84.2$ MPa$\ll [\sigma]$;

$f/l = 1/465 > [f/l]$, 刚度不满足要求, 需增大截面。

10 应力状态及强度理论

学习目标与要求

❖ 了解应力状态的概念。
❖ 掌握平面应力状态分析的图解和数解方法。
❖ 掌握四大强度理论及其应用条件。

前面研究了构件在轴向拉伸和压缩、剪切、扭转和弯曲时横截面上的应力,并根据横截面上的应力以及相应的试验结果,建立了危险点处只有正应力和只有切应力时的强度条件:

$$\sigma_{\max} \leqslant [\sigma], \ \tau_{\max} \leqslant [\tau]$$

然而,仅仅根据横截面上应力,不能解释低碳钢试件拉伸至屈服时,为什么表面会出现与轴线成 $45°$ 角的滑移线,也不能分析铸铁圆轴扭转时,为什么沿 $45°$ 螺旋面破坏。此外,根据横截面上的应力分析和相应的试验结果,不能直接建立既有正应力又有切应力存在时的强度条件。

在实际工程实际中,有许多杆件在外力作用下,往往同时发生两种或者两种以上的基本变形,这种变形情况称为组合变形。由于解决组合变形强度问题有时必须以应力状态分析和强度理论为基础,因此,首先应研究应力状态和强度理论。

一般情况下,通过构件内任一点的各个截面上的应力是彼此不同的,并且随着截面方位的不同,其大小和方向也发生改变。因此,要研究构件的强度问题,首先必须全面了解构件内各点的应力状态。所谓一点处的应力状态,是指受力构件内某一点处不同方位截面上应力的集合。研究一点处的应力状态,通常采用单元体的方法。由于单元体是微元体,因此可以认为在它的各个面上应力是均匀分布的,而且在单元体的任一对平行平面上的应力是相等的。这样,在单元体三个相互垂直的平面上的应力,就表示了该点的应力状态。

根据一点处的应力状态中各应力在空间的位置,可以将应力状态分为空间应力状态和平面应力状态。单元体上三对平面都存在应力的状态称为空间应力状态,而只有两对平面存在应力的状态称为平面应力状态。图 10-1(a) 所示的三向应力状态属空间应力状态,图 10-1(b),

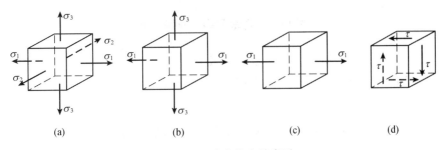

| (a) | (b) | (c) | (d) |

图 10-1　应力状态的类型

(c)、(d) 所示的双向、单向及纯剪切应力状态属平面应力状态。单向应力状态也称简单应力状态，平面应力状态和空间应力状态称为复杂应力状态。本章主要研究平面应力状态。

10.1　平面应力状态分析

平面应力状态是工程中常见的应力状态，分析平面应力状态的方法有数解法和图解法两种。这里先介绍数解法，然后再由图解法给出最大正应力及其平面位置、最大切应力计算的解析式。

10.1.1　斜截面上的应力分析

1. 平面应力状态分析的解析法

设从受力构件中某一点取一单元体置于 xy 平面内，如图 10-2(a) 所示，已知 x 面上的应力 σ_x 及 τ_x，y 面上的应力有 σ_y 及 τ_y。根据切应力互等定理 $\tau_x = -\tau_y$。现在需要求任一斜截面 BC 上的应力。用斜面截 BC 将单元体切开（图 10-2(b)），斜截面的外法线 n 与 x 轴的夹角用 α 表示（以后 BC 截面称为 α 截面），在 α 截面上的应力用 σ_a 及 τ_a 表示。规定 α 角由 x 轴到 n 轴逆时针转向为正；正应力 σ_a 以拉应力为正，压应力为负；切应力 τ_a 以对单元体顺时针转向为正，反之为负。

取 BC 左部分为研究对象（图 10-2(c)），设斜截面上的面积为 $\mathrm{d}A$，则 BA 面和 AC 面的面积分别为 $\mathrm{d}A \cos \alpha$ 和 $\mathrm{d}A \sin \alpha$。建立坐标及受力如图 10-2(d) 所示，列出平衡方程：

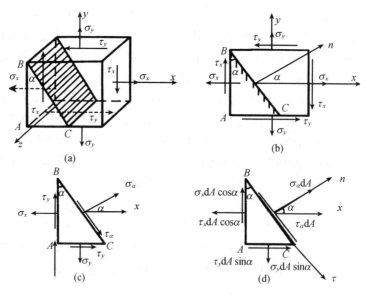

图 10-2　复杂平面应力状态分析

$$\sum F_n = 0$$

$$\sigma_a \mathrm{d}A - (\sigma_x \mathrm{d}A \cos \alpha)\cos \alpha + (\tau_x \mathrm{d}A \cos \alpha)\sin \alpha - (\sigma_y \mathrm{d}A \sin \alpha)\sin \alpha + (\tau_y \mathrm{d}A \sin \alpha)\cos \alpha = 0$$

$$\sum F_\tau = 0$$

$$\tau_a \mathrm{d}A - (\sigma_x \mathrm{d}A \cos \alpha)\sin \alpha - (\tau_x \mathrm{d}A \cos \alpha)\cos \alpha + (\sigma_y \mathrm{d}A \sin \alpha)\cos \alpha + (\tau_y \mathrm{d}A \sin \alpha)\sin \alpha = 0$$

由于 $\tau_x = \tau_y$，再利用三角公式

$$\cos^2\alpha = \frac{1+\cos 2\alpha}{2}$$

$$\sin^2\alpha = \frac{1-\cos 2\alpha}{2}$$

$$2\sin\alpha\cos\alpha = \sin 2\alpha$$

整理,得到

$$\sigma_\alpha = \frac{\sigma_x+\sigma_y}{2} + \frac{\sigma_x-\sigma_y}{2}\cos 2\alpha - \tau_x\sin 2\alpha \qquad (10\text{-}1)$$

$$\tau_\alpha = \frac{\sigma_x-\sigma_y}{2}\sin 2\alpha + \tau_x\cos 2\alpha \qquad (10\text{-}2)$$

式(10-1)和式(10-2)是计算平面应力状态下任一斜截面上应力的一般公式。

例 10-1   图示单元体各面应力如图 10-3 所示,试求斜截面上的应力 σ_α, τ_α。

解: 已知 $\sigma_x = 30$ MPa, $\sigma_y = 50$ MPa, $\tau_x = -20$ MPa, $\alpha = 30°$

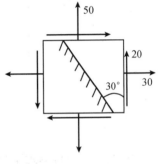

$$\begin{aligned}
\sigma_\alpha &= \frac{\sigma_x+\sigma_y}{2} + \frac{\sigma_x-\sigma_y}{2}\cos 2\alpha - \tau_x\sin 2\alpha \\
&= \frac{30+50}{2} + \frac{30-50}{2}\times\frac{1}{2} + 20\times\frac{\sqrt{3}}{2} \\
&= 40 - 5 + 10\sqrt{3} = 52.32 \text{ MPa}
\end{aligned}$$

$$\begin{aligned}
\tau_\alpha &= \frac{\sigma_x-\sigma_y}{2}\sin 2\alpha + \tau_x\cos 2\alpha \\
&= \frac{30-50}{2}\times\frac{\sqrt{3}}{2} - 20\times\frac{1}{2} \\
&= -8.66 - 10 = -18.66 \text{ MPa}
\end{aligned}$$

图 10-3   例 10-1 图

2. 平面应力状态分析的图解法

分析平面应力状态下任一斜截面上的应力,还可应用图解法 —— 应力圆求得。图解法的优点是简明直观,其精度能满足工程中的要求。

(1) 应力圆方程:将式(10-1)进行移项、两边平方后,再与式(10-2)两边平方后相加,整理得

$$\left(\sigma_\alpha - \frac{\sigma_x+\sigma_y}{2}\right)^2 + \tau_\alpha^2 = \left(\frac{\sigma_x-\sigma_y}{2}\right)^2 + \tau_x^2 \qquad (10\text{-}3)$$

式(10-3)是圆的方程。若已知 σ_x, σ_y, τ_x,则在以 σ 为横坐标,τ 为纵坐标的坐标系中,可作出一个圆,其圆心为 $\left(\dfrac{\sigma_x+\sigma_y}{2}, 0\right)$,半径为 $\sqrt{\left(\dfrac{\sigma_x-\sigma_y}{2}\right)^2 + \tau_x^2}$。圆周上任一点的坐标代表单元体中一

个斜截面上的应力,这个圆就称为应力圆,式(10-3)称为应力圆方程。

（2）应力圆的作法:实际作应力圆时,并不需要先计算圆心坐标和半径大小,而是由单元体[图 10-4(a)]上已知的应力 σ_x,σ_y,τ_x 的值直接作出。应力圆的具体作法如下:

① 建立坐标:以 σ 为横坐标,以 τ 为纵坐标,建立直角坐标系 $O\sigma\tau$,选定比例尺;

② 确定基准点 D_1,D_2:将单元体上 x 平面和 y 平面分别作为两个基准面,相对应面上的应力值定为两个基准点 $D_1(\sigma_x$,$\tau_x)$,$D_2(\sigma_y$,$\tau_y)$;

③ 确定圆心位置及半径:连接 D_1,D_2 两点,其连线与横坐标轴相交于 C 点,C 点即为圆心,以 CD_1 或 CD_2 为半径作圆,即为应力圆,如图 10-4(b) 所示。

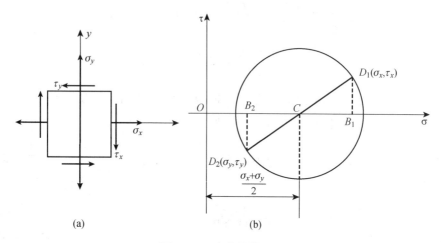

图 10-4　应力圆的作法

（3）应力圆与单元体的对应关系(图 10-5):

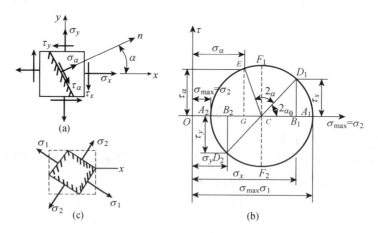

图 10-5　应力圆与单元体的对应关系

① 点面对应:应力圆上某一点的坐标值对应着单元体上某一斜截面上的正应力和切应力值。如 D_1 点的坐标 $(\sigma_x$,$\tau_x)$ 对应着 x 面上的正应力和切应力值。

② 转向对应:应力圆上由基准点 D_1 到点 E 的转向和单元体上由 x 面到 α 面的转向一致。

③ 倍角对应:应力圆上两点间圆弧的圆心角是单元体上相应的两个面之间夹角的 2 倍。

10.1.2　主平面和主应力

利用应力圆可以分析单元体上任意斜截面上的应力,尤其是可以方便地确定单元体上应力的极值及其作用面的方位。我们将正应力的极值称为主应力,主应力的作用面称为主平面。下面就由应力圆给出计算单元体的主应力、主平面位置及最大切应力的解析式。

1. 主应力

如图 10-5(b) 所示,在应力圆的横坐标轴上,A_1,A_2 两点的正应力是 $\sigma_{\max}$ 和 $\sigma_{\min}$,这两点的纵坐标都等于零,即表示单元体上对应的截面上切应力 $\tau = 0$。因此,A_1,A_2 两点的正应力就是两个主应力,即

$$\left.\begin{aligned}
\sigma_{\max} = OA_1 = OC + CA_1 = \frac{\sigma_x + \sigma_y}{2} + \sqrt{\left(\frac{\sigma_x - \sigma_y}{2}\right)^2 + \tau_x^2} \\
\sigma_{\min} = OA_2 = OC - CA_2 = \frac{\sigma_x + \sigma_y}{2} - \sqrt{\left(\frac{\sigma_x - \sigma_y}{2}\right)^2 + \tau_x^2}
\end{aligned}\right\} \tag{10-4}$$

2. 主平面的方位

圆上 D_1 点到 A_1 点为顺时针旋转 $2\alpha_0$,在单元体上由 x 轴按顺时针旋转 α_0 便可确定主平面的法线位置。顺时针旋转的角度为负角,从应力圆上可得主平面的位置为

$$\tan 2\alpha_0 = \frac{-2\tau_x}{\sigma_x - \sigma_y} \tag{10-5}$$

应力圆上从 A_1 点到 A_2 点旋转了 $180°$,如图 10-5(b) 所示,单元体上相应面的夹角为 $90°$,说明两个主平面相互垂直,且两个主平面上的主应力,一个是极大值,用 $\sigma_{\max}$ 或 σ_1 表示,另一个是极小值,用 $\sigma_{\min}$ 或 σ_2 表示,如图 10-5(c) 所示。σ_1 沿着单元体上切应力 τ 所指的象限。

10.1.3　最大切应力及其作用面的方位

在如图 10-5(b) 所示应力圆上的 F_1 点、F_2 点处,最大切应力和最小切应力,即

$$\tau_{\min}^{\max} = \pm \sqrt{\frac{\sigma_{\max} - \sigma_{\min}}{2} + \tau_x^2} \tag{10-6}$$

从 A_1 点到 F_1 点旋了 $90°$,单元体上相应面的夹角为 $45°$,这说明单元体中的最大切应力所在平面与主平面相差 $45°$。

式(10-6)表明切应力的极值等于两个主应力差的一半,即

$$\tau_{\min}^{\max} = \pm \frac{\sigma_{\max} - \sigma_{\min}}{2} \tag{10-7}$$

例 10-2　用解析法求如图 10-6(a) 所示单元体的主应力与主平面,最大切应力。已知 $\sigma_x = 20\ \text{MPa}$,$\sigma_y = -10\ \text{MPa}$,$\tau_x = 20\ \text{MPa}$。

解:(1)确定单元体的主平面,由式(10-5)得

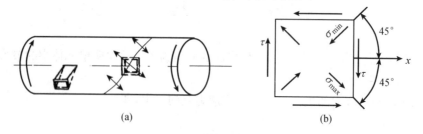

图 10-6   例 10-2 图

$$\tan 2\alpha_0 = -\frac{2\tau_x}{\sigma_x - \sigma_y} = -\frac{2 \times 20}{20 - (-10)} = -1.33$$

$$\alpha_0 = -26.6°$$

$$\alpha_0 + 90° = -26.6° + 90° = 63.4°$$

（2）计算主应力，由式（10-4），得

$$\sigma_{\min}^{\max} = \frac{\sigma_x + \sigma_y}{2} \pm \sqrt{\left(\frac{\sigma_x - \sigma_y}{2}\right)^2 + \tau_x^2}$$

$$= \frac{20 - 10}{2} \pm \sqrt{\left[\frac{20 - (-10)}{2}\right]^2 + 20^2}$$

$$= \begin{cases} 30 \\ -20 \end{cases} \text{MPa}$$

单元体如图 10-6(b) 所示，最大主应力 $\sigma_{\max}$ 沿 τ_x 指向的一侧。

（3）最大切应力可由式（10-7）直接得出

$$\tau_{\max} = \frac{\sigma_{\max} - \sigma_{\min}}{2} = \frac{30 - (-20)}{2} = 25 \text{ MPa}$$

例 10-3   试求如图 10-7(a) 所示圆轴扭转时，某一单元体（图 10-7(b)）的主应力、主平面位置及最大、最小切应力。并分析低碳钢和铸铁试件的破坏现象。

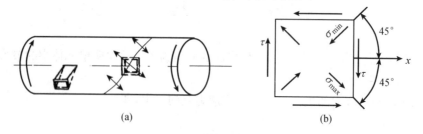

图 10-7   例 10-3 图

解：（1）求主应力及主平面位置。由图 10-7(b) 所示的纯剪切应力状态的单元体可知：
将 $\sigma_x = \sigma_y = 0$，$\tau_x = \tau$ 代入式（10-4）、式（10-5），得

$$\sigma_{\min}^{\max} = \frac{\sigma_x + \sigma_y}{2} \pm \sqrt{\left(\frac{\sigma_x - \sigma_y}{2}\right)^2 + \tau_x^2} = \pm\tau$$

$$\tan 2\alpha_0 = -\frac{2\tau_x}{\sigma_x - \sigma_y} \to -\infty$$

所以

$$2\alpha_0 = \begin{cases} -90° \\ 90° \end{cases} \Rightarrow \alpha_0 = \begin{cases} -45° \\ 45° \end{cases}$$

以上结果表明：以 x 轴为起点，由顺时针方向量出 $\alpha_0 = 45°$ 所确定的主平面上的主应力为 $\sigma_{\max}$，而由逆时针方向量出 $\alpha_0 = 45°$ 所确定的主平面上的主应力为 $\sigma_{\min}$，如图 10-7(b) 所示，按主应力大小顺序记为

$$\sigma_1 = \sigma_{\max} = \tau, \ \sigma_2 = 0, \ \sigma_3 = \sigma_{\min} = -\tau$$

（2）求最大、最小切应力及其平面位置。由式（10-6）得

$$\tau_{\min}^{\max} = \pm\sqrt{\left(\frac{\sigma_x - \sigma_y}{2}\right)^2 + \tau_x^2} = \pm\tau$$

即

$$\tau_{\max} = \tau, \ \tau_{\min} = -\tau$$

由主平面的位置可知，单元体上的 x，y 面即为最大、最小切应力所在的平面。

上述分析结果表明，当圆轴扭转时，与轴线成 $45°$ 的斜截面上有最大拉应力或最大压应力，横截面上有最大切应力。

利用上述结论，可以分析圆截面杆扭转时的破坏现象。例如，像由低碳钢这种抗剪强度低于抗拉、压强度的材料制成的试件，当受扭而达到破坏时，是先从外表面开始沿横截面被剪断（图 10-8）。而像由铸铁这种抗拉强度低于抗压、抗剪强度的材料制成的试件，当受扭而达到破坏时，是沿 $45°$ 的斜截面上被拉断（图 10-9）。

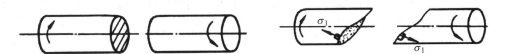

图 10-8　低碳钢试件扭转时的破坏　　　　图 10-9　铸铁试件扭转时的破坏

10.2　广义胡克定律

在第 6 章轴向拉伸与压缩变形中介绍了拉压胡克定律，即单向应力状态下的应力与应变的关系。在复杂应力状态下，当单元体同时受到三个主应力 σ_1，σ_2 和 σ_3 作用时，可求出沿三个主应力方向对应的线应变 ε_1，ε_2，ε_3 这些应变称为主应变。

在单元体为各向同性材料，变形很小且处于弹性范围内时，根据胡克定律可分别求出每个

主应力单独作用下所引起的线应变,然后叠加起来,就可以得到三向应力状态下主应力与主应变的关系。

如图 10-10 所示,当单元体的六个面均为主平面时,使得 x,y 和 z 的方向分别与 σ_1,σ_2 和 σ_3 的方向一致。由于 σ_1 单独作用,在 x 方向引起的线应变为 $\dfrac{\sigma_1}{E}$,又由于 σ_2 和 σ_3 单独作用,

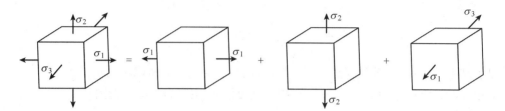

图 10-10　单元体的主应力叠加

在 x 方向引起的线应变分别为 $-\nu\dfrac{\sigma_2}{E}$ 和 $-\nu\dfrac{\sigma_3}{E}$。叠加上述结果,可得

$$\varepsilon_1 = \frac{\sigma_1}{E} - \nu\frac{\sigma_2}{E} - \nu\frac{\sigma_3}{E} = \frac{1}{E}\left[\sigma_1 - \nu(\sigma_2 + \sigma_3)\right]$$

同理,可得在 y 方向和 z 方向的线应变和,经整理后可得在三个主应力的共同作用下的三个主应变分别为

$$\varepsilon_1 = \frac{1}{E}\left[\sigma_1 - \nu(\sigma_2 + \sigma_3)\right]$$

$$\varepsilon_2 = \frac{1}{E}\left[\sigma_2 - \nu(\sigma_1 + \sigma_3)\right] \qquad (10\text{-}8)$$

$$\varepsilon_3 = \frac{1}{E}\left[\sigma_3 - \nu(\sigma_1 + \sigma_2)\right]$$

式(10-8)表示了三向应力状态下主应力和主应变之间的关系,称为广义胡克定律。工程构件表明各处常处于平面应力状态,因此,可通过实验方法测得构件表面上一点处的应变,然后通过广义胡克定律求出该点的应力。

10.3　强　度　理　论

10.3.1　强度理论的概念

强度理论是解决复杂应力状态下强度条件如何建立的问题。

实验表明,各种材料的破坏现象是不同的。在构件受到轴向拉压时,对于塑性材料来说,应力一旦达到屈服极限,出现的变形是不可恢复的塑性变形;对于脆性材料来说,应力一旦达到强度极限,当还没有明显变形时就突然断裂。把由实验测得的屈服极限 σ_s 和强度极限 σ_b 分别作为塑性材料和脆性材料的极限应力,在轴向拉压的单向应力状态下,其强度条件为

$$\sigma = \frac{N}{A} \leqslant [\sigma] = \frac{\sigma_s}{n_s} \left(\text{或} \frac{\sigma_b}{n_b} \right)$$

因此,单向应力状态下的强度条件是直接根据实验结果建立的。

在工程实际中,很多构件的危险点往往处于复杂应力状态,在复杂应力状态下,材料的极限应力随着三个主应力 σ_1,σ_2 和 σ_3 之间的比值不同而不同,由于 σ_1,σ_2 和 σ_3 之间的比值可有无穷多个不同的组合,因而要确定材料的危险应力就必须进行无穷多次实验,显然难以实现。所以必须根据单行应力状态的实验结果来建立复杂应力状态下的强度条件,为此,在长期的实践中,人们根据对破坏现象的分析与研究,提出了材料失效规律的各种假说,这些假说称为强度理论。强度理论认为,无论是简单应力状态还是复杂应力状态,只要失效形式相同,就有相同的失效原因。

10.3.2　工程中常用的四种强度理论

实践和试验表明,材料破坏的形式可归纳为两类:脆性断裂和塑性屈服。强度理论也相应地分为两大类:一类是以断裂为破坏标志,提出材料发生断裂破坏的条件;另一类是以屈服为破坏标志,提出材料发生屈服破坏的条件。在常温、静载条件下经常使用的有四种强度理论。现依次介绍如下:

1. 第一强度理论 —— 最大拉应力理论

这一理论认为最大拉应力是引起材料断裂破坏的主要原因。即无论材料处于何种应力状态,引起断裂破坏的因素是相同的,都是最大拉应力 σ_1。当危险点的最大拉应力 σ_1 达到轴向拉伸时的强度极限 σ_b,就发生断裂破坏。于是得到发生断裂破坏的条件是

$$\sigma_1 = \sigma_b$$

考虑安全系数后,可得到第一强度理论建立的强度条件,即

$$\sigma_1 \leqslant [\sigma] \tag{10-9}$$

实验表明,铸铁、陶瓷、岩石等脆性材料,轴向拉伸时,断裂破坏发生在拉应力最大的横截面上。扭转时,断裂破坏发生在拉应力最大的 $45°$ 斜截面上。这些都与最大拉应力理论相符。在以压应力为主或没有拉应力的应力状态下,此理论无法应用。对于低碳钢、铜、铝等塑性材料,这一理论不宜选用。

2. 第二强度理论 —— 最大拉应变理论

该理论认为最大伸长线应变是引起材料断裂破坏的主要原因。也就是不论材料是在何种应力状态下,只要最大线应变达到材料轴向拉伸断裂时的最大线应变 $\varepsilon_u = \varepsilon_b$,材料就会发生脆性断裂。因此断裂破坏的条件是

$$\varepsilon_1 = \varepsilon_u = \varepsilon_b$$

根据广义胡克定律可以推导出脆性材料断裂时的伸长线应变为

$$\varepsilon_u = \frac{\sigma_b}{E}$$

考虑安全系数,于是按第二强度理论建立的强度条件是

$$\sigma_1 - \nu(\sigma_2 + \sigma_3) \leqslant [\sigma] \qquad (10\text{-}10)$$

试验结果证明，铸铁材料在受二向拉伸-压缩应力且压应力较大的情况下，试验结果与该理论的结果相近，但接近程度不如第一强度理论，但它能较好地解释石料或混凝土等脆性材料受轴向压缩时将沿垂直于压力的方向发生断裂破坏的现象。由于这一理论在应用上不如最大拉应力理论简便，故在工程实践中应用较少，但在某些工业领域（如在炮筒设计中）应用较为广泛。

3. 第三强度理论 —— 最大切应力理论

这一理论认为：引起材料发生塑性屈服破坏的主要因素是最大切应力。无论材料处于何种状态，只要构件内危险点处的最大切应力 τ_{max} 达到材料在单向拉伸时的屈服破坏的极限切应力 τ_a，材料就会发生塑性屈服破坏，塑性屈服破坏的条件为

$$\tau_{max} = \tau_s$$

在复杂应力状态下的最大切应力

$$\tau_{max} = \frac{\sigma_1 - \sigma_3}{2}$$

简单应力状态下的切应力极限值为

$$\tau_s = \frac{\sigma_s}{2}$$

所以有

$$\sigma_1 - \sigma_3 = \sigma_s$$

将 σ_s 除以安全因数，得许用应力 $[\sigma]$，于是，得到按第三强度理论建立的强度条件

$$\sigma_1 - \sigma_3 \leqslant [\sigma] \qquad (10\text{-}11)$$

通过试验可知，第三强度理论能较为满意地解释塑性材料出现塑性变形的现象，且形式简单，概念明确，所以在机械工程中得到广泛应用。但该理论忽略了第二主应力对屈服破坏的影响，使得在平面应力状态下，按这一理论所得的结果与试验结果相比偏安全。

4. 第四强度理论 —— 形状改变比能理论

材料受力后由于弹性变形而储存的能量称为弹性变形能，单位体积内的弹性变形能称为变形比能。单元体在三向应力作用下，其存储的总比能既包含了体积改变比能又包含了形状改变比能。第四强度理论认为单元体形状改变比能达到轴向拉伸时出现屈服的形状改变比能，材料就会发生屈服破坏，根据这一理论建立的强度条件为

$$\sqrt{\frac{1}{2}\left[(\sigma_1 - \sigma_2)^2 + (\sigma_2 - \sigma_3)^2 + (\sigma_3 - \sigma_1)^2\right]} \leqslant [\sigma] \qquad (10\text{-}12)$$

通过塑性材料如钢、铜、铝等的试验资料表明，第四强度理论与试验结果相接近，它比第三强度理论更符合试验结果，用它可以获得更为经济的截面尺寸。

以上介绍了四种常用的强度理论，它们都有一定的局限性，还不能圆满地解决所有强度问题，仍然有待于完善和发展，就上述强度理论而言，一般情况下，脆性材料如铸铁、玻璃、混凝土等，多数以断裂形式破坏，故宜采用第一、第二强度理论；塑性材料如钢、铜、铝等，多数以屈服

形式破坏,宜采用第三、第四强度理论。

试验表明:第三、第四强度理论都适合于塑性材料,目前都普遍应用于工程实际当中。当塑性材料的三个主应力同时存在时,第四强度理论同时考虑了三个主应力对屈服破坏的综合影响,所以比第三强度理论更接近试验结果,而第三强度理论偏于安全。

综合式(10-9)—式(10-12)四个强度理论的强度条件式,可将它们写成下面的统一形式

$$\sigma_r \leqslant [\sigma] \tag{10-13}$$

式中,σ_r 称为相当应力,它由三个主应力按一定形式组合而成。对应于四个强度理论的相当应力分别为

$$\left.\begin{aligned}
\sigma_{r1} &= \sigma_1 \\
\sigma_{r2} &= \sigma_1 - \nu(\sigma_2 + \sigma_3) \\
\sigma_{r3} &= \sigma_1 - \sigma_3 \\
\sigma_{r4} &= \sqrt{\frac{1}{2}\left[(\sigma_1-\sigma_2)^2 + (\sigma_2-\sigma_3)^2 + (\sigma_3-\sigma_1)^2\right]}
\end{aligned}\right\} \tag{10-14}$$

对于平面应力状态,$\sigma_{r3} = \sqrt{\sigma_x^2 + 4\tau_x^2}$,$\sigma_{r4} = \sqrt{\sigma_x^2 + 3\tau_x^2}$。

例 10-4 某铸铁构件,危险点处的单元体处于二向应力状态,其中 $\sigma_x = 30$ MPa,$\sigma_y = 0$,$\tau_x = 20$ MPa。已知材料的许用拉应力 $[\sigma] = 45$ MPa,试根据第一强度理论校核强度。

解:(1)求主应力:

$$\sigma_{\min}^{\max} = \frac{\sigma_x + \sigma_y}{2} \pm \sqrt{\left(\frac{\sigma_x - \sigma_y}{2}\right)^2 + \tau_x^2}$$

$$= \begin{cases} 40 \\ -10 \end{cases} \text{MPa}$$

故三个主应力分别为 $\sigma_1 = 40$ MPa,$\sigma_2 = 0$,$\sigma_3 = -10$ MPa。

(2)强度校核。由第一强度理论:

$$\sigma_1 = 40 \text{ MPa} < [\sigma] = 45 \text{ MPa}$$

因此,该构件能够满足强度要求。

例 10-5 由钢材制成的薄壁圆筒如图 10-11(a),(b)所示。设内部压力为 p,壁厚为 t,设壁厚远远小于圆筒的直径 d(通常 $t < d/20$)。求筒壁纵向和横向截面上的应力,并导出校核强度的公式。

解:(1)求纵向截面上的应力。

假想用两个相距为 z 的平行截面 m—m 和 n—n 以及包含直径的纵向截面,截取圆筒的一部分为研究对象,如图 10-11(c)所示。设纵向截面上均匀分布着正应力 σ_1,并认为内压力 p 作用在圆筒直径的平面上,列出 y 轴方向的平衡方程

$$\sum F_y = 0,\text{则有 } \sigma_1 2lt - pdl = 0$$

得

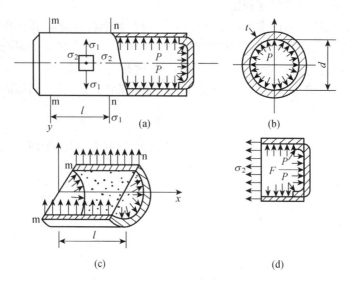

图 10-11　例 10-5 图

$$\sigma_1 = \frac{pd}{2t} \tag{10-15}$$

（2）求横向截面上的应力。

截取筒的右部为研究对象（图 10-11(d)）。设横截面上的应力为 σ_2，横截面面积近似为 πdt，筒底总压力为 $F = p\pi d^2/4$，列出 x 轴方向的平衡方程

$$\sum F_x = 0，则有 \ \sigma_2 \pi dt - p\frac{\pi d^2}{4} = 0$$

得

$$\sigma_2 = \frac{pd}{4t} \tag{10-16}$$

式(10-15)、式(10-16) 表明，纵向截面上的应力是横截面上应力的两倍。

（3）求相当应力。

由于圆筒是对称的，所以纵向截面和横向截面上都没有切应力，只有正应力 σ_1 和 σ_2，它们即是单元体上的主应力，其值分别为

$$\sigma_1 = \frac{pd}{2t}, \ \sigma_2 = \frac{pd}{4t}$$

径向应力与 σ_1 和 σ_2 相比是一个很小的量，可忽略不计，所以，认为主应力 $\sigma_3 = 0$。现将三个主应力代入式(10-14) 中，可求得按第三、第四强度理论校核强度的相当应力，即

$$\sigma_{r3} = \sigma_1 - \sigma_3 = \frac{pd}{2t} - 0 = \frac{pd}{2t}$$

$$\sigma_{r4} = \sqrt{\frac{1}{2}\left[(\sigma_1-\sigma_2)^2 + (\sigma_2-\sigma_3)^2 + (\sigma_3-\sigma_1)^2\right]}$$

$$= \sqrt{\frac{1}{2}\left[\left(\frac{pd}{2t}-\frac{pd}{4t}\right)^2+\left(\frac{pd}{4t}-0\right)^2+\left(0-\frac{pd}{2t}\right)^2\right]}$$

$$= \frac{\sqrt{3}}{4}\frac{pd}{t}=0.433\frac{pd}{t}$$

（4）建立校核强度的公式，即

$$\sigma_{r3}=\frac{pd}{2t}\leqslant[\sigma] \tag{10-17}$$

$$\sigma_{r4}=0.433\frac{pd}{t}\leqslant[\sigma] \tag{10-18}$$

式（10-17）、式（10-18）为薄壁圆筒按第三、第四强度理论建立的强度公式（10-17）、式（10-18）。它们适合于校核锅炉、压力容器、压力管道等构件在气体压力作用下的主应力强度。

例 10-6　如图 10-12 所示一薄壁压力容器。筒的内径 $d=980$ mm。壁厚 $l=15$ mm，气体压力 $p=3$ MPa，材料的许用应力 $[\sigma]=120$ MPa。试用第三和第四强度理论对筒壁作强度校核。

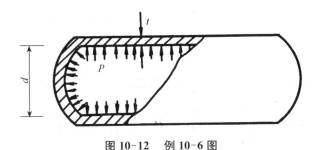

图 10-12　例 10-6 图

解： 将已知条件代入第三、第四强度理论的相当应力公式，得

$$\sigma_{r3}=\frac{pd}{2t}=\frac{3\times980}{2\times15}=98 \text{ MPa}<[\sigma]=120 \text{ MPa}$$

$$\sigma_{r4}=0.433\frac{pd}{t}=0.433\times\frac{3\times980}{15}$$

$$=84.9 \text{ MPa}<[\sigma]=120 \text{ MPa}$$

故薄壁压力容器安全。

思考题与习题

10-1　何谓点的应力状态?如何分类?

10-2　何谓主平面和主应力?如何确定主应力的大小?

10-3　如何画应力圆?应力圆与单元体有哪些对应关系?

10-4　如何用解析法确定二向应力状态下任一斜截面上的应力?

10-5　二向应力状态下的最大和最小正应力分别为何值?

10-6 何谓广义胡克定律?其适用条件是什么?

10-7 在常温静载下,金属材料的破坏形式主要有几种?

10-8 目前常用的强度理论有几种?各自的基本观点和强度条件是什么?

10-9 试求如图 10-13 所示各单元体中指定斜截面上的应力(单位:MPa)。

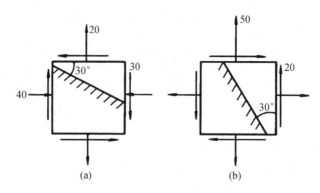

图 10-13 题 10-9 图

10-10 某点处于平面应力状态,已知 $\sigma_x = -180$ MPa,$\sigma_y = -90$ MPa,$\tau_x = \tau_y = 0$。试求该点处的主应力和最大剪应力。

10-11 如图 10-14 所示各单元体(单位:MPa),试分别用应力圆和解析法求:(1)主应力的大小和方向,并在单元体中表示出主应力的方向;(2)主切应力的值。

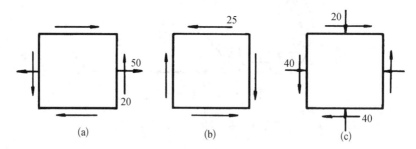

图 10-14 题 10-11 图

10-12 试画出图 10-15 所示简支梁上 A 和 B 处的应力单元体,并求出这两点的主应力及方向(绘出单元体图)。

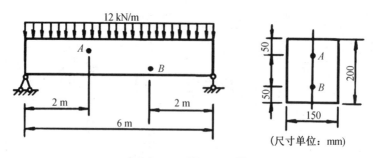

图 10-15 题 10-12 图

10-13 某构件危险点处的单元体处于如图所示的应力状态,试用第三和第四强度理论建立相应的强度条件。

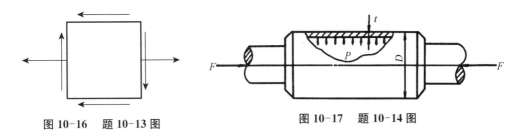

图 10-16 题 10-13 图   图 10-17 题 10-14 图

10-14 如图 10-17 所示一两端封闭的薄壁圆筒,受压力 p 及轴向压力 F 的作用。已知:$F = 100$ kN,$p = 5$ MPa,圆筒内径 $d = 100$ mm,材料为钢材,许用应力 $[\sigma] = 120$ MPa。试按第四强度理论求圆筒壁厚度 t 值。

10-15 如图 10-18 所示锅炉汽包,汽包总重 500 kN,按均布荷载 q 作用。已知气体压强压 $p = 4$ MPa。试按第三和第四强度理论计算相当应力值。

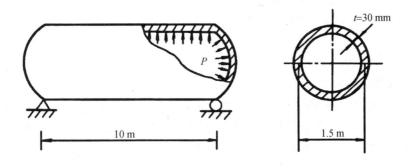

图 10-18 题 10-15 图

习题参考答案

10-1—10-8 略。

10-9 (a) $\sigma_\alpha = -12.32$ MPa,$\tau_\alpha = -35.98$ MPa

(b) $\sigma_\alpha = 53.32$ MPa,$\tau_\alpha = -18.66$ MPa

10-10 $\sigma_1 = 0$,$\sigma_2 = -90$ MPa,$\sigma_3 = -180$ MPa;$\tau_{\max} = 90$ MPa

10-11 (a) $\sigma_{\max} = 57.02$ MPa,$\sigma_{\min} = -7.02$ MPa

$\alpha_0 = 19.33°$,$\tau_{\max} = 32.02$ MPa

(b) $\sigma_{\max} = 25$ MPa,$\sigma_{\min} = -25$ MPa

$\alpha_0 = 45°$,$\tau_{\max} = 25$ MPa

(c) $\sigma_{\max} = 11.23$ MPa,$\sigma_{\min} = -71.23$ MPa

$\alpha_0 = -38°$,$\tau_{\max} = 41.23$ MPa

10-12 A 点处:$\sigma_1 = 0.01$ MPa,$\sigma_3 = -24$ MPa

B 点处:$\sigma_1 = 24$ MPa,$\sigma_3 = -0.01$ MPa

10-14 $t = 3.2$ mm(取 4 mm)

10-15 $\sigma_{r3} = 100$ MPa,$\sigma_{r4} = 87.5$ MPa

11 组 合 变 形

学习目标与要求

❖ 了解组合变形的概念。

❖ 理解组合变形的基本研究方法。

❖ 掌握常见组合变形的强度条件和计算方法。

前面各章分别研究了轴向拉伸与压缩变形、剪切变形、扭转变形和弯曲弯曲变形等基本变形。工程实际中，许多杆件常常同时发生两种或两种以上的基本变形，这类变形称为组合变形。常见的组合变形有：弯曲与拉伸（压缩）的组合变形；弯曲与扭转的组合变形；两个相互垂直平面弯曲的组合变形（斜弯曲）；拉伸（压缩）与扭转的组合变形等。例如，图 11-1(a) 所示的压力机，在外力 F 的作用下，其床身部分的 m—n 截面上产生轴力及弯矩（图 11-1(b)），压力机受轴向拉伸与弯曲两种变形的组合作用。又如图 11-2 所示的传动轴，在齿轮啮合力的作用下产生扭转与弯曲的组合变形。建筑物的边柱和角柱受到的是压弯组合变形。

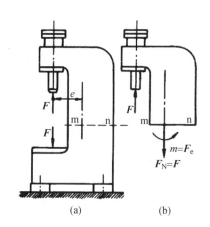

图 11-1 拉弯组合变形实例

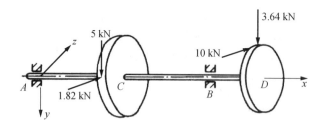

图 11-2 弯扭组合变形实例

对于组合变形的构件，在线弹性范围内的小变形条件下，作用在杆上的任一荷载引起的应力一般不受其他荷载的影响，且可按构件的原始形状和尺寸进行计算。因而，可先将荷载简化为符合基本变形时的若干外力单独作用，分别计算构件在每一种基本变形下的内力、应力或变形。然后，利用叠加原理，综合考虑各基本变形的组合情况，以确定构件的危险截面、危险点的位置及危险点的应力状态,并根据此进行强度计算。

(1)外力分析:将荷载分解或简化为几个只引起一种基本变形的分量。

(2)内力分析:用截面法计算杆件横截面的内力,并画出内力图,由此判断危险截面的位置。

(3)应力分析:根据基本变形时杆件横截面上的应力分布规律,运用叠加原理确定危险截面上危险点的位置及其应力值。

(4)强度计算:分析危险点的应力状态,结合杆件材料的性质,选择适当的强度理论(条件)进行强度计算。

本章主要研究弯曲与压缩(拉伸)、斜弯曲、弯曲与扭转组合变形构件的强度计算问题。

11.1 弯曲与压缩(拉伸)组合变形的强度计算

作用在直杆上的外力,当其作用线与杆的轴线平行且不重合时,就将引起偏心拉伸或偏心压缩,实际产生的就是弯曲与压缩(拉伸)的组合变形。图 11-3 中的钻床立柱和厂房中支撑吊车梁的柱子,就是偏心拉伸和偏心压缩的实例。

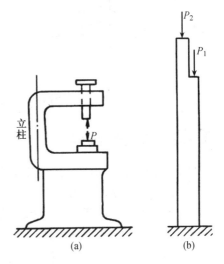

图 11-3 偏心压缩(拉伸)实例

11.1.1 单向偏心压缩

设有一矩形截面杆如图 11-4 所示,在其顶端截面作用一偏心压力 F,该力作用点 B 到截面形心 C 的距离即偏心距 e。

为了分析杆件的受力情况,将偏心压力 F 平移到截面形心 C 处,得轴向压力 F 和附加力偶矩 $F \cdot e$(图 11-4(b))。在轴向压力 F 作用下,杆件产生轴向压缩变形;在附加力偶矩 $F \cdot e$ 作用下,杆件在 Δy 平面内产生平面弯曲变形,其截面的弯矩为 $M = F \cdot e$。可见,在偏心压力 F 作用下,杆件处于压弯组合变形状态,横截面上任一点处的正应力为

$$\sigma = \sigma_{\mathrm{N}} + \sigma_{\mathrm{M}} = -\frac{F}{A} \pm \frac{F \cdot e}{I_z} y \qquad (11\text{-}1)$$

由式(11-1)可以看出,当偏心距 e 较小以至最大弯曲正应力 $\sigma_{\mathrm{M}_{\max}} < |\sigma_{\mathrm{N}}|$,横截面上各点均受压(图 11-4(c)),此时杆的强度条件为

$$\sigma_{\max}^{-} = \left| -\frac{F}{A} - \frac{F \cdot e}{W_z} \right| \leqslant [\sigma^{-}] \qquad (11\text{-}2)$$

当偏心距 e 较大以至 $\sigma_{\mathrm{M}_{\max}} > |\sigma_{\mathrm{N}}|$,横截面上部分区域受压,部分区域受拉(图 11-4(d))。

对于许用拉应力小于许用压应力的材料来说,则除了应按式(11-2)校核杆件的压缩强度外,还应校核杆件的拉伸强度。杆件的拉伸强度条件为:

$$\sigma_{\max}^{+} = -\frac{F}{A} + \frac{F \cdot e}{W_z} \leqslant [\sigma^{+}] \qquad (11\text{-}3)$$

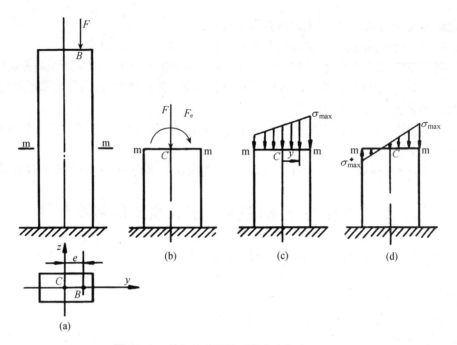

图 11-4　单向偏心压缩时的内力与应力分析

11.1.2　双向偏心压缩

当偏心压力 F 的作用点不在横截面的任一形心主轴上时(图 11-5)，力 F 可简化为作用在截面形心 C 处的轴向压力 F 和两个平面内的附加力偶，其力偶矩分别为 $M_y = F \cdot e_z$，$M_z = F \cdot e_y$。如图 11-5(b) 所示，这种受力情况称为双向偏心压缩。

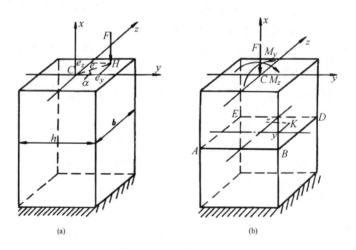

图 11-5　双向偏心压缩

1. 内力分析

由截面法可求得任意横截面上的内力为

$$N = -F, \quad M_y = F \cdot e_z, \quad M_z = F \cdot e_y$$

2. 应力分析

由 N，M_y 和 M_z 引起横截面上任一点 K 的应力分别为

$$\sigma_N = \frac{N}{A}, \quad \sigma_{My} = \pm \frac{M_y}{I_y}z, \quad \sigma_{Mz} = \pm \frac{M_z}{I_z}y$$

各项应力作用情况如图 11-6(a)，(b)，(c) 所示。

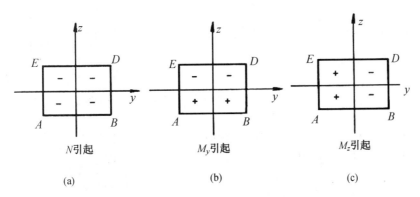

图 11-6　双向偏心压缩时的应力分布规律

根据叠加原理，可得到杆件任一横截面上任一点 K 的正应力为

$$\sigma = -\frac{N}{A} \pm \frac{M_z}{I_z}y \pm \frac{M_y}{I_y}z \qquad (11\text{-}4)$$

计算时，上式中 N，M_y，M_z，y，z 都用绝对值代入，式中第二项和第三项前的正负号由观察弯曲变形的情况来确定。

3. 最大或最小正应力及强度条件

由图 11-6 分析可知，A 点产生最大拉应力，D 点产生最大压应力，其值为

$$\sigma_{max} = -\frac{N}{A} + \frac{M_z}{W_z} + \frac{M_y}{W_y}$$

$$\sigma_{min} = -\frac{N}{A} - \frac{M_z}{W_z} - \frac{M_y}{W_y} \qquad (11\text{-}5)$$

危险点 A，D 均处于单向应力状态，所以强度条件为

$$\sigma_{max} = -\frac{F}{A} + \frac{M_z}{W_z} + \frac{M_y}{W_y} \leqslant [\sigma^+]$$

$$\sigma_{min} = -\frac{F}{A} - \frac{M_z}{W_z} - \frac{M_y}{W_y} \leqslant [\sigma^-] \qquad (11\text{-}6)$$

例 11-1　图 11-7(a) 所示为中间开有切槽的短柱，未开槽部分的横截面是边长为 $2a$ 的正方形，开槽部分的横截面(图中有阴影线部分)是 $a \times 2a$ 的矩形。若沿未开槽部分的中心线作用轴向压力，试确定开槽后的最大压应力与未开槽时的比值。

解：(1) 未开槽时的压应力。

$$\sigma^- = \frac{N}{A} = \left| -\frac{P}{(2a)^2} \right| = \frac{P}{4a^2} \tag{a}$$

（2）开槽后的最大压应力。

开槽后,柱内的最大压应力将发生在开槽处横截面的 AB 边上。由图 11-7(b) 可见横截面上的总内力 N' 并不通过截面形心。因而,需将 N' 向截面形心简化,得到一个轴力 N 和一个弯矩 M_y,即: $N = P$, $M_y = \dfrac{Pa}{2}$,其方向如图 11-7(c) 所示。所以,开槽后的最大压应力为

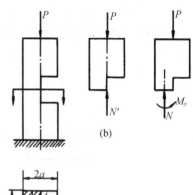

$$\sigma^-_{\max} = \left| -\frac{N}{A} - \frac{M_y}{W_y} \right| = \left| \frac{P}{2a^2} + \frac{Pa/2}{2a \cdot a^2/6} \right| = \frac{2P}{a^2} \tag{b}$$

（3）开槽后的最大压应力与未开槽时的比值。

将式（2）与式（1）相比较,得

$$\frac{\sigma^-_{\max}}{\sigma^-} = \frac{\dfrac{2P}{a^2}}{\dfrac{P}{4a^2}} = 8$$

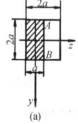

(a)

即开槽后的最大压应力是未开槽时的 8 倍。

图 11-7　例 11-1 图

11.1.3　截面核心的概念

前面曾提过,当偏心压力 F 的偏心距 e 较小时,杆的横截面上就不能出现拉应力。土建工程中常用的混凝土构件、砖、砌体等,其抗拉强度远低于抗压强度,在这类构件的设计中,往往认为其抗拉强度为零。这就要求构件在受偏心压力作用时,其横截面上不出现拉应力。可以证明,当外力作用点位于截面形心附近的一个区域内时,就可以使杆件整个截面上全出现压应力,而无拉应力,这个外力作用的区域就称为截面核心。

常见的矩形、圆形截面核心如图 11-8 所示。

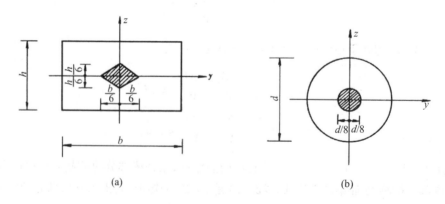

(a)　　　　　　　　　　(b)

图 11-8　截面核心

11.2　斜弯曲变形的强度计算

我们在第 9 章节中讨论了平面弯曲变形问题。若梁具有纵向对称面,当横向外力作用在梁的纵向对称面内时,梁的轴线将在外力作用面内弯成一条曲线,这就是平面弯曲。如果横向外力不作用在梁的纵向对称面内,梁弯曲后的轴线不再位于外力作用面内,这就是斜弯曲。例如,对于图 11-9 所示开口薄壁截面梁,外力作用面虽通过弯曲中心 A(保证只发生弯曲),但不与梁的形心主惯性平面(截面的形心主轴与梁轴线构成的面)重合或平行,此情况也发生斜弯曲。对于图 11-10,由于截面的 $I_y \neq I_z$,因而中性轴与合成弯矩 M 所在的平面并不互相垂直,这种弯曲也称为斜弯曲。

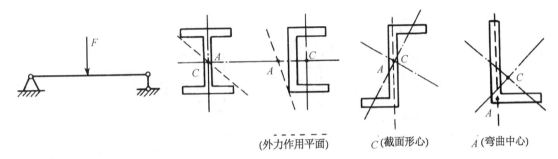

(外力作用平面)　　C(截面形心)　　A(弯曲中心)

图 11-9　斜弯曲变形受力特点(一)

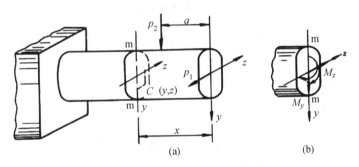

(a)　　　　　(b)

图 11-10　斜弯曲变形受力特点(二)

现通过矩形截面梁来讨论斜弯曲的强度计算问题。

对于图 11-11(a)矩形截面悬臂梁,取梁轴线为 x 轴,设在自由端处作用一个垂直于梁轴线并通过截面形心的集中荷载 F,其与形心主轴 y 成 φ 角。

1. 分解荷载

将作用在梁上的荷载 F 沿截面的两个主惯性轴 y,z 分解为两个分量:

$$F_y = F \cos \varphi, \quad F_z = F \sin \varphi$$

由图 11-11(a)可知,F_y 将使梁在 oxy 平面发生平面弯曲,F_z 将使梁在 Oxz 平面发生平面弯曲。

2. 内力分析

斜弯曲梁的强度通常是由弯矩引起的最大正应力控制的,剪力的影响较小,因此忽略剪力

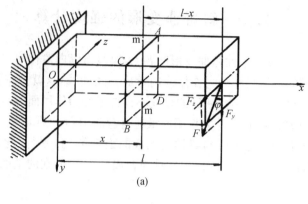

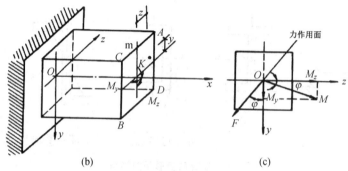

图 11-11 斜弯曲内力分析

的影响,只计算弯矩。F_y 和 F_z 在离自由端距离为 $(l-x)$ 处的横截面 m—m 上引起的弯矩(图 11-11(b)) 分别为

$$M_z = F_y(l-x) = F(l-x)\cos\varphi = M\cos\varphi(上拉)$$
$$M_y = F_z(l-x) = F(l-x)\sin\varphi = M\sin\varphi(后拉)$$

式中 $M = F(l-x)$ 表示由 F 引起的 m—m 截面上的总弯矩,其与分弯矩 M_z, M_y 的关系可用矢量表示(图 11-11(c)),关系式为 $M = \sqrt{M_z^2 + M_y^2}$。

3. **应力分析**

现在来求横截面 m—m 上任一点 $K(y, z)$ 处的应力。

应用平面弯曲时的正应力公式,求得由 M_z 和 M_y 引起的 K 点处的正应力分别为(设弯矩总为正)

$$\sigma' = \pm\frac{M_z}{I_z}y, \quad \sigma'' = \pm\frac{M_y}{I_y}z$$

根据叠加原理,K 点处总的弯曲正应力等于上述两个正应力的代数和,即

$$\sigma = \sigma' + \sigma'' = \pm\frac{M_z}{I_z}y \pm \frac{M_y}{I_y}z = M\left(\pm\frac{y\cos\varphi}{I_z} \pm \frac{z\sin\varphi}{I_y}\right) \tag{11-7}$$

式中,I_z, I_y 分别是横截面对形心主轴 z 和 y 的惯性矩。至于应力的正负号,可以直接观察变形

来判断。以正号表示拉应力,以负号表示压应力。

4. 中性轴的位置

因为横截面上的最大正应力发生在离中性轴最远的那些点处,所以要求最大正应力首先要确定中性轴的位置。由于中性轴是截面上正应力等于零的点的轨迹,因此用 y_0,z_0 表示中性轴上任一点的坐标,代入式(11-7)中,并令 $\sigma = 0$,则可得中性轴方程为

$$\frac{M_z}{I_z}y_0 - \frac{M_y}{I_y}z_0 = 0$$

或

$$\frac{y_0}{I_z}\cos\varphi - \frac{z_0}{I_y}\sin\varphi = 0 \qquad (11-8)$$

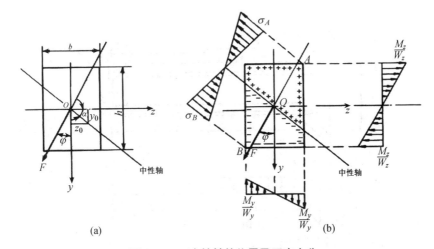

(a)　　　　　　　　　　(b)

图 11-12　中性轴的位置及正应力分

由上式可以看出,中性轴是通过截面形心($y_0 = 0$,$z_0 = 0$)的一条直线(图 11-12(a))。设中性轴与 z 轴之间的夹角为 α,由图 11-12(a) 看出

$$\tan\alpha = \frac{y}{z}$$

利用式(11-8)可得

$$\tan\alpha = \frac{y_0}{z_0} = \frac{I_z}{I_y}\tan\varphi \qquad (11-9)$$

5. 最大正应力或最小正应力

确定了中性轴的位置以后,可作两条与中性轴平行并与截面周边相切的直线,其切点 A,B(图 11-12(b)) 就是距中性轴最远的两个点,此两点处的正应力分别为最大正应力 $\sigma_{\max}$ 和最小正应力 $\sigma_{\min}$。图 11-12(b) 表示了正应力在截面上的分布情况。$\sigma_{\max}$ 或 $\sigma_{\min}$ 可由式(11-10)求得:

$$\sigma_{\min}^{\max} = \pm\frac{M_z}{I_z}y_{\max} \pm \frac{M_y}{I_y}z_{\max} = \pm\frac{M_z}{W_z} \pm \frac{M_y}{W_y} \qquad (11-10)$$

6. 强度条件

设梁危险面上的最大弯矩为 M_{max}，两个弯矩分量为 $M_{z\,max}$ 和 $M_{y\,max}$。代入式(11-10)中可得整个梁的最大正应力 σ_{max} 或 σ_{min}，若梁的材料抗拉、压能力相同，则可建立斜弯曲梁的强度条件如下：

$$\sigma_{max} = \frac{M_{z\,max}}{W_z} + \frac{M_{y\,max}}{W_y} \leqslant [\sigma] \tag{11-11}$$

应当指出，如果材料的抗拉、压能力不同，则需分别对拉、压强度进行计算。

上述强度条件，可以解决工程实际中的三类问题：校核强度、设计截面尺寸、确定许用荷载。

例 11-2　型号为 20a 工字钢悬臂梁受均布荷载 q 和集中力 $P = qa/2$ 作用，如图 11-13 所示。已知钢的许用弯曲正应力 $[\sigma] = 160$ MPa，$a = 1$ m。试求此梁的许可荷载集度 $[q]$。

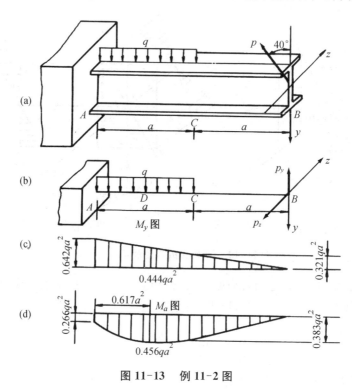

图 11-13　例 11-2 图

解：将自由端 B 截面上的集中力沿 z，y 两主轴分解为

$$p_y = P\cos 40° = \frac{qa}{2}\cos 40° = 0.383qa\,(\uparrow)$$

$$p_z = P\sin 40° = \frac{qa}{2}\sin 40° = 0.321qa\,(\text{与 } z \text{ 轴正向相反})$$

从而作出此梁的计算简图如图 11-13(b) 所示，并分别绘出两个主轴平面(xz，xy)内的弯矩 M_y 和 M_z 图，如图 11-13(c)，(d) 所示。

$$W_z = 237 \times 10^3\ \text{mm}^3,\ W_y = 31.5 \times 10^3\ \text{mm}^3$$

根据工字钢截面 $W_z \neq W_y$ 的特点,并结合内力图,可按叠加原理分别求出 A 截面及 D 截面上的最大拉应力:

$$(\sigma_{\max})_A = \frac{M_{yA}}{W_y} + \frac{M_{zA}}{W_z}$$

$$= \frac{0.642q \times 1^2 \times 10^6}{31.5 \times 10^3} + \frac{0.266q \times 1^2 \times 10^6}{237 \times 10^3} = 21.5q \text{ (MPa)}$$

$$(\sigma_{\max})_D = \frac{M_{yD}}{W_y} + \frac{M_{zD}}{W_z}$$

$$= \frac{0.444q \times 1^2 \times 10^6}{31.5 \times 10^3} + \frac{0.456q \times 1^2 \times 10^6}{237 \times 10^3} = 16.02q \text{ (MPa)}$$

由此可见,该梁的危险点在固定端 A 截面的棱角处。故可将最大弯曲正应力与许用弯曲正应力相比较来建立强度条件。即

$$\sigma_{\max} = (\sigma_{\max})_A = 21.5q \text{ (MPa)} \leqslant [\sigma] = 160 \text{ MPa}$$

从而解得

$$[q] = \frac{160}{21.5} = 7.44 \text{ N/mm} = 7.44 \text{ kN/m}$$

例 11-3 某食堂采用三角形木屋架,屋面由屋面板、黏土瓦构成(图 11-14(a))。从有关设计手册中查得沿屋面的分布荷载为 1.2 kN/m^2。檩条采用杉木,矩形截面,$h : b = 3 : 2$,并简支在屋架上,其跨长 $l = 3.6$ m。已知檩条间距 $a = 0.8$ m,斜面倾角 $\varphi = 30°$,许用应力 $[\sigma] = 11$ MPa。试设计檩条的截面尺寸。

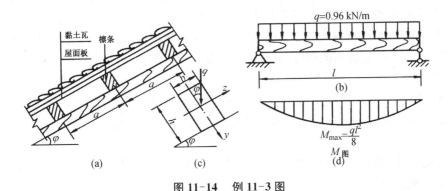

图 11-14 例 11-3 图

解: (1) 外力分析。将屋面的均布荷载简化成檩条承受的荷载(图 11-14(b),(c)),其集度为

$$q = \frac{1.2 \times 0.8 \times 3.6}{3.6} = 0.96 \text{ kN/m}$$

(2) 内力分析。均布作用下,简支梁的最大弯矩发生在跨中截面上(图 11-14(d)),其值为

$$M_{\max} = \frac{ql^2}{8} = \frac{1}{8} \times 0.96 \times 3.6^2 = 1.56 \text{ kN} \cdot \text{m}$$

（3）设计截面尺寸。在强度条件式（11-11）中，将分弯矩用总弯矩代入，则有

$$\sigma_{\max} = \frac{M_{\max}}{W_z}\left(\cos\varphi + \frac{W_z}{W_y}\sin\varphi\right) \leqslant [\sigma]$$

将矩形截面的 $\dfrac{W_z}{W_y} = \dfrac{h}{b} = \dfrac{3}{2}$，以及有关数据代入上式，得

$$\frac{1.56\times10^6}{W_z}\left(\cos 30° + \frac{3}{2}\sin 30°\right) \leqslant 10\ \text{MPa}$$

解得

$$W_z \geqslant 252\times10^3\ \text{mm}^3$$

将 $h/b = 3/2$ 代入 $W_z = \dfrac{bh^2}{6} = 252\times10^3\ \text{mm}^3$ 中，得 h，b 最小值为

$$h = 131\ \text{mm},\ b = 88\ \text{mm}$$
$$h = 135\ \text{mm},\ b = 90\ \text{mm}$$

11.3 弯曲与扭转组合变形的强度计算

杆件同时受到垂直于杆轴线的外荷载和横截面所在平面内的外力偶矩作用时，将产生弯扭组合变形，它是弯曲和扭转两种基本变形的组合。建筑中的悬挑梁，工程中的传动轴，大多数都处于弯扭组合变形状态。当弯曲变形较小时，可以近似地按照扭转问题来处理；当弯曲变形不能忽略时，则需要按照弯扭组合变形处理。

现以曲轴为例，讨论弯扭组合变形的强度计算。如图 11-15(a) 所示的圆截面曲轴，A 端固定，B 端有一个与 AB 呈直角的钢臂，钢臂末端承受铅垂力 F 的作用。

1. 外力分析

首先确定梁有几种基本变形，将力 F 向 AB 杆右端截面的形心 B 简化，简化结果为横向力 F 和力偶矩 $M = Fa$，如图 11-15(b) 所示，故 AB 发生弯曲与扭转组合变形。

2. 内力分析

确定危险截面，作弯矩图和扭矩图分别如图 11-15(c) 和图 11-15(d) 所示，可知危险截面为固定端处的截面，且有

$$M = Fl,\ T = Fa$$

3. 应力分析

确定危险点，由弯曲与扭转的应力变化规律可知，危险截面上的最大弯曲正应力发生在横截面直径的上下两端点，即图 11-15(e) 的 C_1，C_2 处，而最大扭转应力发生在截面周边上的各点处，因此，横截面直径的上下两端点处在危险点。对于许用拉、压应力相同的塑性材料而言，这两点处的危险程度是相同的。危险点处应力状态为平面应力状态，如图 11-15(f) 所示，其最大应力分别为

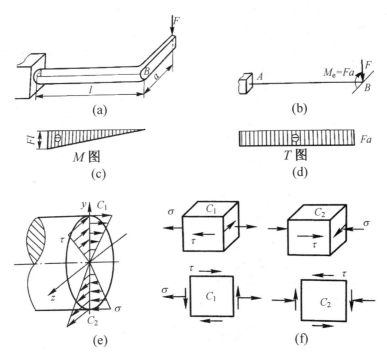

图 11-15 曲轴弯扭变形

$$\sigma_{\max} = \frac{M}{W_z}, \ \tau_{\max} = \frac{T}{W_p}$$

其三个主应力分别为

$$\sigma_1 = \frac{1}{2}(\sigma + \sqrt{\sigma^2 + 4\tau^2})$$

$$\sigma_2 = 0$$

$$\sigma_3 = \frac{1}{2}(\sigma - \sqrt{\sigma^2 + 4\tau^2})$$

4. 建立强度条件

根据应力状态和材料性质,承受弯扭组合变形的圆轴,通常为塑性材料,宜选用第三或第四强度理论建立强度条件:

第三强度理论 $\qquad \sigma_{r3} = \sqrt{\sigma_x^2 + 4\tau_x^2} \leqslant [\sigma]$

第四强度理论 $\qquad \sigma_{r4} = \sqrt{\sigma_x^2 + 3\tau_x^2} \leqslant [\sigma]$

对于实心和空心圆截面杆,由于 $W_p = 2W_z$,则强度条件可改写成

第三强度理论 $\qquad \sigma_{r3} = \dfrac{\sqrt{M^2 + T^2}}{W_z} \leqslant [\sigma]$

第四强度理论 $\qquad \sigma_{r4} = \dfrac{\sqrt{M^2 + 0.75T^2}}{W_z} \leqslant [\sigma]$

式中，M，T 分别为危险截面的弯矩和扭矩，W_z 为截面的抗弯截面系数。

例 11-4 如图 11-16(a)所示转轴 AB 由电机带动，带轮直径 $D = 400$ mm，皮带紧边拉力 $F_1 = 6$ kN，松边拉力 $F_2 = 3$ kN，轴承间距 $l = 200$ mm，转轴直径 $d = 40$ mm，许用应力 $[\sigma] = 120$ MPa，试利用第三强度理论校核轴 AB 的强度。

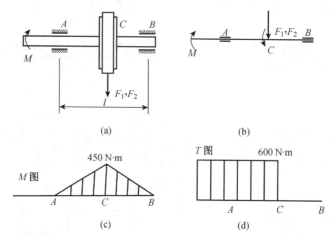

图 11-16 例 11-4

解：（1）外力分析。轴 AB 的受力图如图 11-16(b)所示，皮带拉力使轴 AB 产生弯曲变形，皮带拉力差产生的力矩与电机输入力偶矩的共同作用，使 AB 产生扭转变形。因此，轴 AB 为弯扭组合变形，且有

$$F = F_1 + F_2 = 9 \text{ kN}$$
$$M_c = (F_1 - F_2)D/2 = 0.6 \text{ kN} \cdot \text{m}$$

（2）内力分析。轴 AB 的弯矩图和扭矩图如图 11-16(c)，(d)所示，可见中间截面 C 为危险截面，且有

$$M = F_1/4 = 4.45 \text{ kN} \cdot \text{m}, T = M_c = 0.6 \text{ kN} \cdot \text{m}$$

由弯曲与扭转的应力变化规律可知，危险截面上的最大弯曲正应力发生在横截面直径的上下两端处，但由于轴 AB 不断转动，因此两端点位置实际上在截面周边不断变化；而最大扭转应力发生在 C 截面周边上的各点处。因此，截面周边上的各点均为危险点。

（3）强度校核。由第三强度理论

$$\sigma_{r3} = \frac{\sqrt{M^2 + T^2}}{W_z} = \frac{32\sqrt{M^2 + T^2}}{\pi d^3}$$

$$= \frac{32\sqrt{(0.45 \times 10^3)^2 + (0.6 \times 10^3)^2}}{\pi \, 0.04^3}$$

$$= 119.4 \text{ MPa} \leqslant [\sigma] = 120 \text{ MPa}$$

因此，轴 AB 满足强度要求。

思考题与习题

11-1 什么是组合变形?试列举工程实际中构件发生组合变形的实例。

11-2 叠加法求解组合变形问题的一般步骤是什么?其适用条件是什么?

11-3 拉(压)弯组合的强度条件是什么?

11-4 弯扭组合的强度条件是什么?

11-5 当矩形截面杆在两个互相垂直的对称平面内产生弯曲变形时,如何计算横截面上的最大弯曲正应力?

11-6 试判断图 11-17 所示曲杆 $ABCD$ 上杆 AB,BC,CD 将产生何种变形?

11-7 什么叫截面核心?

11-8 柱截面为正方形(图 11-18),边长为 a,顶端受轴向压力 F 作用,在右侧中部开一个深为 $a/4$ 的槽.求:(1) 开槽前后柱内最大压应力值及所在位置;(2) 若在柱的左侧对称位置再开一个相同的槽,则应力有何变化?

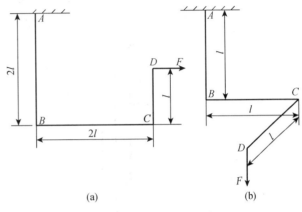

(a) (b)

图 11-17 题 11-6 图

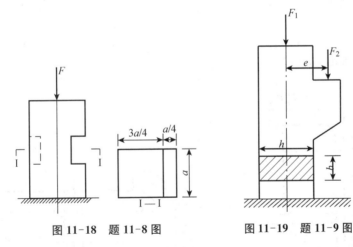

图 11-18 题 11-8 图 **图 11-19 题 11-9 图**

11-9 图 11-19 所示一矩形截面厂房柱受压力 $F_1 = 110$ kN,$F_2 = 45$ kN 的作用,F_2 与柱轴线的偏心距 $e = 200$ mm,截面宽 $b = 180$ mm,如要求柱截面上不出现拉应力,问截面高度 h 应为多少?此时最大压应力为多大?

11-10 图 11-20 所示矩形截面钢杆,用应变片测得杆件上、下表面的轴向正应变分别为 $\varepsilon_a = 1 \times 11^{-3}$,$\varepsilon_b = 0.4 \times 11^{-3}$,材料的弹性模量 $E = 211$ GPa。(1) 试绘制横截面上的正应力分布图;(2) 求拉力 P 及其偏心距 δ 的数值。

11-11 有一个木质杆如图 11-21 所示,截面原为边长 a 的正方形,拉力 P 与杆轴重合。后因使用上需要在杆长的某一段范围内开一 $a/2$ 宽的切口,如图所示。试求 m—m 截面上的最大拉应力和最大压应力,并求此最大拉应力是截面削弱以前的拉应力值的几倍。

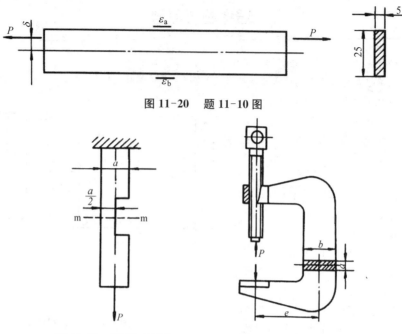

图 11-20　题 11-10 图

图 11-21　题 11-11 图

图 11-22　题 11-12 图

11-12　螺旋夹紧器立臂的横截面为 $a \times b$ 的矩形,如图 11-22 所示。已知该夹紧器工作时承受的夹紧力 $P = 16$ kN,材料的许用应力 $[\sigma] = 160$ MPa,立臂厚 $a = 20$ mm,偏心距 $e = 140$ mm。求立臂宽度 b。

11-13　如图 11-23 所示的钻床立柱由铸铁制成,直径 $d = 30$ MPa,$e = 400$ mm,材料的许用拉应力 $[\sigma^+] = 30$ MPa。试求许可压力 $[F]$。

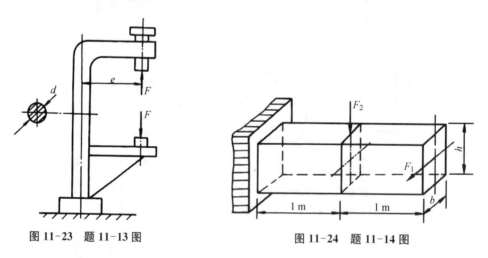

图 11-23　题 11-13 图

图 11-24　题 11-14 图

11-14　矩形截面的悬臂木梁(图 11-24),承受 $F_1 = 1.6$ kN,$F_2 = 0.8$ kN 的作用。已知材料的许用应力 $[\sigma] = 10$ MPa,弹性模量 $E = 10 \times 10^3$ MPa。求:设计截面尺寸 b,h(设 $h/b = 2$)。

11-15　型号为 14 号工字钢悬臂梁受力情况如图 11-25 所示。已知 $l = 0.8$ m,$P_1 = 2.5$ kN,$P_2 = 1.0$ kN,试求危险截面上的最大正应力。

11-16　水平放置的钢制折杆 ABC 如图 11-26 所示,杆为直径 $d = 100$ mm 的圆截面杆,AB 杆长 $l_1 = 3$ m,BC 杆长 $l_2 = 0.5$ m,许用应力 $[\sigma] = 160$ MPa,试用第三强度理论校核此杆强度。

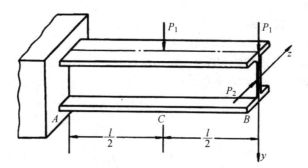

图 11-25 题 11-15 图

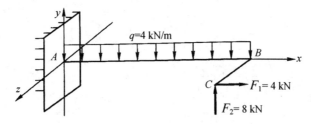

图 11-26 题 11-16 图

11-17 低碳钢折杆 ABC 如图 11-27 所示,截面直径 $d = 10$ cm 的圆形截面,位于水平面内,其中 C 为球形铰,铅垂力 $F = 27.5$ kN,钢材的 $E = 200$ GPa,$G = 80$ GPa,$l = 2$ m,许用应力 $[\sigma] = 170$ MPa,试求:(1)画出危险点的应力状态;(2)用第四强度理论校核该折杆的强度。

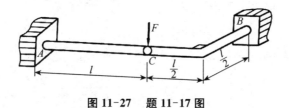

图 11-27 题 11-17 图

习题参考答案

11-1—11-7 略。

11-8 (1)开槽前 $\sigma = \dfrac{F}{a^2}$,开槽后 $\sigma = \dfrac{8F}{3a^2}$

   (2)对称开槽后 $\sigma = \dfrac{F}{a^2}$

11-9 $h = 372$ mm,$\sigma_{max} = 4.33$ MPa

11-10 $p = 18.38$ kN,$\delta = 1.875$ mm

11-11 最大拉应力 $\dfrac{8P}{a^2}$,最大压应力 $\dfrac{4P}{a^2}$

11-12 $b = 86$ mm

11-13 $[F] = 15.5 \text{ kN}$

11-14 $b = 111 \text{ mm}, h = 220 \text{ mm}$

11-15 $\sigma_{max} = 79.1 \text{ MPa}$

11-16 $\sigma_{r3} = 76.3 \text{ MPa} < [\sigma] = 160 \text{ MPa}$

11-17 $\sigma_{r4} = 141.6 \text{ MPa} < [\sigma] = 170 \text{ MPa}$

12 压杆稳定

❖ 了解稳定性、失稳、临界压力、临界应力的概念。
❖ 掌握欧拉公式及其适用范围。
❖ 掌握压杆的稳定性计算、截面尺寸确定、承载力计算。
❖ 熟练掌握用安全系数法进行稳定校核。
❖ 理解并掌握提高压杆稳定性的措施。

前面几章讨论了杆的强度和刚度问题,在杆件内的工作应力未超过它的许用应力时,便可以安全工作。拉压作用下的杆件当工作应力达到屈服极限和强度极限时,就会发生塑性变形或脆性断裂。理论和实践证明,这个结论只适用于拉杆和短粗压杆,而不适用于细长压杆的情况。

如果对细长压杆施加轴向压力,所受压力超过一定数值,但其压力远远小于材料的极限应力时,杆件会由原来的直线平衡形式突然变弯,或因受弯而折断,从而失去工作能力。如一根长 1 m,截面为 30 mm × 10 mm 的矩形截面杆,材料的许用抗压强度$[\sigma] = 20$ MPa,其理论承载能力 $F = [\sigma]A = 20 \times 30 \times 10 = 6\ 000$ N,但对其施加轴向压力不到40 N时杆件就突然产生弯曲变形。这说明,细长压杆丧失工作能力不是强度不够,而是由于不能保持原有的直线平衡状态所致,这种现象称为压杆直线状态的平衡丧失了稳定性,简称压杆失稳。

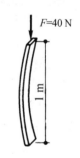

图 12-1　压杆失稳

细长压杆在工程实际中经常用到,例如内燃机的连杆(图 12-2(a)),液压千斤顶(图 12-2(b)),悬臂梁吊车的斜撑杆(图 12-2(c)) 等。如果只注意压杆强度而忽视其稳定

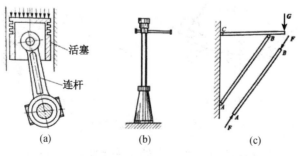

图 12-2　压杆实例

性,会给工程结构带来极大的危害,甚至造成严重的事故。19世纪,国外的孟汗希太因桥倒塌,原因是由于桥梁桁架中的受压杆件失稳,约有200人遇难;20世纪80年代,中国社会科学院科研楼脚手架因没有做好安全稳定性计算而出现倒塌,造成数人死亡;2005年央视报道北京一处建筑工地因模板支撑失稳造成人员伤亡事故。因此,为了保证压杆能安全可靠地工作,必须使压杆处于直线平衡状态。受压构件的稳定性问题和强度、刚度问题一样,是材料力学所研究的基本问题之一。

12.1　细长压杆的临界力

12.1.1　压杆稳定性的概念

取两端铰支的等直细长杆,两端施加轴向压力 F,使杆在直线状态下处于平衡(图12-3(a))。如果给杆以微小的侧向干扰力使其发生微小弯曲,然后撤去干扰力,则随着轴向压力数值的由小增大,会出现下述两种不同的情况。当轴向压力 F 小于某一数值 F_{cr} 时,撤去干扰力后,杆仍能自动恢复到原有直线形状的平衡状态(图12-3(b))。杆件能够保持原有直线平衡状态的这种性能称为压杆稳定性。当轴向压力 F 逐渐增大到某一数值 F_{cr} 时,即使撤去干扰,杆仍处于微弯形状,而不能自动恢复到原有的直线形状平衡状态(图12-3(c)),称为不稳定的平衡。如果力 F 的数值继续增大,则杆继续弯曲,产生显著的变形,甚至突然破坏。

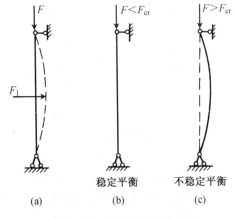

图 12-3　细长压杆的平衡

以小球为例继续说明稳定的平衡、不稳定的平衡。

如图12-4(a)所示,小球在凹面内的 O 点处于平衡状态。外加扰动使小球偏离平衡位置,当外加扰动撤去后,小球受到重力 G 和支撑面约束力 F_N 的作用,总会回到 O 点,保持其原有的平衡状态。在这种情况下,小球在 O 点的平衡是稳定的平衡。

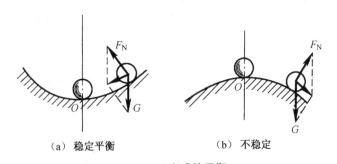

（a）稳定平衡　　　　　　　　　（b）不稳定

图 12-4　小球的平衡

如图12-4(b)所示,小球在凸面上的 O 点处于平衡状态。一旦外加扰动使小球偏离平衡位置,则小球将滚下,不能回到其原有平衡状态。在这种情况下,小球的平衡是不稳定的平衡。

12.1.2　细长压杆的临界力

压杆由直线形式的稳定平衡过渡到不稳定平衡时所对应的轴向压力值,称为压杆的临界力,用 F_{cr} 表示。在临界力作用下,压杆在微弯状态下保持的平衡,称为临界平衡。压杆在临界力作用下,其直线状态的平衡由稳定转变为不稳定,此时撤去干扰力,压杆将保持在微弯状态下的平衡,超过这个临界力,弯曲变形将明显增大。因此,应使压杆受力小于在微弯状态下保持平衡的最小轴向力,即小于压杆的临界力。

1. 两端铰支时细长压杆的临界力

设两端铰支长度为 l 的细长杆,在轴向压力 F 的作用下保持微弯平衡状态(图 12-5)。经过理论推导得

$$F_{cr} = \frac{\pi^2 EI}{l^2} \qquad (12-1)$$

2. 其他支撑情况时压杆的临界力

其他杆端约束下细长压杆的临界力可用下面的统一公式表示:

$$F_{cr} = \frac{\pi^2 EI}{(\mu l)^2} \qquad (12-2)$$

式(12-2)通常称为欧拉公式。式中的 μ 称为压杆的长度因数,它与杆端约束有关,杆端约束越强,μ 值越小;μl 称为压杆的相当长度,表示将杆端约束条件不同的压杆长度 l 折算成两端铰支压杆的长度。表 12-1 列出了四种典型的杆端约束下细长压杆的临界力,以备查用。

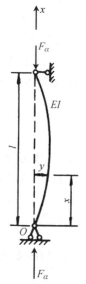

图 12-5　两端铰支压杆

表 12-1　　　　四种典型细长杆的临界力

杆端约束	两端铰支	一端铰支一端固定	两端固定	一端固定一端自由
失稳时挠曲线形状				
临界力	$F_{cr} = \dfrac{\pi^2 EI}{l^2}$	$F_{cr} = \dfrac{\pi^2 EI}{(0.7l)^2}$	$F_{cr} = \dfrac{\pi^2 EI}{(0.5l)^2}$	$F_{cr} = \dfrac{\pi^2 EI}{(2l)^2}$
长度因数	$\mu = 1$	$\mu = 0.7$	$\mu = 0.5$	$\mu = 2$

应该指出,以上是几种典型杆端约束情况,是典型的理想约束。实际工程中压杆的杆端约

束有时是很复杂的,很难简单归结为哪一种理想约束。例如杆端与其他弹性构件连接的压杆,则杆端的约束是弹性的;压力使沿轴线分布但不是集中于两端的情况;等等。应该根据实际情况具体分析,用不同的长度系数 μ 来反映,这些系数的值可以从有关的设计手册或规范中查到。

例 12-1 一端固定另一端自由的细长压杆如图 12-6 所示,已知其弹性模量 $E = 200 \text{ GPa}$,杆长度 $l = 2 \text{ m}$,矩形截面 $b = 20 \text{ mm}$,$h = 45 \text{ mm}$。试计算此压杆的临界力;若 $b = h = 30 \text{ mm}$,长度不变,此压杆的临界力又为多少?

解:(1)计算截面的惯性矩。

此压杆必在 xz 平面内失稳,故计算惯性矩 I_y,

$$I_y = \frac{hb^3}{12} = \frac{45 \times 20^3}{12} = 3 \times 10^4 \text{ mm}^4$$

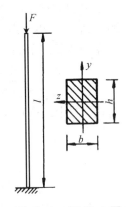

图 12-6　例 12-1 图

(2)计算临界力。

由表 12-1 查得 $\mu = 2$,由此得临界力

$$F_{cr} = \frac{\pi^2 EI}{(\mu l)^2} = \frac{\pi^2 200 \times 10^3 \times 3 \times 10^4}{(2 \times 2 \times 10^3)^2} = 3\,701 \text{ N} = 3.7 \text{ kN}$$

(3)当截面尺寸为 $b = h = 30 \text{ mm}$ 时,计算压杆的临界力截面的惯性矩为

$$I_y = I_z = \frac{hb^3}{12} = \frac{b^4}{12} = \frac{30^4}{12} = 6.75 \times 10^4 \text{ mm}^4$$

代入欧拉公式:

$$F_{cr} = \frac{\pi^2 EI}{(\mu l)^2} = \frac{\pi^2 200 \times 10^3 \times 6.75 \times 10^4}{(2 \times 2 \times 10^3)^2} = 8.33 \times 10^3 \text{ N} = 8.33 \text{ kN}$$

以上两种情况的截面面积相等,但从计算结果看,后者的临界力大于前者。可见在材料用量相同的条件下,采用正方形截面能提高压杆的临界力。

12.2　压杆的临界应力

12.2.1　细长压杆的临界应力

细长压杆的临界力 F_{cr} 除以其横截面面积 A,定义为细长压杆的临界应力,即

$$\sigma_{cr} = \frac{F_{cr}}{A}$$

将式(12-2)代入上式,得

$$\sigma_{cr} = \frac{F_{cr}}{A} = \frac{\pi^2 EI}{(\mu l)^2 A}$$

若将压杆横截面的惯性矩 I 写成

$$I = i^2 A \quad 或 \quad i = \sqrt{\frac{I}{A}}$$

式中,i 称为压杆横截面的惯性半径。于是临界力可以写成为

$$\sigma_{cr} = \frac{\pi^2 E i^2}{(\mu l)^2} = \frac{\pi^2 E}{(\mu l / i)^2}$$

$$\lambda = \frac{\mu l}{i} \tag{12-3}$$

$$\sigma_{cr} = \frac{\pi^2 E}{\lambda^2} \tag{12-4}$$

上式为计算压杆临界应力的欧拉公式。式中 λ 称为压杆的柔度或长细比,是一个没有量纲的量,它反映了压杆的约束情况、杆的长度以及横截面形状和尺寸等因素对临界应力的综合影响。从式(12-4)可以看出,若压杆的柔度值越大,杆件越细长,其临界应力就越小,越容易发生失稳;反之,杆件不容易发生失稳。因此,柔度 λ 是压杆稳定计算中的一个重要的参数。

欧拉公式是根据变形弹性曲线推导出来的,材料必须服从胡克定律。因此,欧拉公式的适用范围是压杆的临界应力 σ_{cr} 不超过材料的比例极限 σ_p。即

$$\sigma_{cr} = \frac{\pi^2 E}{\lambda^2} \leqslant \sigma_p$$

有

$$\lambda \geqslant \pi \sqrt{\frac{E}{\sigma_p}}$$

因此欧拉公式的适用范围为

$$\lambda \geqslant \lambda_p \tag{12-5}$$

上式表示当压杆的柔度 $\lambda \geqslant \lambda_p$ 时,才可应用欧拉公式计算临界力或临界应力。这类压杆称为大柔度杆或细长压杆。例如 Q235 钢,$\sigma_p = 200$ MPa,$E = 200$ GPa,由式算得 $\lambda_p \approx 100$。

12.2.2　中长压杆的临界应力

当压杆的柔度 $\lambda < \lambda_p$ 时称为中长杆或中柔度杆。这类杆的临界应力超出了比例极限的范围,所以欧拉公式不再适用,通常采用建立在试验基础上的经验公式来计算临界应力,较常用的经验公式为直线公式和抛物线公式。

直线公式的表达式为

$$\sigma_{cr} = a - b\lambda \tag{12-6}$$

式中,a 和 b 是与材料有关的常数,其单位为 MPa,一些常用材料的 a,b 值见表 12-2。

σ_s 经验公式(12-6)也有其适用范围,即临界应力不应超过材料的压缩极限应力。这是由于当临界应力达到压缩极限应力时,压杆已因强度不足而失效。对于由塑性材料制成的压杆,其

临界应力不允许超过材料的屈服点应力 σ_s，即

$$\sigma_{cr} = a - b\lambda \leqslant \sigma_s$$

令

$$\lambda_s = \frac{a - \sigma_s}{b} \tag{12-7}$$

得

$$\lambda \geqslant \lambda_s$$

式中，λ_s 表示当临界应力等于材料的屈服点应力时压杆的柔度值，和 λ_p 一样，它也是一个与材料性质有关的常数。因此，直线公式的适用范围为

$$\lambda_s < \lambda < \lambda_p \tag{12-8}$$

表 12-2　　　　　　　　　　　　几种常用材料的 a，b 值

材料	a/MPa	b/MPa	λ_p	λ_s
Q235 钢	304	1.12	104	61.4
铬钼钢	980	5.29	55	0
硅钢	577	3.74	100	60
优质钢	460	2.57	100	60
硬铝	372	2.14	50	0
铸铁	331.9	1.453	—	—
松木	39.2	0.199	59	0

12.2.3　临界应力总图

一般把柔度值在 λ_s 和 λ_p 之间的压杆称为中柔度杆或中长杆。柔度小于 λ_s 的压杆称为小柔度杆或短粗杆。小柔度杆的失效是因压缩强度不足造成的，如果将这类压杆也作为稳定问题的形式处理，则对于由塑性材料制成的压杆，其临界应力 $\sigma_{cr} = \sigma_s$。

综上所述，压杆按柔度的大小可分为三类，且分别由不同的公式计算临界应力。

当 $\lambda \geqslant \lambda_p$ 时，压杆为大柔度杆（细长杆），应用欧拉公式计算临界应力。

当 $\lambda_s < \lambda < \lambda_p$ 时，压杆为中柔度杆（中长杆），应用直线经验公式计算临界应力。

当 $\lambda \leqslant \lambda_s$ 时，压杆为小柔度杆（短粗杆），临界应力为压缩时的强度极限应力。

如图 12-7 所示为某塑性材料压杆的临界应力随柔度不同而变化的情况，称为临界应力总图。

计算压杆临界压力的一般步骤是：① 根据压杆的实际尺寸以及支撑情况，分别计算各个方向的柔度 λ，得出其中的 λ_{max}，与之对应的就是可能失稳的方向；② 由 λ_{max} 判断压杆的柔度在哪个范围内；③ 应用相应的公式计算临界压力。

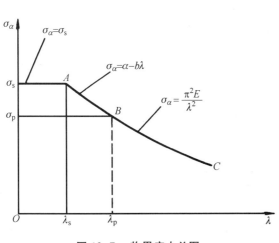

图 12-7　临界应力总图　　　　　　图 12-8　例 12-2 图

例 12-2　图 12-8 所示为两端铰支圆截面压杆,杆用 Q235 钢制成,弹性模量 $E = 200\,\mathrm{GPa}$,屈服点应力 $\sigma_s = 235\,\mathrm{MPa}$,直径 $d = 40\,\mathrm{mm}$。试计算:(1) 杆长 $l = 1.2\,\mathrm{m}$;(2) 杆长 $l = 800\,\mathrm{mm}$;(3) 杆长 $l = 500\,\mathrm{mm}$,三种情况下的压杆的临界力。

解:(1) 计算杆长 $l = 1.2\,\mathrm{m}$ 时的临界力。

两端铰支

$$\mu = 1$$

惯性半径

$$i = \sqrt{\frac{I}{A}} = \sqrt{\frac{\pi d^4/64}{\pi d^2/4}} = \frac{d}{4} = 10\,\mathrm{mm}$$

柔度

$$\lambda = \frac{\mu l}{i} = \frac{1 \times 1.2 \times 10^3}{10} = 120 > \lambda_P, \text{因为} \lambda_P = 100$$

该压杆为大柔度杆,应用欧拉公式计算临界力 F_{cr},则

$$F_{cr} = \sigma_{cr} \cdot A = \frac{\pi^2 E}{\lambda^2} \cdot \frac{\pi d^2}{4} = \frac{\pi^3 \times 200 \times 10^3 \times 40^2}{4 \times 120^2} = 172 \times 10^3\,\mathrm{N} = 172\,\mathrm{kN}$$

(2) 计算杆长 $l = 800\,\mathrm{mm}$ 时的临界力。

$$\mu = 1, i = 10\,\mathrm{mm}, \lambda = \frac{\mu l}{i} = \frac{1 \times 800}{10} = 80$$

由表 12-2 查得

$$\lambda_s = 62$$

因 $\lambda_s < \lambda < \lambda_p$,故该压杆为中柔度杆,应用直线公式计算临界力 F_{cr}:

$$F_{cr} = \sigma_{cr} \cdot A = (a - b\lambda) \frac{\pi d^2}{4}$$

$$= \frac{\pi(304 - 1.12 \times 80) \times 40^2}{4} = 269 \times 10^3 \text{ N} = 269 \text{ kN}$$

（3）计算杆长 $l = 500$ mm 时的临界力。

$$\lambda = \frac{\mu l}{i} = \frac{1 \times 500}{10} = 50 < \lambda_2，因为 \lambda_2 = 62$$

压杆为小柔度杆，其临界力为

$$F_{cr} = \sigma_s \cdot A = \sigma_s \cdot \frac{\pi d^2}{4} = 235 \times \frac{\pi \times 40^2}{4} = 295 \times 10^3 = 295 \text{ kN}$$

例 12-3 如图 12-9 所示压杆，直径均为 d，材料都是 Q235 钢，但二者长度和约束条件不同，试求：

（1）分析哪一根杆的临界力较大。

（2）计算 $d = 160$ mm，$E = 206$ GPa 时，两杆的临界力。

解：（1）比较临界力大小。

计算长细比，判断杆的临界力大小。对于两端铰支的压杆，有

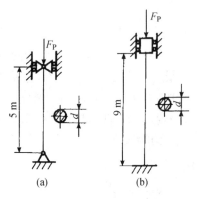

图 12-9 例 12-3 图

$$\lambda_a = \frac{\mu_a l_a}{i} = \frac{1 \times 5\,000}{\dfrac{d}{4}} = \frac{20\,000}{d}$$

对于两端固定的压杆，有

$$\lambda_b = \frac{\mu_b l_b}{i} = \frac{0.5 \times 9\,000}{\dfrac{d}{4}} = \frac{18\,000}{d}$$

由 $\lambda_a > \lambda_b$ 可知，两端铰支的压杆的临界力小于两端固定的压杆的临界力。

（2）计算两杆临界力。

对于两端铰支压杆，有

$$\lambda_a = \frac{\mu_a l_a}{i} = \frac{1 \times 5}{\dfrac{d}{4}} = \frac{20}{0.16} = 125 > \lambda_P = 101$$

属于细长杆，利用欧拉公式计算临界力：

$$F_{cr} = \sigma_{cr} A = \frac{\pi^2 E}{\lambda_a^2} \times \frac{\pi d^2}{4}$$

$$= \frac{\pi^2 \times 206 \times 10^3}{125^2} \times \frac{\pi \times 160^2}{4} = 2.60 \times 10^6 \text{ N}$$

对于两端固定压杆,有

$$\lambda_b = \frac{\mu_b l_b}{i} = \frac{0.5 \times 9}{\frac{d}{4}} = \frac{18}{0.16} = 112.5 > \lambda_P = 101,也属于细长杆,$$

同样利用欧拉公式计算临界力:

$$F_{cr} = \sigma_{cr} A = \frac{\pi^2 E}{\lambda_b^2} \times \frac{\pi d^2}{4} = \frac{\pi^2 \times 206 \times 10^3}{112.5^2} \times \frac{\pi \times 160^2}{4} = 3.21 \times 10^6 \ N$$

思考以下两个问题:

① 本题中的两根压杆,在其他条件不变时,当杆长 l 减小一半,其临界力将增大几倍?

② 对于以上两根杆,如果改用高强度钢(屈服强度比 Q235 钢高两倍以上,E 相差不大)能否提高临界力?

12.3 压杆的稳定计算

12.3.1 压杆的稳定条件

为了保证压杆的直线平衡状态是稳定的,并具有一定的安全储备,必须使压杆的轴向工作压力满足如下条件

$$F \leqslant \frac{F_{cr}}{n_{st}} = [F_{st}] 或(n = \frac{F_{cr}}{F} \geqslant n_{st}) \tag{12-9}$$

或者将上式两边同时除以横截面面积 A,得到压杆横截面上的应力 σ 应满足的条件:

$$\sigma = \frac{F}{A} \leqslant \frac{\sigma_{cr}}{n_{st}} = [\sigma_{st}] \tag{12-10}$$

式中　　n——压杆的工作安全因数;

　　　　n_{st}——规定的压杆稳定安全因数;

　　　　$[F_{st}]$——稳定许用压力;

　　　　$[\sigma_{st}]$——稳定许用应力。

式(12-9)、式(12-10)称为压杆的稳定条件。利用稳定条件式可以校核压杆的稳定性、确定压杆的横截面面积及其许用荷载等。

由于压杆的稳定性取决于整个杆件的抗弯刚度。因此,在确定压杆的临界荷载或临界应力时,可不必考虑杆件局部削弱(例如铆钉孔、油孔等)的影响,而应按未削弱横截面的尺寸计算惯性矩和截面面积。但是,对于受削弱的横截面,则还应进行强度校核。

12.3.2 压杆的稳定计算

在工程中,对压杆的稳定计算还常采用折减因数法。这种方法是将稳定条件式(12-10)中的稳定许用应力$[\sigma_{st}]$写成材料的强度许用应力$[\sigma]$与小于1的因数φ相乘,即

$$[\sigma_{st}] = \varphi[\sigma] \tag{12-11}$$

φ 称为压杆的折减因数,它随压杆柔度 λ 而改变。表 12-3 给出了 Q235 钢的折减因数 φ 值。

由折减因数法得到的稳定条件为

$$\sigma = \frac{F}{A} \leqslant \varphi[\sigma] \tag{12-12}$$

用折减因数 φ 法设计压杆的截面尺寸,须将稳定条件式(12-12)变化成如下形式:

$$A \geqslant \frac{F}{\varphi[\sigma]} \tag{12-13}$$

表 12-3   Q235 钢中心受压直杆的折减因数 φ 值

λ	0	1	2	3	4	5	6	7	8	9
0	1.000	1.000	1.000	1.000	0.999	0.999	0.998	0.998	0.997	0.996
10	0.995	0.994	0.993	0.992	0.991	0.989	0.988	0.987	0.985	0.983
20	0.981	0.979	0.977	0.975	0.973	0.971	0.969	0.966	0.963	0.961
30	0.958	0.956	0.953	0.950	0.947	0.944	0.941	0.937	0.934	0.931
40	0.927	0.923	0.920	0.916	0.912	0.908	0.904	0.900	0.896	0.892
50	0.888	0.884	0.879	0.875	0.870	0.866	0.861	0.856	0.851	0.847
60	0.842	0.837	0.832	0.826	0.821	0.816	0.811	0.805	0.800	0.795
70	0.789	0.784	0.778	0.772	0.767	0.761	0.755	0.749	0.743	0.737
80	0.731	0.725	0.719	0.713	0.707	0.701	0.695	0.688	0.682	0.676
90	0.669	0.663	0.657	0.650	0.644	0.637	0.631	0.624	0.617	0.611
100	0.604	0.597	0.591	0.584	0.577	0.570	0.563	0.557	0.550	0.543
110	0.536	0.529	0.522	0.515	0.508	0.501	0.494	0.487	0.480	0.473
120	0.466	0.459	0.452	0.445	0.439	0.432	0.426	0.420	0.412	0.407
130	0.401	0.396	0.390	0.384	0.379	0.374	0.359	0.364	0.359	0.354
140	0.349	0.344	0.340	0.335	0.331	0.327	0.322	0.318	0.314	0.310
150	0.306	0.303	0.299	0.295	0.292	0.288	0.285	0.281	0.278	0.275
160	0.272	0.268	0.265	0.262	0.259	0.256	0.254	0.251	0.248	0.245
170	0.243	0.240	0.237	0.235	0.232	0.230	0.227	0.225	0.223	0.220
180	0.218	0.216	0.214	0.212	0.210	0.207	0.205	0.203	0.201	0.199
190	0.197	0.196	0.194	0.192	0.190	0.188	0.187	0.185	0.183	0.181
200	0.180	0.178	0.176	0.175	0.173	0.172	0.170	0.169	0.167	0.166
210	0.164	0.163	0.162	0.160	0.159	0.158	0.156	0.155	0.154	0.152

（续表）

λ	0	1	2	3	4	5	6	7	8	9
220	0.151	0.150	0.149	0.147	0.146	0.145	0.144	0.143	0.142	0.141
230	0.139	0.138	0.137	0.136	0.135	0.134	0.133	0.132	0.131	0.130
240	0.129	0.128	0.127	0.126	0.125	0.125	0.124	0.123	0.122	0.121
250	0.120									

由于折减因数 φ 与压杆的柔度 λ 有关,而柔度 λ 又与截面面积 A 有关,故当 A 为未知时,φ 也是未知的。因此,压杆的截面设计目前普遍采用试算法,其计算步骤如下:

（1）先假定 φ 的一个近似值 φ（一般可取 $\varphi_1 = 0.5$）,由式(12-13)算出截面面积的第一次近似值 A_1,并由 A_1 初选一个截面(这一步也可以根据经验初选钢号码或截面尺寸)。

（2）计算初选截面的惯性矩 I_1、惯性半径 i_1 和柔度 λ_1,由折减因数表查得(或由公式算得)相应的 φ 值。

（3）若查得的 φ 值与原先假定的 φ_1 值相差较大,则可在这两个值之间再假定一个近似值 φ,并重复上述(1)、(2)两步。如此进行下去,直到从表中查得的 φ 值与假定的 φ 值非常接近为止。

（4）对所选得的截面进行压杆稳定校核。若满足稳定条件,则所选得的截面就是所求之截面。否则,应在所选截面的基础上适当放大尺寸后再进行校核,直到满足稳定条件为止。

例 12-4　试校核图 12-10 所示矩形截面连杆的稳定性。在 xy 平面内,连杆的两端为铰支;在 xz 平面内,连杆两端视为固定端。已知 $b = 20$ mm, $h = 60$ mm, $l = 940$ mm, $l_1 = 880$ mm,轴向压力 $F = 100$ kN。连杆材料 Q235 钢。规定的稳定安全因数 $n_{st} = 2.5$。

解:（1）分别求两个纵向平面内的柔度。

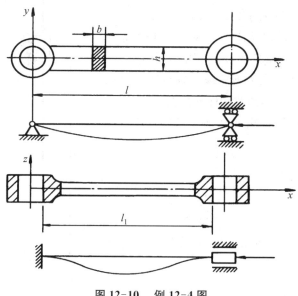

图 12-10　例 12-4 图

在 xy 平面内：

$$\mu = 1, \ l = 940 \ \text{mm}$$

$$i_z = \sqrt{\frac{I_z}{A}} = \sqrt{\frac{bh^3}{12bh}} = \frac{h}{\sqrt{12}} = \frac{60}{\sqrt{12}} = 17.32 \ \text{mm}$$

$$\lambda_z = \frac{\mu l_1}{i_z} = \frac{1 \times 940}{17.32} = 54.3$$

在 xz 平面内：

$$\mu = 0.5, \ l_1 = 880 \ \text{mm}$$

$$i_y = \sqrt{\frac{I_y}{A}} = \sqrt{\frac{b^3 h}{12bh}} = \frac{b}{\sqrt{12}} = \frac{20}{\sqrt{12}} = 5.77 \ \text{mm}$$

$$\lambda_y = \frac{\mu l_1}{i_y} = \frac{0.5 \times 880}{5.77} = 76.2$$

由于 $\lambda_y > \lambda_z$，连杆将在 xz 平面内失稳，故应以 λ_y 计算临界力。

（2）求临界力。

对 Q235 钢，$\lambda_p = 100$，$\lambda_s = 62$，有 $\lambda_s < \lambda < \lambda_p$，须采用经验公式（12-6）计算临界应力：

$$\sigma_{cr} = a - b\lambda_y = 304 - 1.12 \times 76.3 = 218.5 \ \text{MPa}$$

（3）校核压杆的稳定性。

$$n = \frac{F_{cr}}{F} = \frac{262.2}{100} = 2.62 n_{st}$$

故连杆满足稳定条件。

例 12-5　如图 12-11 所示，有一长 $l = 4$ m 的工字钢柱，上、下端都是固定支撑，支撑的轴向压力 $F = 230$ kN。材料为 Q235 钢，许用应力 $[\sigma] = 140$ MPa。在上、下端面的工字钢翼缘上各有 4 个直径 $d = 20$ mm 的螺栓孔。试选择此钢柱的截面。

解：（1）第一次试算。假定 $\varphi_1 = 0.5$，由式（12-13）得到

$$A_1 = \frac{F}{\varphi_1 [\sigma]} = \frac{230 \times 10^3}{0.5 \times 140}$$

$$= 32.88 \times 10^2 \ \text{mm}^2 = 32.88 \ \text{cm}^2$$

查型钢表，初选型号为 20a 工字钢。其截面面积和惯性半径分别为

$$A = 35.5 \ \text{cm}^2, \ i_1 = i_y = 2.12 \ \text{cm}$$

柔度为

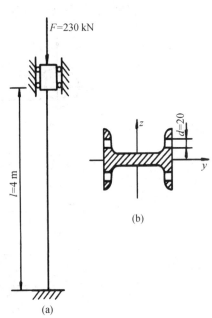

图 12-11　题 12-5

$$\lambda = \frac{\mu l}{i_1} = \frac{0.5 \times 400}{2.12} = 94.3$$

由表 12-3 查得相应的 $\varphi = 0.642$。由于 φ 值与假定的 φ_1 值相差较大,必须再试算。

(2) 第二次试算。假定

$$\varphi_2 = \frac{1}{2}(0.5 + 0.642) = 0.571$$

由式(12-13)算得

$$A_2 = \frac{F}{\varphi_2[\sigma]} = \frac{230 \times 10^3}{0.571 \times 140}$$
$$= 28.77 \times 10^2 \text{ mm}^2 = 28.77 \text{ cm}^2$$

查型钢表,再选型号为 18 工字钢,其截面面积

$$A = 30.6 \text{ cm}^2, 惯性半径 i_2 = i_y = 2 \text{ cm}$$

柔度为

$$\lambda_2 = \frac{\mu l}{i_2} = \frac{0.5 \times 400}{2} = 100$$

由表 12-3 查得相应的 $\varphi = 0.604$,这与假设的 $\varphi_2 = 0.571$ 非常接近,因而可以试用型号为 18 工字钢。

(3) 校核稳定性。

$$[\sigma_{st}] = \varphi[\sigma] = 0.604 \times 140 = 84.56 \text{ MPa}$$

$$\sigma = \frac{F}{A} = \frac{230 \times 10^3}{30.6 \times 10^2} = 75.16 \text{ MPa} \leqslant \varphi[\sigma] = 84.56 \text{ MPa}$$

可见,采用型号为 18 工字钢满足稳定条件。

(4) 强度校核。

由于钢柱的上、下端截面被螺栓孔削弱,所以还须对端截面进行强度校核。由型钢表查得型号为 18 工字钢的翼缘平均厚度 $t = 10.7 \text{ mm}$,故端截面的净面积为

$$A_n = A - 4td = 3\,060 - 4 \times 10.7 \times 20 = 2\,204 \text{ mm}^2$$

端截面的应力为

$$\sigma = \frac{F}{A_n} = \frac{230 \times 10^3}{2\,204} = 104.36 < \text{MPa}[\sigma] = 140 \text{ MPa}$$

可见强度条件也满足,因此决定采用型号为 18 工字钢。

12.3.3　提高压杆稳定性的措施

为了提高压杆承载能力,必须综合考虑杆长、支承、截面的合理性以及材料性能等因素的

影响。可能的措施有以下几个方面:

1. 减小压杆长度

对于细长杆,其临界载荷与杆长平方成反比,因此,减小杆长可以显著地提高压杆承载能力,在某些情形下,通过改变结构或增加支点可以达到减小杆长,从而提高压杆承载能力的目的。例如图 12-12 所示两种桁架,不难分析,两种桁架中的①④杆均为压杆,但图 b 所示压杆承载能力要远远高于图 12-12(a) 所示的压杆。如果工作条件不允许减小压杆的长度,可以采用增加中间支撑的方法提高压杆的稳定性。

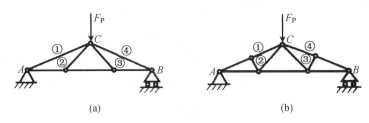

图 12-12　两种桁架结构

2. 选择合理的截面形状

增大截面的惯性矩 I,可降低压杆的柔度 λ,从而提高压杆的稳定性。这表示应尽可能使材料远离截面形心轴以取得较大的轴惯性矩。在截面面积相同的情况下,采用空心截面(图 12-13(a),(b))或组合截面(图 12-13(c))比采用实心截面的抗失稳能力高;在抗失稳能力相同的情况下,则采用空心截面或组合截面比采用实心截面的用料省。

此外,还应使压杆在两个形心主惯性平面内的柔度大致相等,使其抵抗失稳的能力得以充分发挥。当压杆在各纵向平面内的约束相同时,宜采用圆形、圆环形、正方形等截面;当压杆在两个形心主惯性平面内的约束不同时,宜采用矩形、工字形一类的截面,并在确定尺寸时,尽量使 $\lambda_y = \lambda_z$。

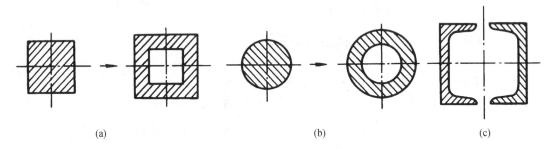

图 12-13　压杆稳定时合理的截面形状

3. 加固端部约束

从表 12-1 可知,对大柔度杆一端固定一端自由,其长度系数 $\mu = 2$,若把其中的自由端改为铰链约束,则长度因数变为 $\mu = 0.7$,若再进一步加固约束,将铰支改为固定约束,成为两端固定,则长度因数变为 $\mu = 0.5$。假定改变约束后,压杆仍为大柔度杆,按欧拉公式计算,其临界力分别为原来的一端固定一端自由时的 8.16 倍和 16 倍。

4. 合理选择材料

在其他条件均相同的条件下,选用弹性模量大的材料,可以提高细长压杆的承载能力,例如钢的临界载荷大于铜、铸铁或铝制压杆的临界载荷。但是,普通碳素钢、合金钢以及高强度钢的弹性模量数值相差不大,因此,对于细长杆,若选用高强度钢,对压杆临界载荷影响甚微,意义不大,反而造成材料的浪费。但对于短粗杆或中长杆,其临界载荷与材料的比例极限或屈服强度有关,这时选用高强度钢会使临界载荷有所提高。

思考题与习题

12-1 压杆的稳定平衡与不稳定平衡指的是什么状态?如何区分压杆的稳定平衡和不稳定平衡?

12-2 一根压杆的临界力与作用力(荷载)的大小有关吗?

12-3 图 12-14 所示各细长压杆均为圆杆,它们的直径、材料都相同,试判断哪根压杆的临界力最大,哪根压杆的临界力最小?

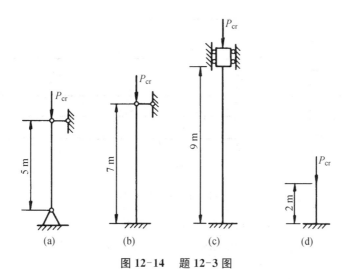

图 12-14 题 12-3 图

12-4 如何区分大柔度杆、中柔度杆与小柔度杆?它们的临界应力如何确定?如何绘制临界应力总图?

12-5 压杆的稳定条件是如何建立的?有几种形式?

12-6 什么叫柔度?它表征着压杆什么特征?它与什么因素有关?

12-7 若在计算中,小柔度压杆的临界力时,使用了欧拉公式,或在计算大柔度压杆的临界力时,使用了经验公式,则后果将会怎样?试用临界应力总图加以说明。

12-8 对于两端铰支、由 Q235 钢制成的圆截面压杆,杆长 l 应比直径 d 大多少倍时,才能用欧拉公式计算临界力?

12-9 为什么细长压杆(大柔度杆)大部分采用普通碳素钢而不用高强度钢制造?

12-10 何谓折减系数 φ?它随什么因素变化?用折减系数法对压杆进行稳定计算时,是否需要分细长杆和中长杆?为什么?

12-11 图 12-15 所示两端铰支的细长压杆,材料的弹性模量 $E = 300$ GPa,试用欧拉公式计算其临界力 F_{cr}。(1) 圆形截面 $d = 25$ mm,$l = 1.0$ m;(2) 矩形截面 $h = 2b = 40$ mm,$l = 1.0$ m;(3)22 号工字钢,$l = 5.0$ m。

12-12 试对图 12-16 所示木杆进行强度和稳定计算。已知材料的许用应力 $[\sigma] = 10$ MPa。

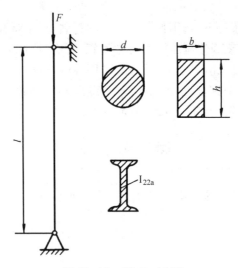

图 12-15　题 12-11 图

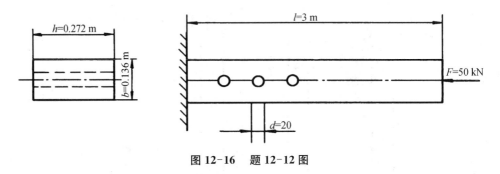

图 12-16　题 12-12 图

12-13　图 12-17 所示压杆,$l = 300$ mm, $b_1 = 20$ mm, $h = 12$ mm,材料为 Q235 钢,$E = 200$ GPa, $\sigma_s = 235$ MPa, $a = 304$ MPa, $b = 1.12$ MPa, $\lambda_p = 100$, $\lambda_s = 61.4$,有三种支承方式,试计算它们的临界荷载。

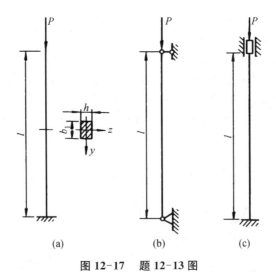

图 12-17　题 12-13 图

12-14 图 12-18 所示压杆，材料为 Q235 钢，横截面有四种形式，但其面积均为 $A = 3.2 \times 10^3 \text{ mm}^2$。试计算它们的临界荷载，并进行比较。已知：$E = 200 \text{ GPa}$，$\sigma_s = 235 \text{ MPa}$，$\sigma_{cr} = 304 - 1.12\lambda$，$\lambda_p = 100$，$\lambda_s = 61.4$。

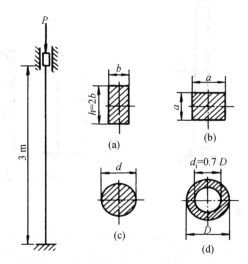

图 12-18　题 12-14 图

12-15 两端铰支压杆如图 12-19 所示。截面为实心圆形，直径 $D = 12 \text{ cm}$，$E = 210 \text{ GPa}$(Q235 钢)，求出它的临界力。若将此杆的截面改为工字型，但截面面积不改变，则在此情况下压杆的临界力又如何？并进行比较。

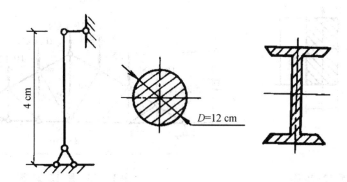

图 12-19　题 12-15 图

12-16 确定用下列材料制成的压杆在用欧拉公式计算临界力时的最小柔度：
(1) 比例极限 $\sigma_p = 220 \text{ MPa}$，弹性模量 $E = 190 \text{ GPa}$ 的钢制成。
(2) 比例极限 $\sigma_p = 490 \text{ MPa}$，弹性模量 $E = 215 \text{ GPa}$ 的合金钢制成。
(3) 比例极限 $\sigma_p = 20 \text{ MPa}$，弹性模量 $E = 11 \text{ GPa}$ 的松木制成。

12-17 一圆截面细长柱，$l = 3.5 \text{ m}$，直径 200 mm，材料弹性模量 $E = 10 \text{ GPa}$，若(1) 两端铰支；(2) 一端固定一段自由，求木柱的临界力和临界应力。

12-18 一矩形截面木柱，横截面的面积 12 cm×20 cm，长为 7 m，弹性模量 $E = 10 \text{ GPa}$。设在最小刚度平面内，柱的两端都是固定的，如图 12-20(a) 所示，而在最大刚度平面内，两端都是铰支，如图 12-20(b) 所示，问柱在轴向压力作用下，会向哪一方向屈曲失稳？

12-19 一钢柱长 4 m，截面用两个 14a 号的槽钢肢尖对焊而成，如图 12-21 所示，柱下端固定，上端自由。钢材的弹性模量 $E = 210 \text{ GPa}$，试求该柱的临界力。

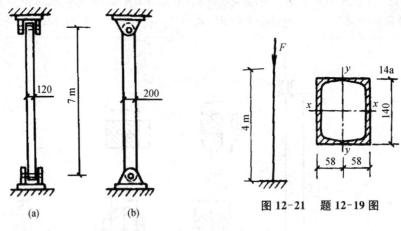

图 12-20　题 12-18 图

图 12-21　题 12-19 图

12-20　一矩形截面木柱,柱高 $l = 4$ m,两端铰支如图 12-22 所示,已知截面 $b = 160$ mm, $h = 240$ mm,材料的容许应力 $[\sigma] = 10$ MPa,承受轴向压力 $F = 135$ kN,试校核该柱的稳定性。

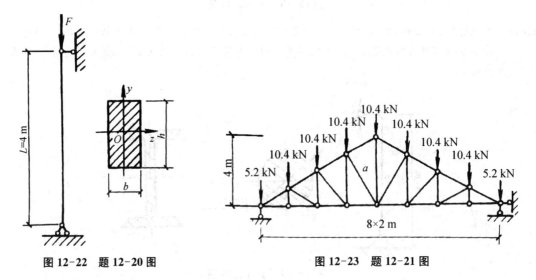

图 12-22　题 12-20 图

图 12-23　题 12-21 图

12-21　试对图 12-23 所示木屋架中的压杆 a 进行稳定校核,已知 a 杆长 $l = 3.6$ m,两端均视为铰接,材料为圆松木,平均直径 $d = 120$ mm,容许压应力 $= 9$ MPa, $\lambda_p = 100$,杆件所受的轴向力 $F = 18.7$ kN。

12-22　压杆由两根等边角钢 140×12 组成,如图 12-24 所示,杆长 $l = 2.4$ m,两端铰支,承受轴向压力 $F = 800$ kN, $[\sigma] = 160$ MPa,铆钉孔直径 $d = 23$ mm,试对压杆作稳定和强度校核。

12-23　压杆由 32a 号工字钢制成,如图 12-25 所示,在 z 轴平面内弯曲时(截面绕 y 轴转动)两端为固定;在 y 轴平面内弯曲时(截面绕 z 轴转动)一端固定、一端自由。杆长 $l = 5$ m, $[\sigma] = 160$ MPa,试求压杆的容许荷载。

12-24　图 12-26 所示结构,受荷载 P 作用, $P = 12$ kN。斜撑杆 DF 用 Q235 钢制成,其外径 $D = 45$ mm,内径 $d = 36$ mm,稳定安

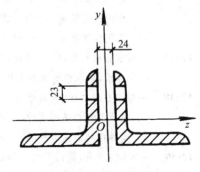

图 12-24　题 12-22 图

全因数数 $n_{st} = 2.5$，试校核斜撑杆的稳定性。

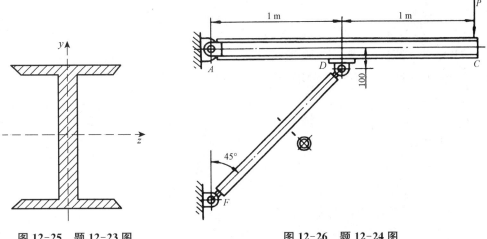

图 12-25 题 12-23 图   图 12-26 题 12-24 图

12-25 如图 12-27 所示为一托架，其撑杆 AB 用圆木制成，若架上受均布荷载 $q = 10 \text{ kN/m}$ 作用，木材容许应力 $[\sigma] = 10 \text{ MPa}$，试求撑杆的直径需要多少，取整数。

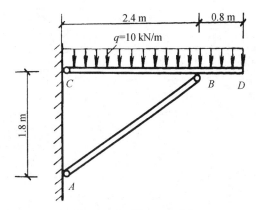

图 12-27 题 12-25 图

习题参考答案

12-1—12-10 略。

12-11 (1) $F_{cr} = 37.0 \text{ kN}$；(2) $F_{cr} = 52.6 \text{ kN}$；(3) $F_{cr} = 178 \text{ kN}$

12-12 满足强度条件，不满足稳定条件。

12-13 (a) $F_{cr} = 15.79 \text{ kN}$；(b) $F_{cr} = 49.7 \text{ kN}$；(c) $F_{cr} = 56.4 \text{ kN}$

12-14 (a) $F_{cr} = 375 \text{ kN}$；(b) $F_{cr} = 635 \text{ kN}$

(c) $F_{cr} = 644 \text{ kN}$；(d) $F_{cr} = 752 \text{ kN}$

12-15 $F_{cr} = 1\ 317 \text{ kN}$，$F_{cr} = 1\ 157 \text{ kN}$

12-16 $\lambda_p = 92.3$；$\lambda_p = 65.8$；$\lambda_p = 73.6$

12-17 (1) $F_{cr} = 631.8 \text{ kN}$，$\sigma_{cr} = 20.1 \text{ MPa}$；

（2）$\sigma_{cr} = 5.03$ MPa，$F_{cr} = 158$ kN

12-18　在最大刚度平面内先失稳。

12-19　$F_{cr} = 235$ kN

12-20　$[\sigma] = 3.52$ MPa，该柱稳定

12-21　$[\sigma] = 7.95$ MPa，该柱稳定

12-22　$\dfrac{F}{\varphi A} = 143.2$ MPa，$[\sigma] = 7.95$ MPa，稳定；强度足够。

12-23　$[F] = 679$ kN

12-24　$F_{cr} = 44.4$ kN，压杆稳定

12-25　直径取 12 cm

附录　常用型钢规格表

热轧等边角钢截面尺寸、截面面积、理论重量及截面特性（GB/T 706—2008）

符号意义：
b——边宽度；
d——边厚度；
r——内圆弧半径；
r_1——边端圆弧半径；

I——惯性矩；
i——惯性半径；
W——截面模数；
z_0——重心距离

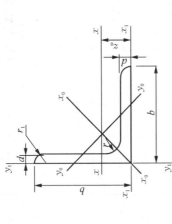

型号	截面尺寸/mm			截面面积/cm²	理论重量/(kg/m)	外表面积/(m²/m)	惯性矩/cm⁴				惯性半径/cm			截面模数/cm³			重心距离/cm
	b	d	r				I_x	I_{x1}	I_{x0}	I_{y0}	i_x	i_{x0}	i_{y0}	W_x	W_{x0}	W_{y0}	z_0
2	20	3	3.5	1.132	0.889	0.078	0.40	0.81	0.63	0.17	0.59	0.75	0.39	0.29	0.45	0.20	0.60
		4		1.459	1.145	0.077	0.50	1.09	0.78	0.22	0.58	0.73	0.38	0.36	0.55	0.24	0.64
2.5	25	3		1.432	1.124	0.098	0.82	1.57	1.29	0.34	0.76	0.95	0.49	0.46	0.73	0.33	0.73
		4		1.859	1.459	0.097	1.03	2.11	1.62	0.43	0.74	0.93	0.48	0.59	0.92	0.40	0.76
3.0	30	3	4.5	1.749	1.373	0.117	1.46	2.71	2.31	0.61	0.91	1.15	0.59	0.68	1.09	0.51	0.85
		4		2.276	1.786	0.117	1.84	3.63	2.92	0.77	0.90	1.13	0.58	0.87	1.37	0.62	0.89
3.6	36	3		2.109	1.656	0.141	2.58	4.68	4.09	1.07	1.11	1.39	0.71	0.99	1.61	0.76	1.00
		4		2.756	2.163	0.141	3.29	6.25	5.22	1.37	1.09	1.38	0.70	1.28	2.05	0.93	1.04
		5		3.382	2.654	0.141	3.95	7.84	6.24	1.65	1.08	1.36	0.70	1.56	2.45	1.00	1.07

续表

型号	截面尺寸/mm			截面面积/cm²	理论重量/(kg/m)	外表面积/(m²/m)	惯性矩/cm⁴				惯性半径/cm			截面模数/cm³			重心距离/cm
	b	d	r				I_x	I_{x1}	I_{x0}	I_{y0}	i_x	i_{x0}	i_{y0}	W_x	W_{x0}	W_{y0}	z_0
4	40	3	5	2.359	1.852	0.157	3.59	6.41	5.69	1.49	1.23	1.55	0.79	1.23	2.01	0.96	1.09
	40	4		3.086	3.422	0.157	4.60	8.56	7.29	1.95	1.22	1.54	0.79	1.60	2.58	1.19	1.13
	40	5		3.791	2.976	0.156	5.53	10.74	8.76	2.30	1.21	1.52	0.78	1.96	3.10	1.39	1.17
4.5	45	3	5	2.659	2.088	0.177	5.17	9.12	8.20	2.14	1.40	1.76	0.89	1.58	2.58	1.24	1.22
	45	4		3.486	2.736	0.177	6.65	12.18	10.56	2.75	1.38	1.74	0.89	2.05	3.32	1.54	1.26
	45	5		4.292	3.369	0.176	8.04	15.2	12.74	3.33	1.37	1.72	0.88	2.51	4.00	1.81	1.30
	45	6		5.076	3.985	0.176	9.33	18.36	14.76	3.89	1.36	1.70	0.8	2.95	4.64	2.06	1.33
5	50	3	5.5	2.971	2.332	0.197	7.18	12.5	11.37	2.98	1.55	1.96	1.00	1.96	3.22	1.57	1.34
	50	4		3.897	3.059	0.197	9.26	16.69	14.70	3.82	1.54	1.94	0.99	2.56	4.16	1.96	1.38
	50	5		4.803	3.770	0.196	11.21	20.90	17.79	4.64	1.53	1.92	0.98	3.13	5.03	2.31	1.42
	50	6		5.688	4.465	0.196	13.05	25.14	20.68	5.42	1.52	1.91	0.98	3.68	5.85	2.63	1.46
5.6	56	3	6	3.343	2.624	0.221	10.19	17.56	16.14	4.24	1.75	2.20	1.13	2.48	4.08	2.02	1.48
	56	4		4.390	3.446	0.220	13.18	23.43	20.92	5.46	1.73	2.18	1.11	3.24	5.28	2.52	1.53
	56	5		5.415	4.251	0.220	16.02	29.33	25.42	6.61	1.72	2.17	1.10	3.97	6.42	2.98	1.57
	56	6		6.420	5.040	0.220	18.69	35.26	29.66	7.73	1.71	2.15	1.10	4.68	7.49	3.40	1.61
	56	7		7.404	5.812	0.219	21.23	41.23	33.63	8.82	1.69	2.13	1.09	5.36	8.49	3.80	1.64
	56	8		8.367	6.568	0.219	23.63	47.24	37.37	9.89	1.68	2.11	1.09	6.03	9.44	4.16	1.68

续表

型号	截面尺寸/mm b	d	r	截面面积/cm²	理论重量/(kg/m)	外表面积/(m²/m)	惯性矩/cm⁴ I_x	I_{x1}	I_{x0}	I_{y0}	惯性半径/cm i_x	i_{x0}	i_{y0}	截面模数/cm³ W_x	W_{x0}	W_{y0}	重心距离/cm z_0
6	60	5	6.5	5.829	4.576	0.236	19.89	36.05	31.57	8.21	1.85	2.33	1.19	4.59	7.44	3.48	1.67
		6		6.914	5.427	0.235	23.25	43.33	36.89	9.60	1.83	2.31	1.18	5.41	8.70	3.98	1.70
		7		7.977	6.262	0.235	26.44	50.65	41.92	10.96	1.82	2.29	1.17	6.21	9.88	4.45	1.74
		8		9.020	7.081	0.235	29.47	58.02	46.66	12.28	1.81	2.27	1.17	6.98	11.00	4.88	1.78
6.3	63	4	7	4.978	3.907	0.248	19.03	33.35	30.17	7.89	1.96	2.46	1.26	4.13	6.78	3.29	1.70
		5		6.143	4.822	0.248	23.17	41.73	36.77	9.57	1.94	2.45	1.25	5.08	8.25	3.90	1.74
		6		7.288	5.721	0.247	27.12	50.14	43.03	11.20	1.93	2.43	1.24	6.00	9.66	4.46	1.78
		7		8.412	6.603	0.247	30.87	58.60	48.96	12.79	1.92	2.41	1.23	6.88	10.99	4.98	1.82
		8		9.515	7.469	0.247	34.46	67.11	54.56	14.33	1.90	2.40	1.23	7.75	12.25	5.47	1.85
		10		11.657	9.151	0.246	41.09	84.31	64.85	17.33	1.88	2.36	1.22	9.39	14.66	6.36	1.93
7	70	4	8	5.570	4.372	0.275	26.39	45.74	41.80	10.99	2.18	2.74	1.40	5.14	8.44	4.17	1.86
		5		6.875	5.397	0.275	32.21	57.21	51.08	13.31	2.16	2.73	1.39	6.32	10.32	4.95	1.91
		6		8.160	6.406	0.275	37.77	68.73	59.93	15.61	2.15	2.71	1.38	7.48	12.11	5.67	1.95
		7		9.424	7.398	0.275	43.09	80.29	68.35	17.82	2.14	2.59	1.38	8.59	13.81	6.34	1.99
		8		10.667	8.373	0.274	48.17	91.92	76.37	19.98	2.12	2.68	1.37	9.68	15.43	6.98	2.03

续 表

型号	截面尺寸/mm				截面面积/cm²	理论重量/(kg/m)	外表面积/(m²/m)	惯性矩/cm⁴				惯性半径/cm				截面模数/cm³			重心距离/cm
	b	d	r					I_x	I_{x1}	I_{x0}	I_{y0}	i_x	i_{x0}	i_{y0}	W_x	W_{x0}	W_{y0}	z_0
7.5	75	5	9	7.412	5.818	0.295	39.97	70.55	63.30	16.63	2.33	2.92	1.50	7.32	11.94	5.77	2.04
		6		8.797	6.905	0.294	46.95	84.55	74.38	19.51	2.31	2.90	1.49	8.64	14.02	6.67	2.07
		7		10.160	7.976	0.294	53.57	98.71	84.96	22.18	2.30	2.89	1.48	9.93	16.02	7.44	2.11
		8		11.503	9.030	0.294	59.96	112.97	95.07	24.86	2.28	2.88	1.47	11.20	17.93	8.19	2.15
		9		12.825	10.068	0.294	66.10	127.30	104.71	27.48	2.27	2.86	1.46	12.43	19.75	8.89	2.18
		10		14.126	11.089	0.293	71.98	141.71	113.92	30.05	2.26	2.84	1.46	13.64	21.48	9.56	2.22
8	80	5	9	7.912	6.211	0.315	48.79	85.36	77.33	20.25	2.48	3.13	1.50	8.34	13.67	6.66	2.15
		6		9.397	7.376	0.314	57.35	102.50	90.98	23.72	2.47	3.11	1.59	9.87	16.08	7.65	2.19
		7		10.860	8.525	0.314	65.58	119.70	104.07	27.09	2.46	3.10	1.58	11.37	18.40	8.58	2.23
		8		12.303	9.658	0.314	73.49	136.97	116.60	30.39	2.44	3.08	1.57	12.83	20.61	9.46	2.27
		9		13.725	10.774	0.314	81.11	154.31	128.60	33.61	2.43	3.06	1.56	14.25	22.73	10.29	2.31
		10		15.126	11.874	0.313	88.43	171.74	140.09	36.77	2.42	3.04	1.56	15.64	24.76	11.08	2.35
9	90	6	10	10.637	8.350	0.354	82.77	145.87	131.26	34.28	2.79	3.51	1.80	12.61	20.63	9.95	2.44
		7		12.301	9.656	0.354	94.83	170.30	150.47	39.18	2.78	3.50	1.78	14.54	23.64	11.19	2.48
		8		13.944	10.946	0.353	106.47	194.80	168.97	43.97	2.76	3.48	1.78	16.42	26.55	12.35	2.52
		9		15.566	12.219	0.353	117.72	219.39	186.77	48.66	2.75	3.46	1.77	18.27	29.35	13.46	2.56
		10		17.167	13.476	0.353	128.58	244.07	203.90	53.26	2.74	3.45	1.76	20.07	32.04	14.52	2.59
		12		20.306	15.940	0.352	149.22	293.76	236.21	62.22	2.71	3.41	1.75	23.57	37.12	16.49	2.67

续　表

型号	截面尺寸/mm			截面面积/cm²	理论重量/(kg/m)	外表面积/(m²/m)	惯性矩/cm⁴				惯性半径/cm			截面模数/cm³			重心距离/cm
	b	d	r				I_x	I_{x1}	I_{x0}	I_{y0}	i_x	i_{x0}	i_{y0}	W_x	W_{x0}	W_{y0}	z_0
10	100	6	12	11.932	9.366	0.393	114.95	200.07	181.98	47.92	3.10	3.90	2.00	15.68	25.74	12.69	2.67
		7		13.796	10.830	0.393	131.86	233.54	208.97	54.74	3.09	3.89	1.99	18.10	29.55	14.26	2.71
		8		15.638	12.276	0.393	148.24	267.09	235.07	61.41	3.08	3.88	1.98	20.47	33.24	15.75	2.76
		9		17.462	13.708	0.392	164.12	300.73	260.30	67.95	3.07	3.86	1.97	22.79	36.81	17.18	2.80
		10		19.261	15.120	0.392	179.51	334.48	284.68	74.35	3.05	3.84	1.96	25.06	40.26	18.54	2.84
		12		22.800	17.898	0.391	208.90	402.34	330.95	86.84	3.03	3.81	1.95	29.48	46.80	21.08	2.91
		14		26.256	20.611	0.391	236.53	470.75	374.06	99.00	3.00	3.77	1.94	33.73	52.90	23.44	2.99
		16		29.627	23.257	0.390	262.63	539.80	414.16	110.89	2.98	3.74	1.94	37.82	58.57	25.63	3.06
11	110	7	12	15.196	11.928	0.433	177.16	310.64	280.94	73.38	3.41	4.30	2.20	22.05	36.12	17.51	2.96
		8		17.238	13.535	0.433	199.46	355.20	316.49	82.42	3.40	4.28	2.19	24.95	40.69	19.39	3.01
		10		21.261	16.690	0.432	242.19	444.65	384.39	99.98	3.38	4.25	2.17	30.60	49.42	22.91	3.09
		12		25.200	19.782	0.431	282.55	534.60	448.17	116.93	3.35	4.22	2.15	36.05	57.62	26.15	3.16
		14		29.056	22.809	0.431	320.71	625.16	508.01	133.40	3.32	4.18	2.14	41.31	65.31	29.14	3.24
12.5	125	8	14	19.750	15.504	0.492	297.03	521.01	470.89	123.16	3.88	4.88	2.50	32.52	53.28	25.86	3.37
		10		24.373	19.133	0.491	361.67	651.93	573.89	149.46	3.85	4.85	2.48	39.97	64.93	30.62	3.45
		12		28.912	22.696	0.491	423.16	783.42	671.44	174.88	3.83	4.82	2.46	41.17	75.96	35.03	3.53
		14		33.367	26.193	0.490	481.65	915.61	763.73	199.57	3.80	4.78	2.45	54.16	86.41	39.13	3.61
		16		37.739	29.625	0.489	537.31	1 048.62	850.98	223.65	3.77	4.75	2.43	60.93	96.28	42.96	3.68

续 表

型号	截面尺寸/mm			截面面积/cm²	理论重量/(kg/m)	外表面积/(m²/m)	惯性矩/cm⁴				惯性半径/cm			截面模数/cm³			重心距离/cm
	b	d	r				I_x	I_{x1}	I_{x0}	I_{y0}	i_x	i_{x0}	i_{y0}	W_x	W_{x0}	W_{y0}	z_0
14	140	10	14	27.373	21.488	0.551	514.55	915.11	817.27	212.04	4.34	5.46	2.78	50.58	82.56	39.20	3.82
		12		32.512	25.522	0.551	603.68	1099.28	958.79	248.57	4.31	5.43	2.76	59.80	96.85	45.02	3.90
		14		37.567	29.490	0.550	688.81	1284.25	1093.56	284.06	4.28	5.40	2.75	68.75	110.47	50.45	3.98
		16		42.539	33.393	0.549	770.24	1470.07	1221.81	318.67	4.26	5.36	2.74	77.46	123.42	55.55	4.06
15	150	8	14	23.750	18.644	0.592	521.37	899.55	827.49	215.25	4.69	5.90	3.01	47.36	78.02	38.14	3.99
		10		29.373	23.058	0.591	637.50	1125.09	1012.79	262.21	4.66	5.87	2.99	58.35	95.49	45.51	4.08
		12		34.912	27.406	0.591	748.85	1351.26	1189.97	307.73	4.53	5.84	2.97	69.04	112.19	52.38	4.15
		14		40.367	31.688	0.590	855.64	1578.25	1359.30	351.98	4.60	5.80	2.95	79.45	128.16	58.83	4.23
		15		43.063	33.804	0.590	907.39	1692.10	1441.09	373.69	4.59	5.78	2.95	84.56	135.87	61.90	4.27
		16		45.739	35.905	0.589	958.08	1806.21	1521.02	395.14	4.58	5.77	2.94	89.59	143.40	64.89	4.31
16	160	10	16	31.502	24.729	0.630	779.53	1365.33	1237.30	321.76	4.98	6.27	3.20	66.70	109.36	52.76	4.31
		12		37.441	29.391	0.630	916.58	1639.57	1455.66	377.49	4.95	6.24	3.18	78.98	128.67	60.74	4.39
		14		43.296	33.987	0.629	1048.36	1914.68	1665.02	431.70	4.92	6.20	3.16	90.95	147.17	68.24	4.47
		16		49.067	38.518	0.629	1175.06	2190.84	1865.57	484.59	4.89	6.17	3.14	102.63	164.89	75.31	4.55
18	180	12	16	42.241	33.159	0.710	1321.35	2332.80	2100.10	542.61	5.59	7.05	3.58	100.82	165.00	78.41	4.89
		14		48.896	38.353	0.709	1514.48	2723.48	2407.42	621.53	5.56	7.02	3.56	116.25	189.14	88.38	4.97
		16		55.467	43.542	0.709	1700.99	3115.29	2703.37	698.60	5.54	6.98	3.55	131.13	212.40	97.83	5.05
		18		61.055	48.634	0.708	1875.12	3502.43	2988.24	762.01	5.50	6.94	3.51	145.64	234.78	105.14	5.13

续 表

型号	截面尺寸/mm b	截面尺寸/mm d	截面尺寸/mm r	截面面积/cm²	理论重量/(kg/m)	外表面积/(m²/m)	惯性矩/cm⁴ I_x	惯性矩/cm⁴ I_{x1}	惯性矩/cm⁴ I_{x0}	惯性矩/cm⁴ I_{y0}	惯性半径/cm i_x	惯性半径/cm i_{x0}	惯性半径/cm i_{y0}	截面模数/cm³ W_x	截面模数/cm³ W_{x0}	截面模数/cm³ W_{y0}	重心距离/cm z_0
20	200	14	18	54.642	42.894	0.788	2 103.55	3 734.10	3 343.26	863.83	6.20	7.82	3.98	144.70	236.40	111.82	5.46
		16		62.013	48.680	0.788	2 366.15	4 270.39	3 760.89	971.41	6.18	7.79	3.96	163.65	265.93	123.96	5.54
		18		69.301	54.401	0.787	2 620.64	4 808.13	4 164.54	1 076.74	6.15	7.75	3.94	182.22	294.43	135.52	5.62
		20		76.505	60.056	0.787	2 867.30	5 347.51	4 554.55	1 180.04	6.12	7.72	3.93	200.42	322.06	146.55	5.69
		24		90.661	71.168	0.785	3 338.25	6 457.16	5 294.97	1 381.53	6.07	7.64	3.90	236.17	374.41	166.65	5.87
22	220	16	21	68.664	53.901	0.866	3 187.36	5 681.62	5 063.73	1 310.99	6.81	8.59	4.37	199.55	325.51	153.81	6.03
		18		76.752	60.250	0.866	3 534.30	6 395.93	5 615.32	1 453.27	6.79	8.55	4.35	222.37	360.97	168.29	6.11
		20		84.756	66.533	0.865	3871.49	7 112.04	6 150.08	1 592.90	6.76	8.52	4.34	244.77	395.34	182.16	6.18
		22		92.676	72.751	0.865	4 199.23	7 830.19	6 668.37	1 730.10	6.73	8.48	4.32	266.78	428.66	195.45	6.26
		24		100.512	78.902	0.864	4 517.83	8 550.57	7 170.55	1 865.11	6.70	8.45	4.31	288.39	460.94	208.21	6.33
		26		108.264	84.987	0.864	4 827.58	9 273.39	7 656.98	1 998.17	6.68	8.41	4.30	309.62	492.21	220.49	6.41
25	250	18	24	87.842	68.956	0.985	5 268.22	10 426.97	8 369.04	2 157.41	7.74	9.76	4.97	290.12	473.42	224.03	6.84
		20		97.045	76.180	0.984	5 779.34	11 529.74	9 181.94	2 376.74	7.72	9.73	4.95	319.66	519.41	242.85	6.92
		24		115.201	90.433	0.983	6 761.93	12 529.74	10 742.67	2 785.19	7.66	9.66	4.92	377.34	607.70	278.38	7.07
		26		124.154	97.461	0.982	7 238.08	13 585.18	11 491.33	2 984.84	7.63	9.62	4.90	405.50	650.05	295.19	7.15
		28		133.022	104.422	0.982	7 700.60	14 643.62	12 219.39	3 181.81	7.61	9.58	4.89	433.22	691.23	311.42	7.22
		30		141.807	111.318	0.981	8 151.80	15 706.30	12 927.26	3 376.34	7.58	9.55	4.88	460.51	731.28	327.12	7.30
		32		150.508	118.149	0.981	8 592.01	16 770.41	13 615.32	3 568.71	7.56	9.51	4.87	487.39	770.20	342.33	7.37
		35		163.402	128.271	0.980	9 232.44	18 374.95	14 611.16	3 853.72	7.52	9.46	486	526.97	826.53	364.30	7.48

注：截面图中的 $r_1=1/3d$ 及表中 r 的数据用于孔型设计，不做交货条件。

热轧槽钢截面尺寸、截面面积、理论重量及截面特性(GB/T 706—2008)

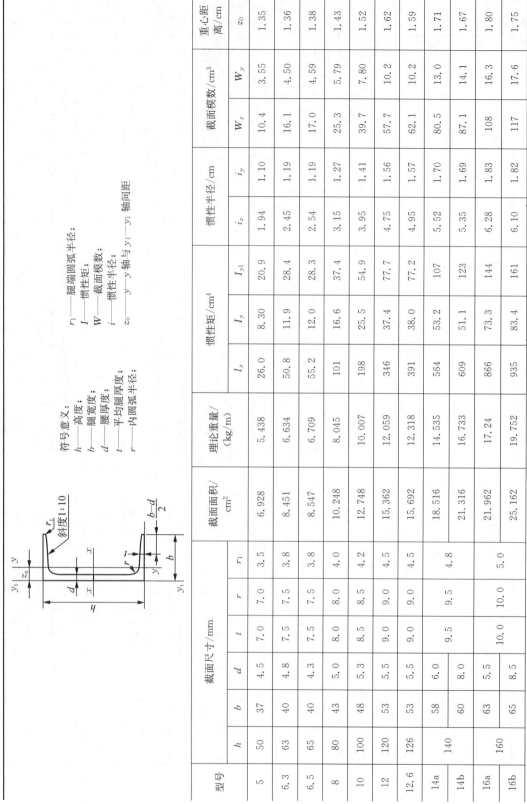

符号意义：
h——高度；
b——腿宽度；
d——腰厚度；
t——平均腿厚度；
r——内圆弧半径；
r₁——腿端圆弧半径；
I——惯性矩；
W——截面模数；
i——惯性半径；
z₀——y-y轴与y₁-y₁轴间距

型号	截面尺寸/mm						截面面积/cm²	理论重量/(kg/m)	惯性矩/cm⁴			惯性半径/cm		截面模数/cm³		重心距离/cm
	h	b	d	t	r	r_1			I_x	I_y	I_{y1}	i_x	i_y	W_x	W_y	z_0
5	50	37	4.5	7.0	7.0	3.5	6.928	5.438	26.0	8.30	20.9	1.94	1.10	10.4	3.55	1.35
6.3	63	40	4.8	7.5	7.5	3.8	8.451	6.634	50.8	11.9	28.4	2.45	1.19	16.1	4.50	1.36
6.5	65	40	4.3	7.5	7.5	3.8	8.547	6.709	55.2	12.0	28.3	2.54	1.19	17.0	4.59	1.38
8	80	43	5.0	8.0	8.0	4.0	10.248	8.045	101	16.6	37.4	3.15	1.27	25.3	5.79	1.43
10	100	48	5.3	8.5	8.5	4.2	12.748	10.007	198	25.5	54.9	3.95	1.41	39.7	7.80	1.52
12	120	53	5.5	9.0	9.0	4.5	15.362	12.059	346	37.4	77.7	4.75	1.56	57.7	10.2	1.62
12.6	126	53	5.5	9.0	9.0	4.5	15.692	12.318	391	38.0	77.2	4.95	1.57	62.1	10.2	1.59
14a	140	58	6.0	9.5	9.5	4.8	18.516	14.535	564	53.2	107	5.52	1.70	80.5	13.0	1.71
14b	140	60	8.0	9.5	9.5	4.8	21.316	16.733	609	51.1	123	5.35	1.69	87.1	14.1	1.67
16a	160	63	5.5	10.0	10.0	5.0	21.962	17.24	866	73.3	144	6.28	1.83	108	16.3	1.80
16b	160	65	8.5	10.0	10.0	5.0	25.162	19.752	935	83.4	161	6.10	1.82	117	17.6	1.75

续　表

型号	截面尺寸/mm						截面面积/cm²	理论重量/(kg/m)	惯性矩/cm⁴			惯性半径/cm		截面模数/cm³		重心距离/cm
	h	b	d	t	r	r_1			I_x	I_y	I_{y1}	i_x	i_y	W_x	W_y	z_0
18a	180	68	7.0	10.5	10.5	5.2	25.699	20.174	1 270	98.6	190	7.04	1.96	141	20.0	1.88
18b	180	70	9.0	10.5	10.5	5.2	29.299	23.000	1 370	111	210	6.84	1.95	152	21.5	1.84
20a	200	73	7.0	11.0	11.0	5.5	28.837	22.637	1780	128	244	7.86	2.11	178	24.2	2.01
20b	200	75	9.0	11.0	11.0	5.5	32.837	25.777	1910	144	268	7.64	2.09	191	25.9	1.95
22a	220	77	7.0	11.5	11.5	5.8	31.846	24.999	2 390	158	298	8.67	2.23	218	28.2	2.10
22b	220	79	9.0	11.5	11.5	5.8	36.246	28.453	2 570	176	326	8.42	2.21	234	30.1	2.03
24a	240	78	7.0	12.0	12.0	6.0	34.217	26.860	3 050	174	325	9.45	2.25	254	30.5	2.10
24b	240	80	9.0	12.0	12.0	6.0	39.017	30.628	3 280	194	355	9.17	2.23	274	32.5	2.03
24c	240	82	11.0	12.0	12.0	6.0	43.817	34.396	3 510	213	388	8.96	2.21	293	34.4	2.00
25a	250	78	7.0	12.0	12.0	6.0	34.917	27.410	3 370	176	322	9.82	2.24	270	30.6	2.07
25b	250	80	9.0	12.0	12.0	6.0	39.917	31.335	3 530	196	353	9.41	2.22	282	32.7	1.98
25c	250	82	11.0	12.0	12.0	6.0	44.917	35.260	3 690	218	384	9.07	2.21	295	35.9	1.92
27a	270	82	7.5	12.5	12.5	6.2	39.284	30.838	4 360	216	393	10.5	2.34	323	36.5	2.13
27b	270	84	9.5	12.5	12.5	6.2	44.684	35.077	4 690	239	428	10.3	2.31	347	37.7	2.06
27c	270	86	11.5	12.5	12.5	6.2	50.084	39.316	5 020	261	467	10.1	2.28	372	39.8	2.03
28a	280	82	7.5	12.5	12.5	6.2	40.034	31.427	4 760	218	388	10.9	2.33	340	35.7	2.10
28b	280	84	9.5	12.5	12.5	6.2	45.634	35.823	5 130	242	428	10.6	2.30	366	37.9	2.02
28c	280	86	11.5	12.5	12.5	6.2	51.234	40.219	5 500	268	463	10.4	2.29	393	40.3	1.95

续表

型号	截面尺寸/mm						截面面积/cm²	理论重量/(kg/m)	惯性矩/cm⁴			惯性半径/cm		截面模数/cm³		重心距离/cm
	h	b	d	t	r	r_1			I_x	I_y	I_{y1}	i_x	i_y	W_x	W_y	z_0
30a	300	85	7.5	13.5	13.5	6.8	43.902	34.463	6 050	260	467	11.7	2.43	403	41.1	2.27
30b		87	9.5	13.5	13.5	6.8	41.902	39.173	6 500	289	515	11.4	2.41	433	44.0	2.13
30c		89	11.5	13.5	13.5	6.8	55.902	43.883	6 950	316	560	11.2	2.38	463	46.4	2.09
32a	320	88	8.0	14.0	14.0	7.0	48.513	38.083	7 600	305	552	12.5	2.50	475	46.5	2.24
32b		90	10.0	14.0	14.0	7.0	54.913	43.107	8 140	336	593	12.2	2.47	509	49.2	2.16
32c		92	12.0	14.0	14.0	7.0	61.313	48.131	8 690	374	643	11.9	2.47	543	52.6	2.09
36a	360	96	9.0	16.0	16.0	8.0	60.910	47.814	11 900	455	818	14.0	2.73	660	63.5	2.44
36b		98	11.0	16.0	16.0	8.0	68.110	53.466	12 700	497	880	13.6	2.70	703	66.9	2.37
36c		100	13.0	16.0	16.0	8.0	75.310	59.118	13 400	536	948	13.4	2.67	746	70.0	2.34
40a	400	100	10.5	18.0	18.0	9.0	75.068	58.928	17 600	592	1 070	15.3	2.81	879	78.8	2.49
40b		102	12.5	18.0	18.0	9.0	83.068	65.208	18 600	640	114	15.0	2.78	932	82.5	2.44
40c		104	14.5	18.0	18.0	9.0	91.068	71.488	19 700	688	1 220	14.7	2.75	986	86.2	2.42

注：表中 r,r_1 的数据用于孔型设计，不做交货条件。

热轧工字钢截面尺寸、截面面积、理论重量及截面特性(GB/T 706—2008)

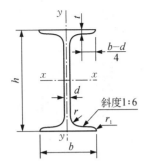

符号意义:

h —— 高度;
b —— 腿宽度;
d —— 腰厚度;
t —— 平均腿厚度;
r —— 内圆弧半径;

r_1 —— 腿端圆弧半径;
I —— 惯性矩;
W —— 截面模数;
i —— 惯性半径;
S —— 半截面的静矩

斜度1:6

型号	截面尺寸 /mm						截面面积 / cm²	理论重量 / (kg/m)	惯性矩 /cm⁴		惯性半径 /cm		截面模数 /cm³	
	h	b	d	t	r	r_1			I_x	I_y	i_x	i_y	W_x	W_y
10	100	68	4.5	7.6	6.5	3.3	14.345	11.261	245	33.0	4.14	1.52	49.0	9.72
12	120	74	5.0	8.4	7.0	3.5	17.818	13.987	436	46.9	4.95	1.62	72.7	12.7
12.6	126	74	5.0	8.4	7.0	3.5	18.118	14.223	488	46.9	5.20	1.61	77.5	12.7
14	140	80	5.5	9.1	7.5	3.8	21.516	16.890	712	64.4	5.76	1.73	102	16.1
16	160	88	6.0	9.9	8.0	4.0	26.131	20.513	1 130	93.1	6.58	1.89	141	21.2
18	180	94	6.5	10.7	8.5	4.3	30.756	24.143	1 660	122	7.36	2.00	185	26.0
20a	200	100	7.0	11.4	9.0	4.5	35.578	27.929	2 370	158	8.15	2.12	237	31.5
20b	200	102	9.0	11.4	9.0	4.5	39.578	31.069	2 500	169	7.96	2.06	250	33.1
22a	220	110	7.5	12.3	9.5	4.8	42.128	33.070	3 400	225	8.99	2.31	309	40.9
22b	220	112	9.5	12.3	9.5	4.8	46.528	36.524	3 570	239	8.78	2.27	325	42.7
24a	240	116	8.0	13.0	10.0	5.0	47.741	37.477	4 570	280	9.77	2.42	381	48.4
24b	240	118	10.0	13.0	10.0	5.0	52.541	41.245	4 800	297	9.57	2.38	400	50.4
25a	250	116	8.0	13.0	10.0	5.0	48.541	38.105	5 020	280	10.2	2.40	402	48.3
25b	250	118	10.0	13.0	10.0	5.0	53.541	42.030	5 280	309	9.94	2.40	423	52.4
27a	270	122	8.5	13.7	10.5	5.3	54.554	42.825	6 550	345	10.9	2.51	485	56.6
27b	270	124	10.5	13.7	10.5	5.3	59.954	47.064	6 870	366	10.7	2.47	509	58.9
28a	280	122	8.5	13.7	10.5	5.3	55.404	43.492	7 110	345	11.3	2.50	508	58.6
28b	280	124	10.5	13.7	10.5	5.3	61.004	47.888	7 480	379	11.1	2.49	534	61.2

型号	截面尺寸 /mm						截面面积 / cm²	理论重量 / (kg/m)	惯性矩 / cm⁴		惯性半径 / cm		截面模数 / cm³	
	h	b	d	t	r	r_1			I_x	I_y	i_x	i_y	W_x	W_y
30a		126	9.0				61.254	48.084	8 950	400	12.1	2.55	597	63.5
30b	300	128	11.0	14.4	11.0	5.5	67.254	52.794	9 400	422	11.8	2.50	627	65.9
30c		130	13.0				73.254	57.504	9 860	445	11.6	2.46	657	68.5
32a		130	9.6				67.156	52.717	11 100	460	12.8	2.62	592	70.8
32b	320	132	11.5	15.0	11.5	5.8	73.556	57.741	11 600	502	12.6	2.61	726	76.0
32c		134	13.5				79.956	62.765	12 200	544	12.3	2.61	760	81.2
36a		136	10.0				76.480	60.037	15 800	552	14.4	2.69	875	81.2
36b	360	138	12.0	15.8	12.0	6.0	83.680	65.589	16 500	582	14.1	2.64	919	84.3
36c		140	14.0				90.880	71.341	17 300	612	13.8	2.60	962	87.4
40a		142	10.5				86.112	67.598	21 700	660	15.9	2.77	1 090	93.2
40b	400	144	12.5	16.5	12.5	6.3	94.112	73.878	22 800	692	15.6	2.71	1 140	96.2
40c		146	14.5				102.112	80.158	23 900	727	15.2	2.65	1 190	99.6
45a		150	11.5				102.446	80.420	32 200	855	17.7	2.89	1 430	114
45b	450	152	13.5	18.0	13.5	6.8	111.446	87.485	33 800	894	17.4	2.84	1 500	118
45c		154	15.5				120.446	94.550	35 300	938	17.1	2.79	1 570	122
50a		158	12.0				119.304	93.654	46 500	1 120	19.7	3.07	1 860	142
50b	500	160	14.0	20.0	14.0	7.0	129.304	101.504	48 600	1 170	19.4	3.01	1 940	146
50c		162	16.0				139.304	109.354	50 600	1 220	19.0	2.96	2 080	151
55a		166	12.5				134.185	105.335	62 900	1 370	21.6	3.19	2 290	164
55b	550	168	14.5				145.185	113.970	65 500	1 420	21.2	3.14	2 390	170
55c		170	16.5	21.0	14.5	7.3	156.185	122.605	68 400	1 480	20.9	3.08	2 490	175
56a		166	12.S				135.435	106.316	65 600	1 370	22.0	3.18	2 340	165
56b	560	168	14.5				146.635	115.108	68 500	1 490	21.6	3.16	2 450	174
56c		170	16.5				157.835	123.900	71 400	1 560	21.3	3.16	2 550	183
63a		176	13.0				154.658	121.407	93 900	1 700	24.5	3.31	2 980	193
63b	630	178	15.0	22.0	15.0	7.5	157.258	131.298	98 100	1 810	24.2	3.29	3 160	204
63c		180	17.0				179.858	141.189	102 000	1 920	23.8	3.27	3 300	214

注：表中 r、r_1 的数据用于孔型设计，不做交货条件。

参考文献

［1］　于英. 工程力学[M]. 北京：中国建筑工业出版社，2013.

［2］　龚良贵. 工程力学[M]. 北京：北京航空航天大学出版社，2010.

［3］　杨山波，弓满峰，吴艳阳. 工程力学[M]. 成都：西南交通大学出版社，2014.

［4］　顾晓勤. 工程力学(静力学与材料力学)[M]. 北京：机械工业出版社，2014.

［5］　关玉琴. 工程力学[M]. 北京：人民邮电出版社，2006.

［6］　蒋永敏. 工程力学[M]. 北京：航空工业出版社，2012.

［7］　杨力斌，赵萍. 建筑力学[M]. 北京：机械工业出版社，2004.

［8］　万小华，肖湘，张扬，等. 建筑力学[M]. 成都：西南交通大学出版社，2016.

［9］　王桂林，陈辉. 工程力学[M]. 北京：航空工业出版社，2012.

电子文件说明及下载地址

为使教材立体化,本书配有电子文件,电子文件部分的内容包括静力学篇 PPT 和材料力学篇 PPT。

(1) 电子文件下载地址:

http://mm. tongjipress. com. cn/#/detail/5b45a336de43e913d5caee20

(2) 微信二维码扫码: